普通高等教育通识课系列教材

# 新一代信息技术

主　编　武春岭　惠　宇

副主编　熊　鹏　罗　攀　杜　静
　　　　傅清青　陈华荣

西安电子科技大学出版社

# 内 容 简 介

本书贯彻了中共中央办公厅、国务院办公厅印发的《关于深化现代职业教育体系建设改革的意见》要求，编写时结合新一代信息技术和数字技术的发展状况，兼顾职业教育本科大学生的知识结构和学习特点，注重新一代信息技术核心基础内容的介绍和学生动手能力的培养。

本书为职教本科面向数字技术的导论教材，主要介绍了办公软件的应用、信息安全技术、云计算应用、大数据技术、数字媒体、虚拟现实技术、物联网技术、人工智能、区块链技术、信息素养与社会责任、机器人流程自动化等内容，基本有效涵盖了新一代信息技术的核心内容。每章首先介绍相关理论，再设置学习子项目及任务，以满足职教项目化教学要求，适应学生的学习习惯。同时，在每个学习项目中均有对应的实践内容，以提高学生解决问题的能力。

本书可作为职业教育本科计算机类专业公共基础课程的教材，也可作为非计算机类专业本科、专科学习新一代信息技术的教材。

**图书在版编目 (CIP) 数据**

新一代信息技术 / 武春岭，惠宇主编 . -- 西安：西安电子科技大学出版社 , 2024. 8. -- ISBN 978-7-5606-7434-6

Ⅰ. TP3

中国国家版本馆 CIP 数据核字第 202488GM69 号

| | |
|---|---|
| 策　　划 | 高樱 |
| 责任编辑 | 高樱 |
| 出版发行 | 西安电子科技大学出版社 ( 西安市太白南路 2 号 ) |
| 电　　话 | (029) 88202421　88201467　　　邮　编　710071 |
| 网　　址 | www.xduph.com　　　　　　电子邮箱　xdupfxb001@163.com |
| 经　　销 | 新华书店 |
| 印刷单位 | 咸阳华盛印务有限责任公司 |
| 版　　次 | 2024 年 8 月第 1 版　　2024 年 8 月第 1 次印刷 |
| 开　　本 | 787 毫米 × 1092 毫米　1/16　印 张　19 |
| 字　　数 | 426 千字 |
| 定　　价 | 56.00 元 |

ISBN 978-7-5606-7434-6

XDUP 7735001-1

# Preface
## 前　言

新一代信息技术已成为经济社会转型发展的主要驱动力，是建设创新型国家、制造强国、网络强国、数字中国、智慧社会的基础支撑。在这种形势下，提升信息素养，增强个体在信息社会的适应力与创造力，对个人的生活、学习和工作，对全面建设社会主义现代化国家显然具有重大意义。2022年10月16日中共中央办公厅、国务院办公厅印发了《关于深化现代职业教育体系建设改革的意见》，强力推进产教融合。本书就是一本产教融合型教材。本书面向新一代信息技术内容的核心，体现了产业性和新标准、新技术性，是与360公司深度合作、校企协同开发的。

新一代信息技术课程是各专业大学生必修或限定选修的公共基础课程。通过学习本书内容，学生能够增强信息意识，提升计算思维，提高数字化创新与发展能力，树立正确的信息社会价值观和责任感，为职业发展、终身学习和服务社会奠定扎实基础。

本书由国家级教学名师武春岭教授主持编写，力求以信创产品应用为指导思想，强力推动国家新一代信息技术应用于创新产业发展。本书强调基础性与实用性，突出"能力导向、学生主体"的原则，采取任务化课程设计，注重综合应用能力的培养，重点培养学生解决问题的能力及团队协作能力。

本书涵盖了办公软件的应用、信息安全技术、云计算的应用、大数据技术、数字媒体、虚拟现实技术、物联网技术、人工智能、区块链技术、机器人流程自动化等核心内容，以满足不同学校对相关内容的选择，体现个性与普适性。

本书以任务驱动的方式逐步展开，有利于适应职业教育"教学做"一体化教学模式，更贴近学生的学习习惯。另外，本书还采用了虚实结合的方式，实现纸质教材＋数字资源的有效结合，适应不同学生的个性化学习需要，奠定学生新一代信息技术技能的基础，并注重培养学生解决实际问题的能力，从而达到提高学生综合素质的教学目标。此外，为加快推进党的"二十大"精神进教材、进课堂、进头脑，把立德树人作为基本要求，本书中融入了素质目标，培养学生爱国情操，以贯彻"教育、科技、人才是全面建设社会主义现代化国家的基础性、战略性支撑"等党的"二十大"精神。

本书由重庆电子科技职业大学的武春岭和惠宇担任主编，重庆电子科技职业大学的熊鹏、罗攀、杜静、傅清青和360数字安全科技集团有限公司的陈华荣担任副主编，重庆电子科技职业大学的胡云冰、何桂兰和邓裴等老师参与了编写。其中，第1章和第10章由武春岭编写；第4章、第5章由惠宇编写；第3章和第7章由罗攀编写；第6章和第11章由傅清青编写；第9章和第12章由熊鹏编写；第2章和第8章由杜静编写；胡云冰、何桂兰、邓裴等老师和唐荆、王蕴语等同学给予了实践部分的支持。

教材建设是一项系统工程，需要在实践中不断加以完善及改进。由于时间仓促、编者水平有限，书中难免有疏漏和不足之处，敬请同行专家和广大读者给予批评和指正。

联系邮箱：wuch50@126.com。

编　者
2024 年 3 月

# CONTENTS
## 目 录

# 第1章 新一代信息技术概述

## ai 技能目标

◎ 熟悉新一代信息技术的主要组成部分。

◎ 掌握新一代信息技术的相关概念。

## ai 素养目标

◎ 深入理解我国新一代信息技术的历史进程，增强民族自豪感。

◎ 了解我国计算机科学家的励志人生故事，激发爱国情操。

## ai 星火引航

新一轮科技革命迎来多点爆发式发展，以人工智能、量子技术、空天信息、绿色低碳等为代表的新一代信息技术产业和未来产业融合发展，将形成全球经济新的增长极并驱动经济社会变革式发展。这就要求我们青年一代把握机遇，突出重点，着力突破，力争在关键领域抢占竞争制高点。本章主要介绍新一代信息技术的概念和主要特征，并重点介绍信息技术新亮点。

## 1.1  信息技术简介

信息技术是用于管理和处理信息所采用的各种技术的总称，主要指的是应用计算机科学和通信技术来设计、开发、安装和使用信息系统及应用软件。信息技术主要包括传感技术、计算机与智能技术、通信技术和控制技术等。

### ▶▶▶ 1.1.1  信息技术的定义

对于信息技术，因其适用的目的、范围、层次不同而有不同的定义。

广义而言，信息技术是指能充分利用与扩展人类信息器官功能的各种方法、工具与技能的总和。中义而言，信息技术是指对信息进行采集、传输、存储、加工、表达的各种技术之和。狭义而言，信息技术是指利用计算机、网络、广播电视等各种硬件设备及软件工具与科学方法，对图文声像各种信息进行获取、显示、处理、存储与传输的技术之和，如图 1.1 所示。

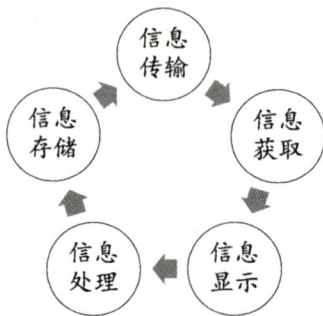

图 1.1  信息技术的组成

### ▶▶▶ 1.1.2  信息技术发展史

信息技术发展历史悠久，早在远古时期，人们就通过简单的语言、壁画等方式交换信息。千百年来，人们一直在用语言、图符、钟鼓、烟火、竹简、纸书等传递信息。我国古代的烽火狼烟、飞鸽传信、驿马邮递就是这方面的例子。在现代社会中，交通警察的指挥手语、航海中的旗语等都是古老通信方式进一步发展的结果。

从古到今，人类共经历了五次信息技术的重大发展变革。每一次信息技术的变革都对人类社会的发展产生了巨大的推动作用。

第一次信息技术革命是以语言的产生和应用为特征的。语言的产生是历史上最伟大的信息技术革命，它是人类开展社会化信息活动的首要条件。

第二次信息技术革命是以文字、纸张的产生和使用为特征的。没有文字，人类文明就不能很好地流传下来。

第三次信息技术革命是以印刷术的发明为特征的。它的发明使古人摆脱了手抄的辛苦，同时也避免了因传抄多次而产生的各种错误。

第四次信息技术革命是以电信传播技术的发明为特征的。这使得人类通信领域产生了根本性的巨大变革。1837 年，美国人塞缪尔·莫尔斯 (Samuel Morse) 成功地研制出世界上第一台电磁式电报机，可将信息转换成一串或长或短的电脉冲传向目的地，再转换为原来的信息。1895 年，俄国人波波夫和意大利人马可尼分别成功地进行了无线电通信实验。

第五次信息技术革命是以电子计算机和通信卫星的出现为特征的。电子计算机的广泛使用，通信卫星发射升空以及计算机网络系统遍布全球，使得信息的收集、处理、存储、传递、应用等方面都达到了空前发达的程度。

#### ▶▶▶ 1.1.3　信息技术的分类

根据信息的维度不同，信息技术的分类也不同。

(1) 根据信息表现形态的不同，信息技术可以分为物化技术与非物化技术。前者指各种信息设备及其功能，如显微镜、电话机、通信卫星、多媒体电脑。后者指有关信息获取与处理的各种知识、方法与技能，如语言文字技术、数据统计分析技术、规划决策技术、计算机软件技术等。

(2) 根据使用的信息设备不同，信息技术可以分为电话技术、电报技术、广播技术、电视技术、复印技术、缩微技术、卫星技术、计算机技术、网络技术等。也有人从信息的传播模式进行划分，将信息技术分为传者信息处理技术、信息通道技术、受者信息处理技术、信息抗干扰技术等。

(3) 根据技术的功能层次不同，可将信息技术体系分为基础层次的信息技术 ( 如新材料技术、新能源技术 )，支撑层次的信息技术 ( 如机械技术、电子技术、激光技术、生物技术、空间技术等 )，主体层次的信息技术 ( 如感测技术、通信技术、计算机技术、控制技术 )，应用层次的信息技术 ( 如文化教育、商业贸易、工农业生产、社会管理中用以提高效率和效益的各种自动化、智能化、信息化应用软件与设备 ) 等。

## 1.2　新一代信息技术

新一代信息技术是国务院确定的七个战略性新兴产业之一，是指以物联网、云计算、大数据、人工智能为代表的新兴技术，它既是信息技术的纵向升级，也是信息技术的横向渗透和融合。新一代信息技术发展领域是当今世界创新最活跃、渗透性最强、影响力最广的领域，正在全球范围内引发新一轮的科技革命，并以前所未有的速度转化为现实生产力，引领科技、经济和社会日新月异的发展。

#### ▶▶▶ 1.2.1　新一代信息技术的概念

新一代信息技术是指以计算机技术、通信技术和信息处理技术为核心的新信息技术，主要涉及云计算、大数据、人工智能、物联网等技术领域，如图 1.2 所示。新一代信息技术具有高速、智能、融合、创新等

新一代信息
技术概述

特点，是推动现代社会经济发展的重要力量。同时，新一代信息技术作为新质生产力的重要体现，为产业发展提供了强大的技术支撑。

图 1.2　新一代信息技术的主要内容

#### ▶▶▶▶ 1.2.2　新一代信息技术的特征

新一代信息技术一般具有以下六个特征：

(1) 智能化：可以与人类进行自然的交互，并能够智能地处理数据和信息。

(2) 互联网化：新一代信息技术不是孤立的，而是通过互联网进行连接，形成智能化的网络。

(3) 大数据化：可以处理和分析大规模的数据，从中提取有用的信息。

(4) 物联网化：可以实现物体之间的连接与交互，进而构建一个智能化的物联网系统。

(5) 虚拟化：可以构建虚拟现实环境和数字孪生系统，实现真实与虚拟的融合。

(6) 安全性：要求具有可靠的安全性和隐私保护机制，确保数据和信息的安全与保密性。

## 1.3　信息技术新亮点

随着新一代信息技术的发展，信息技术涌现出了许多新亮点，主要包括信息安全技术、云计算技术、大数据技术、数字媒体技术、虚拟现实技术、物联网技术、人工智能、区块链技术等新技术。

#### ▶▶▶▶ 1.3.1　信息安全技术

信息安全技术是指为了保护信息系统、网络和数据免受未经授权的访问、使用、破坏或非法泄露而采取的一系列技术和方法。其核心目标是确保信息的机密性（保护信息不被未授权者访问）、完整性（保护信息不被未授权者篡改）和可用性（确保信息在需要时可

用 )，防止因为攻击、意外或错误而导致信息资产受损或丢失。信息系统安全的架构如图 1.3 所示。

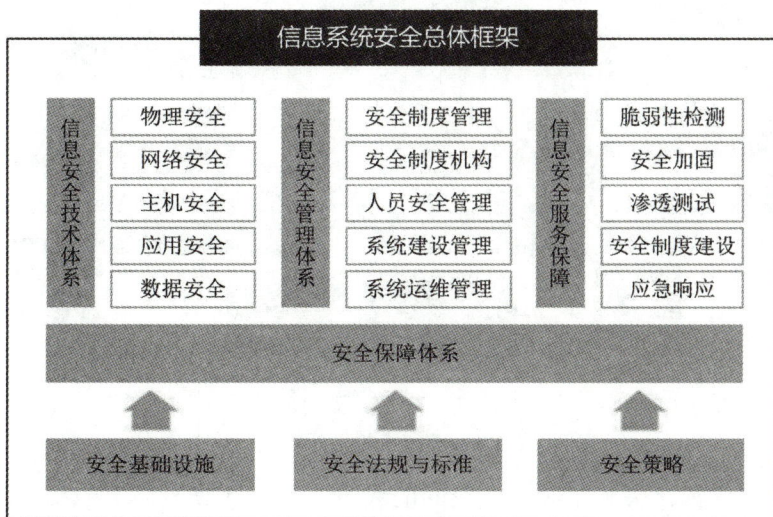

**信息系统安全总体框架**

| 信息安全技术体系 | 物理安全 | 信息安全管理体系 | 安全制度管理 | 信息安全服务保障 | 脆弱性检测 |
| | 网络安全 | | 安全制度机构 | | 安全加固 |
| | 主机安全 | | 人员安全管理 | | 渗透测试 |
| | 应用安全 | | 系统建设管理 | | 安全制度建设 |
| | 数据安全 | | 系统运维管理 | | 应急响应 |

**安全保障体系**

| 安全基础设施 | 安全法规与标准 | 安全策略 |

图 1.3　信息系统安全架构

信息安全技术的基本特征包括保密性、完整性、可用性、可控性、不可抵赖性、可审计性、隐私保护。

(1) 保密性：确保信息不被未经授权的用户、实体或过程获取或使用的特性。

(2) 完整性：信息在传输、交换、存储和处理过程中保持非修改、非破坏和非丢失的特性。

(3) 可用性：信息可被授权实体访问并按需求使用的特性。

(4) 可控性：对信息的传播及内容具有控制能力的特性。

(5) 不可抵赖性：通信双方在信息交互过程中，确信参与者本身以及参与者所提供的信息的真实同一性。

(6) 可审计性：提供详细的日志记录和审计机制，以便对信息的访问和使用进行监控和审计。

(7) 隐私保护：保护个人信息和隐私的安全特征，确保个人信息的收集、使用和处理遵守相关法律和规定，以保护个人的隐私权益。

#### ▶▶▶ 1.3.2　云计算技术

云计算是分布式计算的一种形式，指的是通过网络"云"将巨大的数据计算处理程序分解成无数个小程序，然后通过多部服务器组成的系统进行数据处理并分析这些小程序得到结果，最后将结果返回给用户。

云计算技术

通过云计算技术，可以在很短的时间内完成对数以万计的数据的处理，从而提供强大的网络服务。

与传统的网络应用模式相比，云计算具有如下优势与特点，如图 1.4 所示。

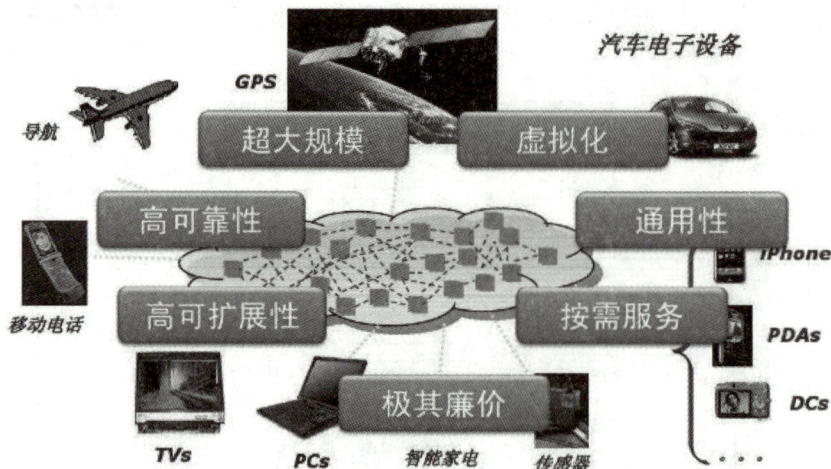

图 1.4    云计算的主要特点

(1) 虚拟化。虚拟化突破了时间、空间的界限，是云计算最显著的特点。虚拟化技术包括应用虚拟和资源虚拟两种。因为物理平台与应用部署的环境在空间上是没有任何联系的，所以通过虚拟平台可以对相应终端进行操作，完成数据的备份、迁移和扩展等。

(2) 通用性。目前大多数 IT 资源和软、硬件都支持虚拟化，虚拟化要素统一放在云系统资源虚拟池中进行管理，可以兼容不同厂商的硬件产品，具有很好的通用性。

(3) 按需服务。云计算是一个庞大的资源池，用户可以按需购买，无须任何软硬件和设施等方面的前期投入。

(4) 极其廉价。由于云计算中心本身的巨大规模所带来的经济性和资源利用率的提升，云计算大都采用廉价和通用的 X86 节点来构建，因此，用户可以充分享受云计算所带来的低成本优势。

(5) 高可扩展性。云计算具有高效的运算能力，在原有服务器基础上增加云计算功能能够使计算速度迅速提高，最终实现动态扩展虚拟化的层次，达到对应用进行扩展的目的。

(6) 高可靠性。倘若服务器故障并不影响计算与应用的正常运行，那么可以通过虚拟化技术对分布在不同物理服务器上的应用进行恢复，或利用动态扩展功能部署新的服务器进行计算。

(7) 超大规模。大多数云计算都具有相当大的规模，并且云计算中心可以通过整合和管理这些数目庞大的计算机集群来赋予用户计算和存储能力。

#### ▶▶▶ 1.3.3    大数据技术

大数据是指以容量大、类型多、存取速度快、应用价值高为主要特征的数据集合。大数据最早应用于 IT 行业，目前正快速发展为对数量巨大、来源分散、格式多样的数据进行采集、存储和关联分析，从中发现新知识、创造新价值、提升新能力的新一代信息技术和服务业态。

大数据技术

大数据具有数据量大、种类和来源多样化、数据增长及处理速度快等特点。从业务角度来看，大数据的业务可以分为数据获取层、数据处理层、模型层和应用层等。数据获取

层主要负责收集数据，可以通过网页、日志、探针等技术收集不同来源的数据；数据处理层负责对收集的数据进行处理，处理技术手段包括实时数据处理、交互式数据分析和数据流处理；模型层对处理的数据进行模型化和可视化操作，需要通过数据挖掘、机器学习和可视化工具进行处理；应用层是指将模型层处理后的数据应用于多媒体或者个人，以及其他服务。图 1.5 显示的是大数据的业务架构。

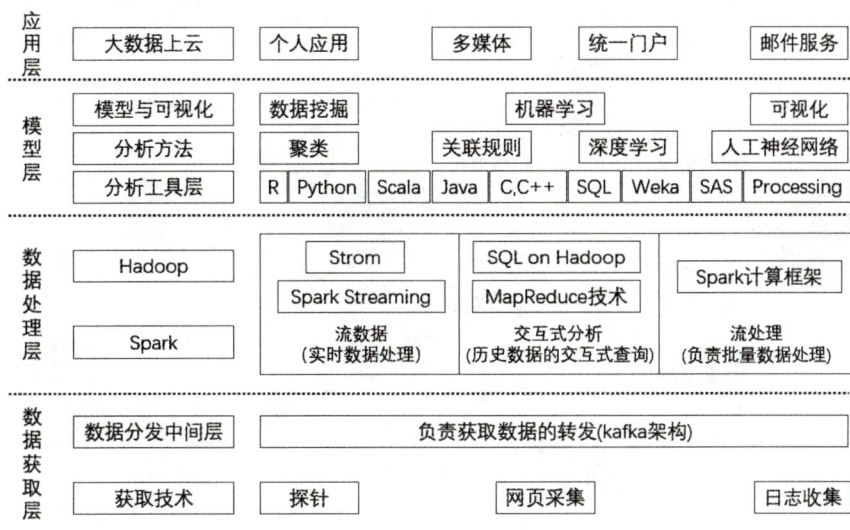

图 1.5　大数据的业务架构

### ▶▶▶ 1.3.4　数字媒体技术

数字媒体技术主要研究与数字媒体信息的获取、处理、存储、传播、管理、安全、输出等相关的理论、方法、技术与系统。它以信息技术和图像图形技术为核心，以大数据和云计算为依托，通过对文字、声音、图形、图像及各类传感器数据等信息的综合处理，使抽象的信息变成可感知、可管理和可交互的技术，并实现数据的跨平台共享及服务。

数字媒体技术主要包含以下五个特征：

(1) 数字化转换。数字媒体技术将传统的文本、图像、音频、视频等媒体形式转换为数字形式。这种转换使得媒体内容可以通过计算机系统进行处理、存储、传输和展示，大大提高了信息的处理效率和媒体内容的可变性。

(2) 多媒体整合。数字媒体技术能够整合多种形式的媒体内容，如文本、图片、音频、视频等，使得用户可以在一个平台上获取多样化的信息和娱乐内容。

(3) 互动性和个性化。数字媒体技术支持用户与媒体内容的互动，如评论、分享、点赞等功能，增强了用户参与感和社交性。此外，数字媒体技术还能通过用户数据分析和个性化推荐系统，向用户推荐符合其兴趣和偏好的内容，提升了用户体验。

(4) 即时性和全球化。数字媒体技术使得信息和媒体内容可以实时传输和分发，无论是新闻报道、直播事件还是娱乐节目，都可以实时观看和参与，同时也打破了地域限制，实现了全球化的信息传播和娱乐服务。

(5) 可搜索性和可复制性。数字媒体内容可以通过搜索引擎和索引系统进行快速查找和访问，提高了信息检索的效率。此外，数字媒体内容的复制和传播成本相对较低，使得内容的复制和传播更加便捷和广泛。

数字媒体技术涵盖了广泛的应用领域，包括但不限于文字、图像、音频、视频等各种形式的数字化内容，如图1.6所示。数字媒体技术在今天的信息社会中发挥着重要的作用，推动了媒体内容创作和传播方式的变革，为用户提供了更丰富、更多样化的信息和娱乐选择。随着技术的进步和应用场景的扩展，数字媒体技术的影响力和创新空间还将继续扩展。

图 1.6　数字媒体技术的应用

### ▶▶▶ 1.3.5　虚拟现实技术

虚拟现实技术 (Virtual Reality，VR) 是利用现实生活中的数据，通过计算机技术产生电子信号，生成一种可以创建和体验虚拟世界的计算机仿真系统。这些系统可以模拟视觉、听觉、触觉和嗅觉的感觉世界，用户可以用人的自然技能对这个生成的虚拟实体进行交互考察，使用户沉浸到该环境中。

虚拟现实技术主要包括计算机图形技术，立体显示技术，视觉跟踪和视点感应技术，语音输入输出技术，听觉、力觉和触觉感应技术等，如图1.7所示。

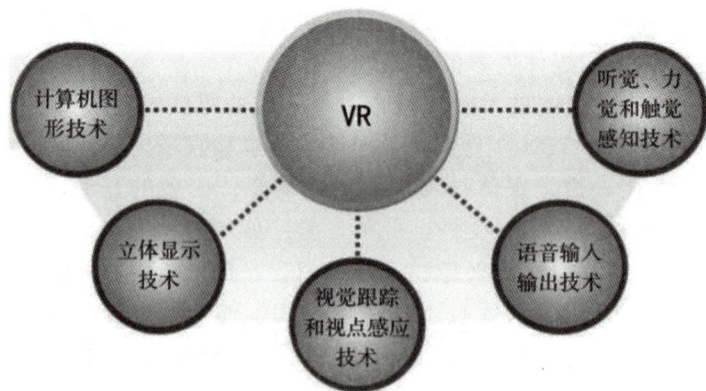

图 1.7　虚拟现实技术的组成

虚拟现实技术的主要特征包括沉浸性、交互性、多感知性、构想性和自主性等。其应用领域广泛。根据沉浸式体验角度，虚拟现实可以分为非交互式体验、人—虚拟环境交互式体验和群体—虚拟环境交互式体验等几类。非交互式体验中，所体验内容均为提前规划好的，没有实质性交互行为，如场景漫游等。在人—虚拟环境交互式和群体—虚拟环境交互式系统中，用户可以使用数据手套、数字手术刀等设备与虚拟环境进行交互，如驾驶战斗机模拟器等，此时的用户可感知虚拟环境的变化。

在现实生活中，虚拟现实技术往往用于影视娱乐、教育、设计、医学和军事等领域，如图 1.8 所示。

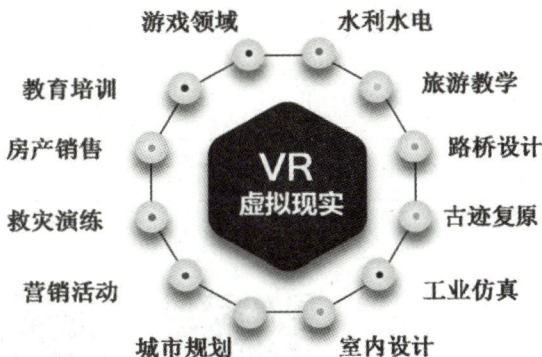

图 1.8  虚拟现实技术的应用

### ▶▶▶ 1.3.6  物联网技术

物联网是通过信息传感设备将任何物体与网络相连接，实现物体之间的信息交换和通信，以实现智能化识别、定位、跟踪、监管等功能。物联网旨在通过射频识别、红外感应器、全球定位系统等信息传感设备，将现实中的各种物体连接到互联网上，使物体具备"智能"，实现物与物、人与物之间的"沟通"和"对话"。

物联网技术

物联网的核心和基础是互联网，它将用户端延伸和扩展到了物品与物品之间，进行信息交换和通信，实现了万物相连。

根据物联网的特征，围绕信息的流动过程，可以归纳出物联网处理信息的功能。

(1) 获取信息的功能：主要是信息的感知、识别。信息的感知是指对事物属性状态及其变化方式的知觉和敏感；信息的识别指能把所感受到的事物状态用一定方式表示出来。

(2) 传送信息的功能：主要是信息发送、传输、接收等环节。经过这些环节后把获取的事物状态信息及其变化的方式从时间 ( 或空间 ) 上的一点传送到另一点。

(3) 处理信息的功能：信息的加工过程。利用已有的信息或感知的信息产生新的信息，实际是制定决策的过程。

(4) 施效信息的功能：信息最终发挥效用的过程。它有很多的表现形式，比较重要的表现形式是通过调节对象事物的状态及其变换方式，始终使对象处于预先设计的状态。

物联网的发展不仅推动了信息科技产业的革命，也为人们的生活带来了深远的影响。图 1.9 显示了物联网技术的一般体系架构。

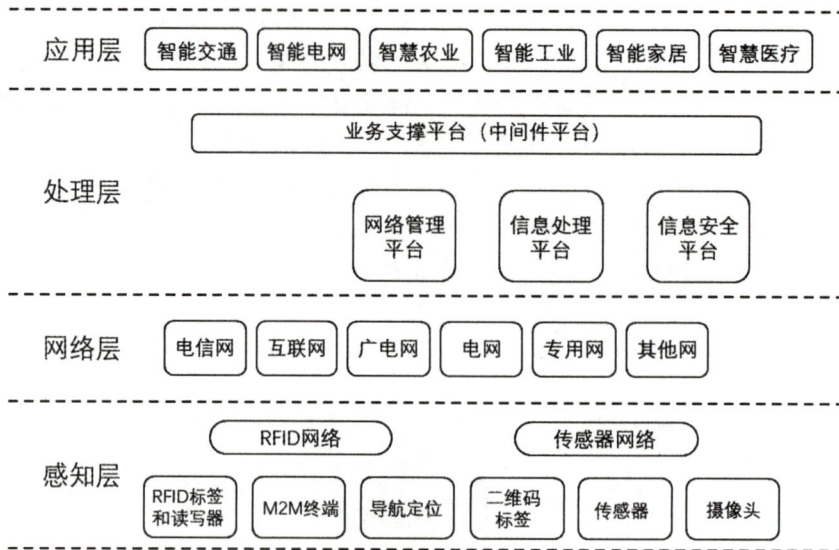

图 1.9　物联网的体系架构

#### ▶▶▶ 1.3.7　人工智能技术

人工智能是研究使用计算机来模拟人的某些思维过程和智能行为(如学习、推理、思考、规划等)的技术。

人工智能技术　　智慧城市　　智慧医疗

人工智能涵盖计算机科学、心理学、哲学和语言学等领域。

人工智能技术的核心主要包括机器学习、自然语言处理、计算机视觉和深度学习等方面。

(1) 机器学习。机器学习是人工智能的核心技术之一,它通过训练数据让计算机自主学习并改进性能。机器学习的主要方法包括监督学习、非监督学习、半监督学习和强化学习等,广泛应用于自动驾驶、智能客服、智能音箱等领域。

(2) 自然语言处理。自然语言处理是让计算机理解并处理人类语言的技术,涉及语言学、计算机科学和人工智能的交叉领域,对于实现人与机器的无障碍交流具有重要意义。

(3) 计算机视觉。计算机视觉让计算机具备图像和视频的处理能力,通过模拟人的视觉系统进行识别和理解,广泛应用于安防、医疗、智能交通等领域。

(4) 深度学习。深度学习是机器学习的一个分支,通过构建深度神经网络来模拟人脑的学习过程,是人工智能技术发展的重要推动力。

人工智能技术的体系架构如图 1.10 所示。

人工智能技术的应用领域主要包括以下几个方面:

(1) 智能医疗。智能医疗在医疗领域中发挥着重要作用,特别是在辅助诊疗、疾病预测、医疗影像辅助诊断和药物开发等方面。垂直图像算法和自然语言处理技术已经能够满足医疗行业的大部分需求。

(2) 教育。人工智能可以用于智能分班排课,打造智慧校园以及协助考勤和招生等;也可以通过图像识别技术追踪学生的学习状态,了解学生的学习困难、兴趣和集中度,从而分析学生对知识点的掌握程度，帮助教师因材施教，提高授课效率。

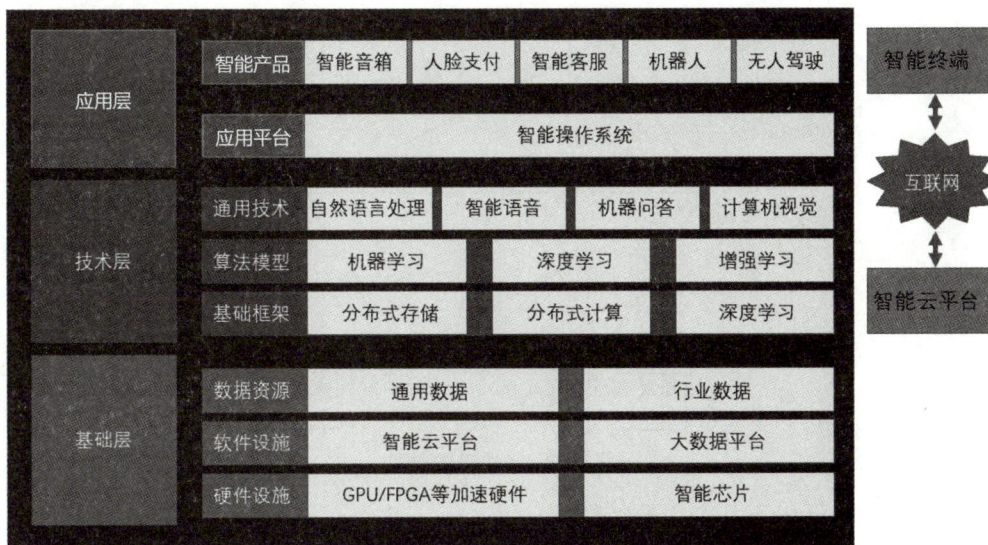

图 1.10　人工智能技术体系架构

(3) 金融。人工智能技术可以用于股票证券的分析、行业走势分析以及投资风险预估。其在金融领域中发挥了数据库、信息引擎、计算机网络应用、快捷支付以及定性化风险系数和定位模型等作用。此外，人工智能+金融改变了传统金融的信息采集、风险评价和客户服务环节，提高了金融交易的公正性、安全性和效率性。

(4) 智能交通。人工智能可以通过收集和分析交通信号灯、交通密度、交通事故、天气数据等信息，预测交通状况并据此切换交通灯，从而提高交通容量、简化交通管理并减少环境污染。

(5) 自动驾驶。自动驾驶是人工智能在汽车领域的成熟应用，旨在提高交通安全性和驾驶效率。这一技术通过感知、决策和控制三个步骤实现汽车的自主驾驶。

(6) 自然语言处理。自然语言处理与模式识别、计算机视觉等技术紧密结合，通过文字识别和语音识别系统实现书面语言和有声语音的理解。其主要应用包括全文信息检索系统、自动文摘系统、机器翻译、智能问答、情感分析和舆情监测等。

### ▶▶▶ 1.3.8　区块链技术

区块链 (Blockchain 或 Block Chain) 是一种块链式存储、不可篡改、安全可信的去中心化分布式账本。它结合了分布式存储、点对点传输、共识机制、密码学等技术，通过不断增长的数据块链 (Blocks) 记录交易和信息，确保数据的安全和透明性。

区块链技术

区块链的核心在于其独特的结构，它由一系列按照时间顺序排列的数据块组成，这些数据块通过特定的方式连接起来，形成了一个不可篡改的链式数据结构，如图 1.11 所示。每个数据块都包含了一定的信息，如交易数据等，并且这些数据块被加密以保证其安全性和匿名性。区块链的每个数据块都链接到前一个块，形成了一个连续的链，这种结构确保

了交易历史的完整性和安全性。

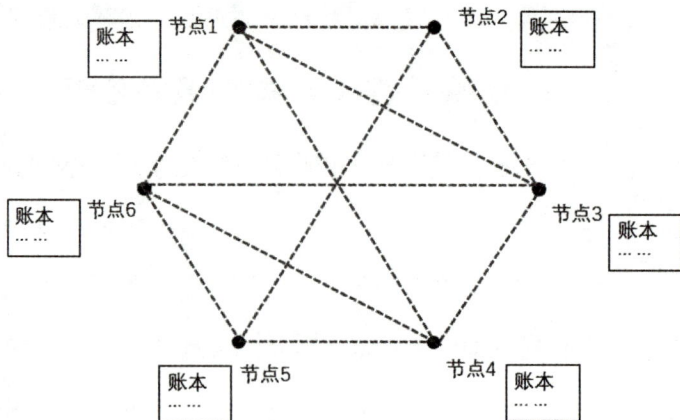

图 1.11    区块链的结构

区块链技术包括以下几个主要特征：

(1) 去中心化。区块链网络由数量众多的节点组成，根据需求不同会由一部分节点或者全部节点承担账本数据维护工作，少量节点的离线或者功能丧失并不会影响整体系统的运行。在区块链中，各个节点遵守一套基于密码算法的记账交易规则，通过分布式存储和算力，共同维护全网的数据，避免了传统中心化机构对数据进行管理带来的高成本、易欺诈、缺乏透明、滥用权限等问题。

(2) 不可篡改性。比特币的每次交易都会记录在区块链上，不同于由中心机构主宰的交易模式，其中心机构可以自行修改任意用户的交易信息，故比特币很难被篡改。

(3) 开放性。区块链系统是开放的，它的数据对所有人公开，任何人都可以通过公开的接口查询区块链数据和开发相关应用，因此整个系统的信息高度透明。虽然区块链的匿名性使交易各方的私有信息被加密，但这不影响区块链的开放性，加密只是对开放信息的一种保护。

(4) 匿名性。在区块链中，数据交换的双方可以是匿名的，系统中的各个节点无须知道彼此的身份和个人信息即可进行数据交换。

(5) 自治性。区块链通过全体节点协商一致的规则维护了区块链的安全性和稳定性，通过区块链社区的自行治理，不断完善规则帮助区块链达成既定目标。

## 1.4    WPS 2024 及机器人流程自动化简介

本书内容不仅涵盖新一代信息技术新亮点，也包含了 WPS 2024 应用以及机器人流程自动化等内容。WPS Office 是由北京金山办公软件股份有限公司自主研发的一款办公软件套装，覆盖 Windows、Linux、Android、iOS 等多个平台，支持桌面和移动办公。WPS 集编辑与打印为一体，具有丰富的全屏幕编辑功能，并且提供各种控制输出格式及打印功能，可以满足文字工作者编辑、打印各种文件的需要。本书中的 WPS 2024 相关内容介绍主要面向大一新生在高中或高职阶段未全面接受办公软件学习的普通学生群体，包括文字、演示、表格等核心功能，可以满足个人学生用户在日常生活、学习和工作中的文件处理需求。

(1) WPS 文字：功能强大的文本编辑器，类似于微软的 Word。用户可以使用它进行文档的编辑、排版、打印等操作，WPS 文字提供了丰富的字体、段落格式、样式和模板，用户使用它可以创建出专业、美观的文档。

(2) WPS 表格：电子表格软件，类似于微软的 Excel。用户可以使用它进行数据的录入、计算、分析和可视化等操作。WPS 表格提供了丰富的函数和公式，可以帮助用户处理复杂的数据问题。同时，它还支持图表、图形和图片等多种元素的插入，使得用户能够创建出直观、易懂的报表和图表。

(3) WPS 演示：演示文稿制作软件，类似于微软的 PowerPoint。用户可以使用它创建出具有专业外观的幻灯片，用于报告、演讲、教学等场合。WPS 演示提供了丰富的模板、主题和动画效果，使得用户能够制作出吸引人的演示文稿。同时，它还支持音频、视频和多媒体元素的插入，增强了演示文稿的表现力和互动性。

此外，本书介绍的另一内容——机器人流程自动化 (Robotic Process Automation，RPA) 又称软件机器人，它使用自动化技术模拟人类的后台任务，如提取数据、填写表单和移动文件等。RPA 结合了应用程序接口 (Application Programming Interface，API) 和用户界面 (User Interface，UI) 互动，整合并执行企业与生产力应用之间的重复性任务。通过部署用于模拟人工流程的脚本，RPA 工具可以在各个不相关的软件系统中自动执行各项活动和事务。

机器人流程自动化面向的读者首先要具备一定的计算机基础知识，熟悉计算机的各种常用办公软件流程，并对需要处理的业务流程具有相当清晰的认识，能够独立梳理该业务流程，从而建立相应的流程机器人进行自动化操作。比如财务人员进行发票报销的自动填表操作、人事人员自动从多份简历中提取关键信息填入 Excel 等。通过使用相应的 RPA 工具，可以大幅度提高办公自动化流程速度。

# 本 章 习 题

## 一、选择题

1. 大数据的特点不包括 (　　)。

A. 价值密度高　　　　　　　　B. 处理速度快

C. 数据类型多　　　　　　　　D. 数据量巨大

2. 下列不属于云计算特点的是 (　　)。

A. 超大规模　　　　　　　　　B. 虚拟化

C. 私有化　　　　　　　　　　D. 高可靠性

3. 下列有关区块链的描述中，错误的是 (　　)。

A. 采用分布式数据存储　　　　B. 数据签名采用对称加密

C. 区块链信息难以篡改，可以追溯

D. 比特币是区块链的典型应用

4. 下列不属于虚拟现实特点的是 (　　)。

A. 沉浸性　　　　　　　　　　B. 交互性

C. 单感知性                    D. 自主性

5. 下列不属于信息安全指标的是 (        )。

A. 保密性                      B. 完整性

C. 不可用性                    D. 授权性

6. 机器人流程自动化可以 (        ) 数据错误。

A. 提升                        B. 降低

C. 不确定                      D. 不提升也不降低

## 二、填空题

1. 大数据的主要特征有 _____、_____、_____、_____、_____。

2. 区块链技术是一种块链式存储、_____、安全可信的去中心化分布式账本。

3. 机器人流程自动化可以应用于 _____、_____、_____、_____等领域。

4. 云计算具有 _____、_____、_____、_____、_____、_____、_____等特点。

5. _____技术主要研究与数字媒体信息的获取、处理、存储、传播、管理、安全性、输出等相关的理论、方法、技术与系统。

## 三、问答题

1. 什么是新一代信息技术？其与传统的信息技术有何不同？

2. 新一代信息技术的主要应用领域有哪些？

# 第 2 章　WPS 2024 的应用

## 技能目标

◎ 掌握 WPS Office 文档功能及基本操作。

◎ 精通使用模板创建新文档和创建新模板。

◎ 精通定义文档样式、创建模板文件。

◎ 掌握 WPS Office 电子表格功能及基本操作。

◎ 精通插入或删除工作表的行、列或单元格等基本操作。

◎ 掌握 WPS Office 表格中公式的定义和运算符的使用方法。

◎ 精通 WPS Office 表格中函数格式和函数的输入及使用方法。

## 素养目标

◎ 具有严谨和精益求精的科学态度。

◎ 热爱国产软件，增强国之大者意识。

◎ 培养学生的信息获取、筛选、整合和运用的能力。

## 星火引航

随着数字化时代的到来，文档处理已成为企业日常工作的核心环节。面对海量的电子文档，如何高效、准确地进行处理和管理，已成为我们面临的重要挑战。为此，我们引入了 WPS 软件。

WPS Office，作为金山办公软件股份有限公司的核心产品，已成为中国国内办公软件的代表作。在信息技术应用创新的时代背景下，WPS Office 不只是一款普通的办公软件，更是我国基础软件国产化进程中的一个重要的参与者和推动者。本章介绍 WPS Office 文档及电子表格处理等相关内容。

## 2.1　WPS 文档操作

### ▶▶▶ 2.1.1　WPS 文档简介

#### 1. WPS 2024 文字工作窗口的启用

启动 WPS 2024 的方法很多，常用的有如下几种。

(1) 单击"开始"→"所有程序"→"WPS Office"→"WPS 2024"→"文字"选项，启动 WPS 2024 文字工作窗口。

(2) 双击桌面上已建好的 WPS 2024 的快捷方式图标。

(3) 双击任意一个 WPS 文档，打开相应的文件。

#### 2. WPS 文字工作窗口简介

WPS 文字工作窗口主要包括标题栏、功能区、快速访问工具栏、编辑窗口、状态栏、显示按钮、缩放滑块、滚动条、自定义工单窗格，如图 2.1 所示。

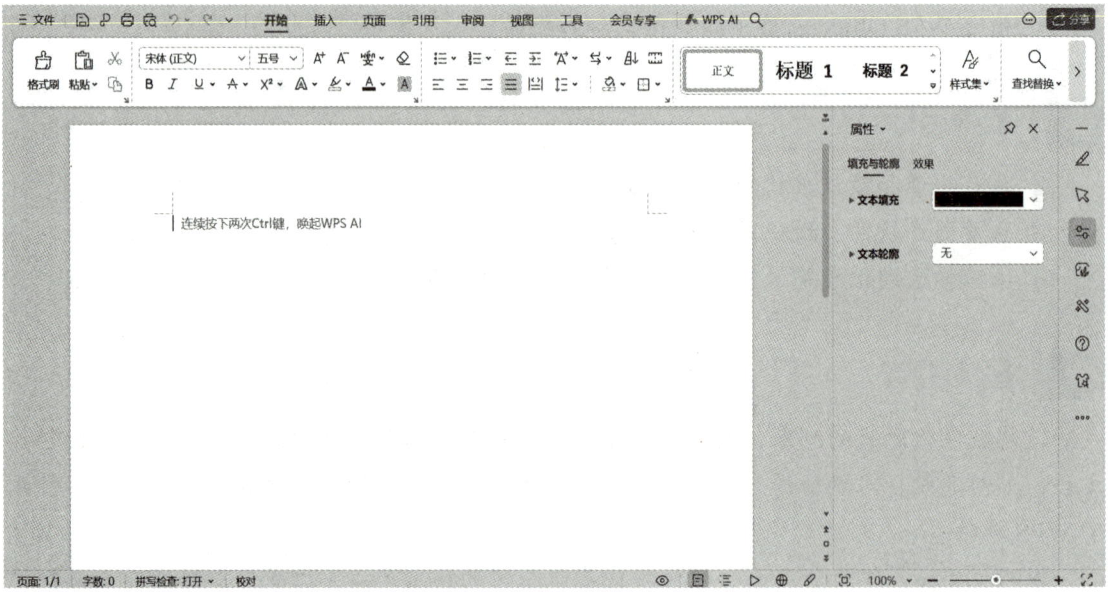

图 2.1　WPS 文字工作窗口

(1) 标题栏和新建标签：显示正在编辑文档的文件名及所使用的软件名。

(2) 功能区：包含编辑时需要用到的一些命令，与其他软件中的菜单或工具栏相同。

(3) 快速访问工具栏：包含一些常用命令，如保存、撤销、输出、打印等。用户也可以添加个人常用命令。

(4) 编辑窗口：显示正在编辑的文档内容。

(5) 状态栏：显示正在编辑文档的相关信息。

(6) 显示按钮：可用于更改正在编辑文档的显示模式，以符合用户要求。

(7) 缩放滑块：可用于更改正在编辑文档的显示比例设置。

(8) 滚动条：可用于更改正在编辑文档的显示位置。

(9) 自定义工单窗格：用户可以根据使用习惯将常用的工单显示在此处。

### 3. WPS 文字的退出

完成文档的编辑后要退出 WPS 文字工作环境。常用的退出方法有以下几种：

(1) 单击 WPS 文字窗口右上角的"关闭"按钮。

(2) 单击"文件"选项卡下的"退出"选项。

(3) 在标题栏上单击鼠标右键，在弹出的快捷菜单中选择"关闭"命令。

### ▶▶▶ 2.1.2　文档编辑

文档编辑是 WPS 文字的基本功能，主要完成文本的输入、选择、移动、复制等基本操作，并且为用户提供查找和替换等功能。

文档操作

#### 1. 打开文档

对已经存在的 WPS 文字文档，在对文档进行编辑之前，首先要打开文档。打开的方法有二：可以直接双击要打开的文件图标；也可以先启动 WPS Office 程序，再单击"文件"选项卡→"打开"按钮，在弹出的"打开"对话框中选择要打开的文件。

#### 2. 输入文本

打开 WPS 文字文档后，利用 WPS 文字的"即点即输"功能，用户可以在文档的任意位置通过光标快速定位插入点进行输入操作，被输入的内容显示在光标所在处。

在文档编辑区中有一根不断闪烁的竖线，叫作光标插入点。光标插入点所在的位置即文本输入的位置。

(1) 普通文本的输入：用户只需要将光标定位到指定位置，切换到自己惯用的输入法，然后输入相应的文本内容即可。在输入文本的过程中，光标插入点会自动向右移动。当一行的文本输入完毕后，光标插入点会自动转到下一行。在没有输入满一行文字的情况下，若需要开始新的段落，可按 Enter 键进行换行。

(2) 特殊符号的输入：在输入文本时，一些键盘上没有的特殊符号 ( 如俄、日、希腊文字符，数学符号，图形符号等 )，除了利用汉字输入法中的软键盘外，WPS 还提供了"插入符号"功能。

首先把光标定位到要插入符号的位置，然后单击"插入"选项卡→"符号"组→"符号"按钮，在弹出的下拉菜单中列出了最近插入过的符号和"其他符号"按钮。如果需要插入的符号位于列表框中，则单击该符号即可；否则，单击"其他符号"按钮，打开如图 2.2 所示的"符号"对话框，在该对话框的"字体"下拉列表中选定适当的字体项 ( 如普通文本 )，在符号列表框中选定需要插入的符号，再单击"插入"按钮，就可以将选择的符号插入文档的插入点处了。

图 2.2 "符号"对话框

### 3. 选择文本

在对文本进行编辑排版之前，首先要选定相关文本。从要选定文本的起点处按下鼠标左键，一直拖动至终点处松开鼠标即可选择文本，选中的文本将以灰底黑字的形式显示。

如果将鼠标移动到文档左侧的空白处，则鼠标将会变为指向右上方的箭头。此时，单击鼠标，则选定当前这一行文字；双击鼠标，则选定当前这一段文字；三击鼠标，则选定整篇文档。

### 4. 插入和删除文本

(1) 插入文本：在插入文本时，需要确认当前文档的"改写"方式是关闭还是打开的。在关闭改写方式下，只需将光标移到需要插入文本的位置，输入新文本，光标右边的字符将随着新文本的输入逐一向右移动；在打开改写方式下，光标右边的字符将被新输入的字符所替代。而在 WPS 文字窗口的左下方可以显示打开或关闭改写输入方式，如图 2.3 所示，按键盘上的 Insert 键也可以实现打开或关闭改写输入方式的切换。

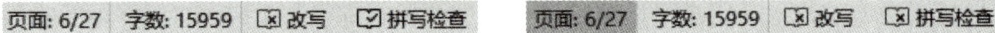

图 2.3　打开或关闭改写输入方式

(2) 删除文本：将光标移动到要删除字符的左边，然后按 Delete 键；或者将光标移到此字符的右边，然后按 Backspace 键。

### 5. 复制和移动文本

当需要重复录入文档中已有的内容时，可以通过复制操作来完成。

首先选中文本，然后单击鼠标右键选择"复制"命令，接着将鼠标移到目的位置后单击鼠标右键，选择"粘贴选项"中的合适选项完成文本的复制。文本的复制还可以通过组合快捷键"Ctrl + C"或"开始"选项卡中的"复制"按钮来完成，复制文本后，按"Ctrl + V"组合快捷键，执行粘贴操作。文本的移动操作和复制操作类似。

### 6. 撤销和恢复

对于编辑过程中的误操作，可以通过单击"快速访问工具栏"中的"撤销"按钮 ( 左框标注 ) 来挽回；而对于所撤销的操作，也可以通过"恢复"按钮 ( 右框标注 ) 重新执行，如图 2.4 所示。

图 2.4　"撤销"和"恢复"按钮

### 7. 插入文件中的文字

利用 WPS 文字插入文件的功能,可以将几个文档连接成一个文档。具体操作步骤是:单击"插入"选项卡→"对象"按钮,在打开的下拉列表里选择"文件中的文字"命令,弹出"插入文件"对话框,在该对话框中选定要插入的文档即可。

文本编辑

### ▶▶▶ 2.1.3　文本编辑

在文档中输入文本后,默认显示的字体为"宋体",字号为"五号",字体颜色为"黑色",我们可以根据文档需要对文本格式进行设置。字符格式的设置主要包括对字符字体、字形、字号、颜色、下画线、着重号、字符间距等的设置,对字符格式的设置决定了字符在屏幕上显示和打印输出的样式,可以通过功能区、对话框和浮动工具栏来完成对字符格式的设置。

需要注意的是,不管使用哪种方式,都需要在设置前先选择文本,即先选中再设置。

(1) 利用"开始"选项卡中的"字体"组设置文本的格式:首先选定要设置格式的文本,然后单击"开始"选项卡,在"字体"组中选择相关按钮,完成字符格式的设置,如图 2.5 所示,包括字体、字号、加粗、倾斜、下画线、文字颜色、文本效果等格式的设置。

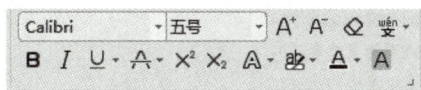

图 2.5　"开始"选项卡中的"字体"组

(2) 利用"字体"对话框设置文字的格式:同样先选定要设置格式的文本,然后单击图 2.5 右下角的"字体对话框启动器"按钮,打开如图 2.6 所示的"字体"对话框,进行字符格式设置。

(3) 利用浮动工具栏进行设置:选中字符并将鼠标指向其后,在选中字符的右上角会出现如图 2.7 所示的浮动工具栏,利用其进行字符格式设置的方法和通过功能区的命令按钮进行设置的方法相同。

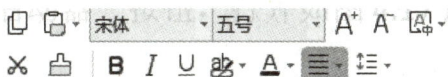

图 2.7　浮动工具栏

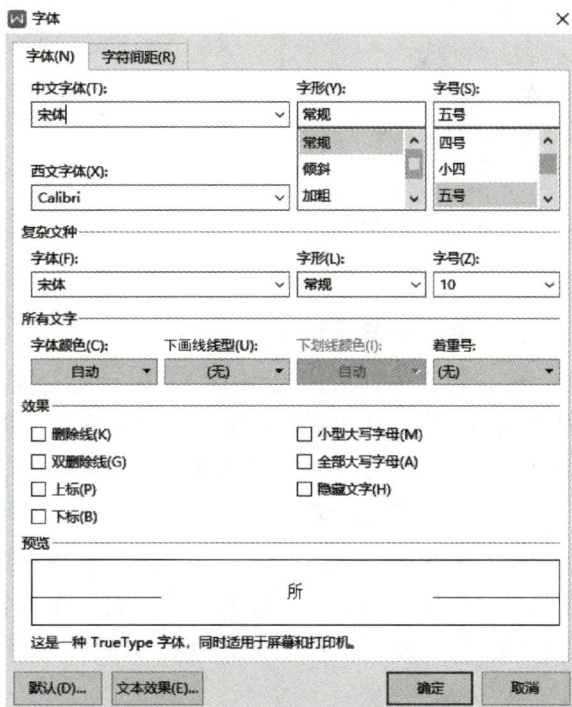

图 2.6　"字体"对话框

### 1. 字体、字号、颜色设置

单击图 2.5 所示的"字体"下拉按钮,在弹出的下拉列表中选择文本字体,如图 2.8 所示;单击"字号"下拉按钮,在弹出的下拉列表中选择文本字号,如图 2.9 所示;单击"字体颜色"下拉按钮,在弹出的下拉列表中选择文本颜色,如图 2.10 所示;也可以在图 2.6 所示的"字体"对话框中进行字体、字号等设置。

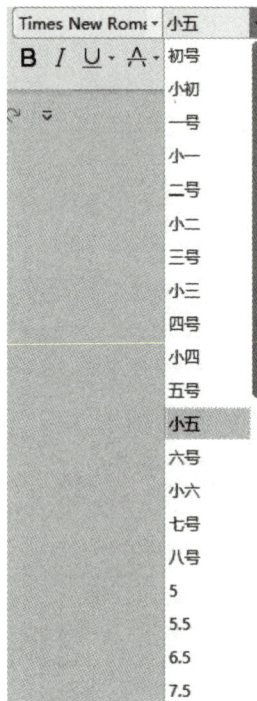

图 2.8　字体设置　　　　图 2.9　字号设置　　　　图 2.10　颜色设置

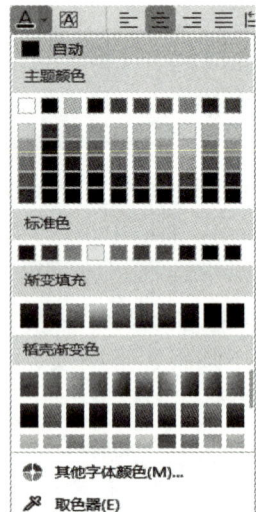

### 2. 加粗、倾斜设置

在设置文本格式的过程中,有时还可对某些文本设置加粗或倾斜效果,以达到醒目和强调的作用。选中要设置加粗效果的文本,单击图 2.5 中的"B"按钮可实现字体加粗,单击图 2.5 中的"$I$"按钮可实现字体倾斜。

### 3. 上标和下标设置

在编辑数学公式或者计量单位时,会遇到如 $X^2 + Y^2$、$X_1 + X_2$ 这样的情况,此时就需要设置上标或下标。首先以常规方式输入要设置为上标或下标的字符,然后选中该字符,单击图 2.5 中的"$X^2$"上标按钮或"$X_2$"下标按钮即可实现上标或者下标设置。

### 4. 下画线设置

对于某些需要特别强调的段落或文字,可以为其添加下画线。选中要添加下画线的文本，单击图 2.5 中的 "U" 按钮实现添加默认下画线。默认的下画线为直线，如果需要其他下画线样式，可以单击 "下画线" 按钮旁的下三角按钮，在弹出的下拉列表中可以选择预设的下画线的线型和颜色。如果选择其他下画线，将弹出如图 2.6 所示的 "字体" 对话框，在对话框中设置下画线线型和颜色即可。

### 5. 删除线和着重号设置

删除线表示该内容需要删除，以贯穿文字的横线表示；着重号表示强调，以文字下方的黑点表示。

设置方法为：选中要设置删除线效果的文本，单击 "开始" 选项卡中的 "删除线" 按钮A·，即可设置删除线；选中要设置着重号效果的文本，然后单击 "删除线" 旁的下拉按钮，在弹出的下拉列表中选择 "着重号" 命令即可，也可以在图 2.6 所示的 "字体" 对话框中设置删除线和着重号。

### 6. 字符间距设置

选中要设置间距的文本，单击图 2.5 右下角的 "字体对话框启动器" 按钮，打开如图 2.6 所示的 "字体" 对话框，也可以选中要设置间距的文本，右击弹出如图 2.11 所示的列表选项，选择 "字体"，弹出如图 2.6 所示的 "字体" 对话框，切换到如图 2.12 所示的 "字符间距" 选项卡，"间距" 选择 "加宽"，根据需求设置加宽值即可。

图 2.11　列表选项　　　　　图 2.12　字符间距设置对话框

### 7. 拼音添加

如果要在中文排版时给中文添加拼音，首先需要选定添加拼音的文字，然后单击 "开始" 选项卡→ "字体" 组→ "拼音指南" 按钮，弹出 "拼音指南" 对话框，如图 2.13 所示。在对话框中可以对 "拼音文字" 进行修改，也可以对拼音最后的显示效果通过 "对齐方式" "偏移量" "字体" "字号" 选择框进行调整。

图 2.13　"拼音指南"对话框

### 8. 文本查找和替换

在编辑文档的过程中，有时要查找替换一些字词，通过 WPS 强大文字的查找和替换功能可以大大提高效率。单击"开始"选项卡→"查找和替换"选项→"查找"按钮，弹出"查找和替换"对话框，如图 2.14 所示。在"查找内容"文本框中输入要查找的内容"人工智能"，然后单击"查找下一处"按钮，系统会突出显示查找到的内容。如果有多处内容需要查找，为了

图 2.14　"查找和替换"对话框

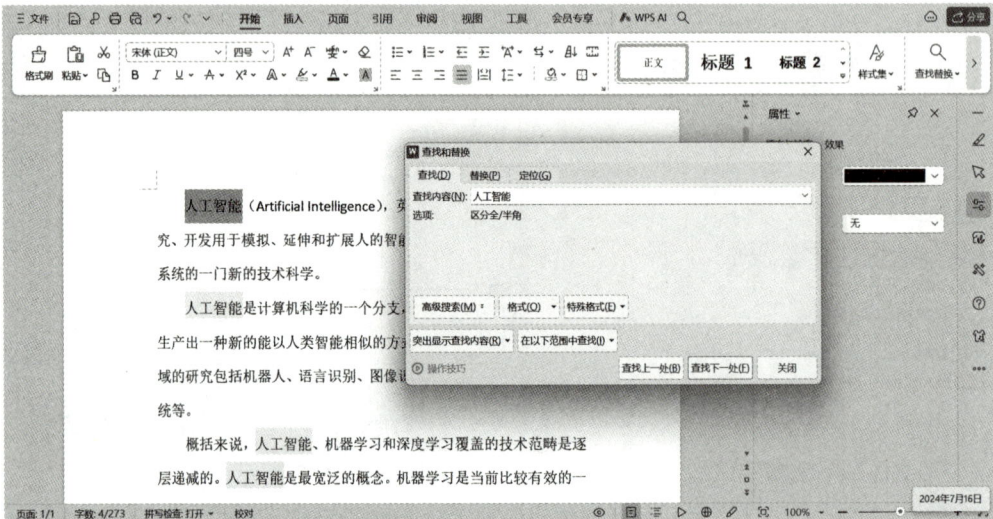

一目了然便于查看，可以单击左侧的"突出显示查找内容"下拉列表，选择"全部突出显示"，被查找到的部分会以高亮黄色进行显示，如图 2.15 所示。

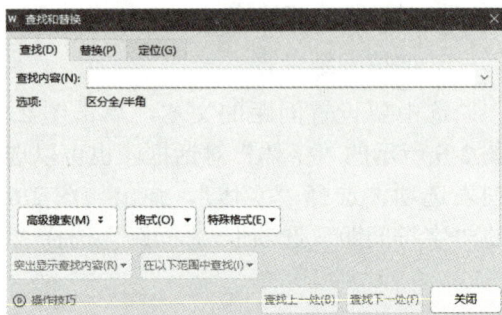

图 2.15　查找结果显示

单击图 2.14 中的"替换"选项卡，可以对文字进行替换。例如，将"查找内容"设置为"人工智能"，"替换为"设置为"AI"，单击"替换"按钮，就可以对查找到的内容进行替换，单击"全部替换"按钮可以实现一次性替换所有内容，效果如图 2.16 所示。

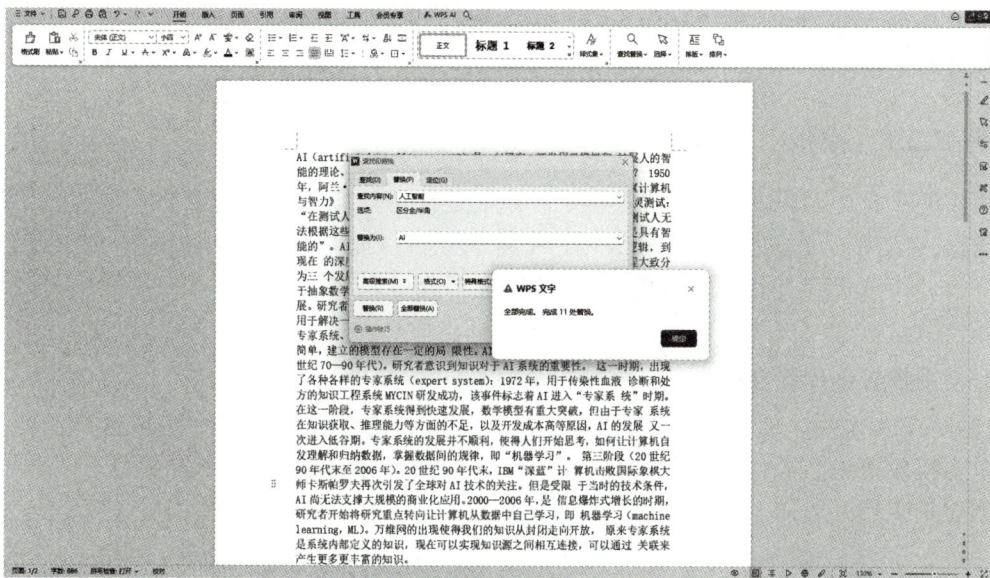

图 2.16　替换结果显示

## 2.2　长文档编辑

本节通过对一个长文档进行格式的编排，来学习样式的定义与应用，页眉、页脚、页码的添加，以及目录的自动生成等操作。样文目录页面效果如图 2.17 所示。

**目录**

段落设置

图 2.17　样文目录页面效果

对于长文档，最好是先设置好格式，然后再往里面填内容，这样会更方便些。长文档通常设有章、节等多级标题，所以需要设置好各级标题的样式，在编写完内容后依据这些标题来自动生成目录。

#### ▶▶▶▶ 2.2.1　模板

样式是针对文本和段落格式设定的，而模板是针对整篇文档的格式设定的，包括样式、页面设置、自动图文集、文字等。WPS 根据行业职业特点提供了多种文档模板，如会议纪要、工作周报、个人简历等模板。WPS 提供的模板部分可以直接使用，部分需要用户登录后才可以使用。

##### 1. 使用模板创建新文档

打开 WPS 软件，单击"+"新建标签，在如图 2.18 所示的窗口中可以选择需要的模板，单击模板可以查看样式，如图 2.19 所示。选择合适的模板，单击"免费下载"按钮，即可创建新文档。选择"会议纪要"模板，创建好的文档如图 2.20 所示。

图 2.18　"模板"列表

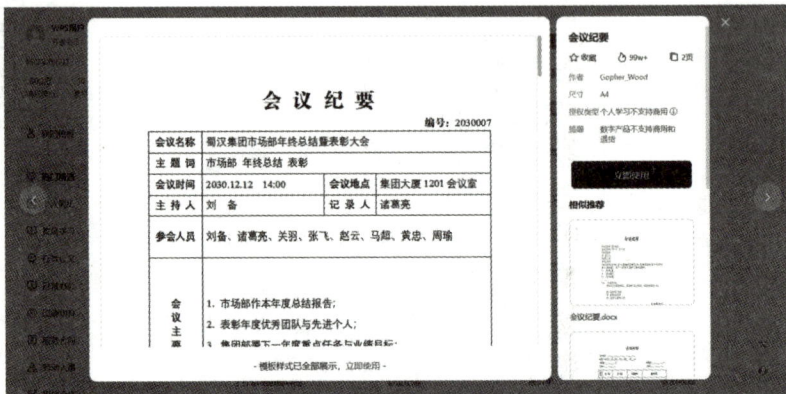

图 2.19　"会议纪要"模板样式

##### 2. 创建新模板

除了提供的模板之外，用户还可以创建新的模板。在文档中设置好格式及样式之后，单击"文件"菜单→"另存为"命令，在弹出的"另存文件"对话框中，将"文件类型"设置为"Microsoft Word 模板文件 (*.dotx)"，设置好相应的保存路径及文件名，单击"保存"按钮即可，如图 2.21 所示。

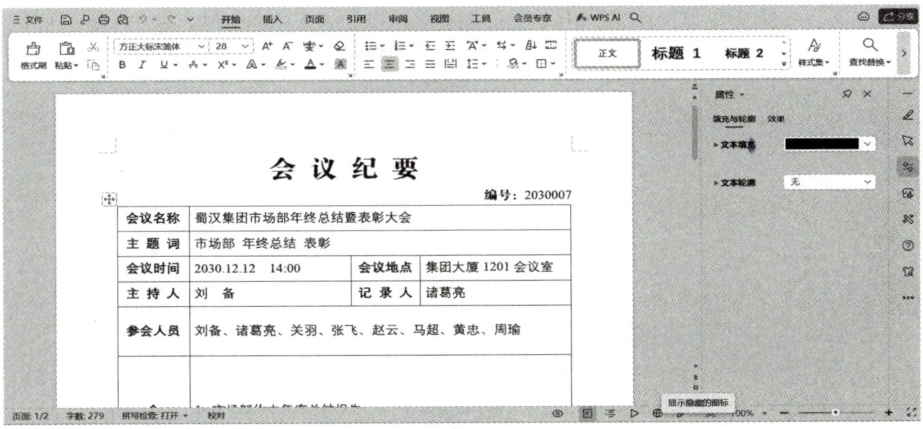

图 2.20　根据"会议纪要"模板创建的文档

图 2.21　保存模板文件

### ▶▶▶ 2.2.2　样式和格式

　　样式就是应用于文档中的文本、表格和列表的一组格式。当应用样式时，系统会自动完成该样式中所包含的所有格式的设置工作，可以大大提高排版的工作效率。

　　样式通常有字符样式、段落样式、表格样式和列表样式等。WPS 允许用户自定义上述类型的样式，同时还提供了多种内建样式，如标题、正文等样式，从而可以快速对选定内容进行格式设置。

#### 1. 应用样式

　　选中需要应用样式的文本内容，单击"开始"选项卡→"预设样式"组，选择需要的样式即可，如图 2.22 所示。

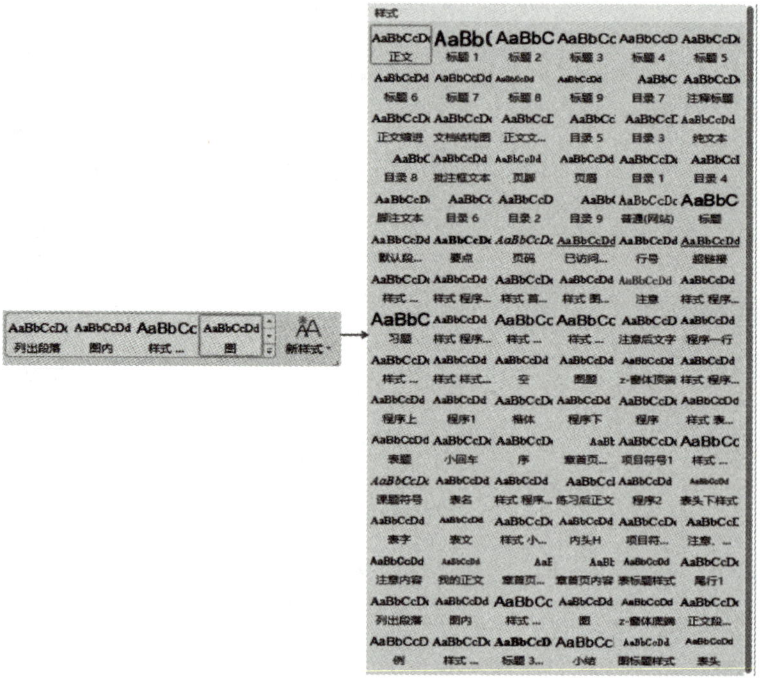

图 2.22　预设样式的应用

## 2. 编辑样式

如果对系统提供的内置样式不满意，则可以对其进行修改。在预设样式组中右击某一样式名称，在弹出的快捷菜单中选择"修改样式"命令，在打开的"修改样式"对话框中可以重新设置样式的字体、段落等格式，如图 2.23 所示。

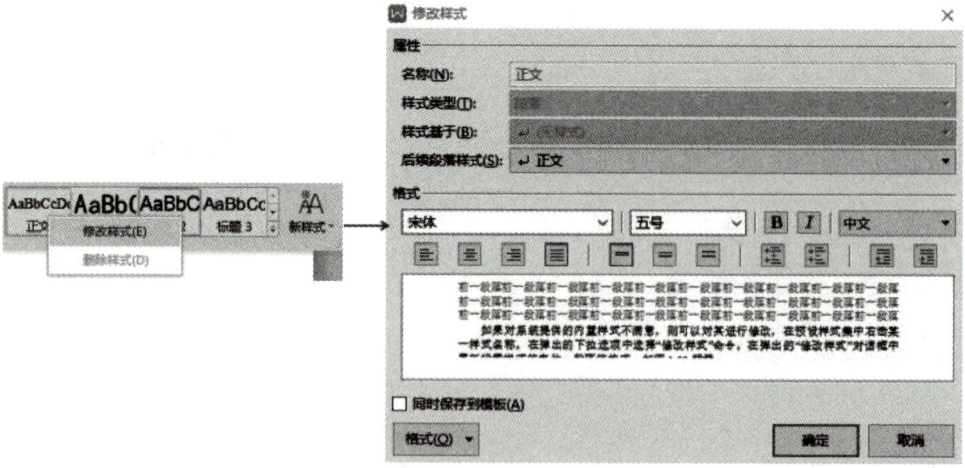

图 2.23　"修改样式"对话框

## 3. 新建样式

用户可以根据需要创建新样式。在"预设样式"选项组中单击下三角按钮，在下拉列表中选择"新样式"选项，弹出"新建样式"对话框，如图 2.24 所示。在"名称"文本框中输入新建样式的名称,单击"样式类型"下拉按钮,从弹出的列表中选择"段落"选项,在"格式"组中设置字体、字号、对齐等选项,再单击"格式"按钮进行其他格式的设置,最后单击"确定"按钮,即可完成样式的创建操作。

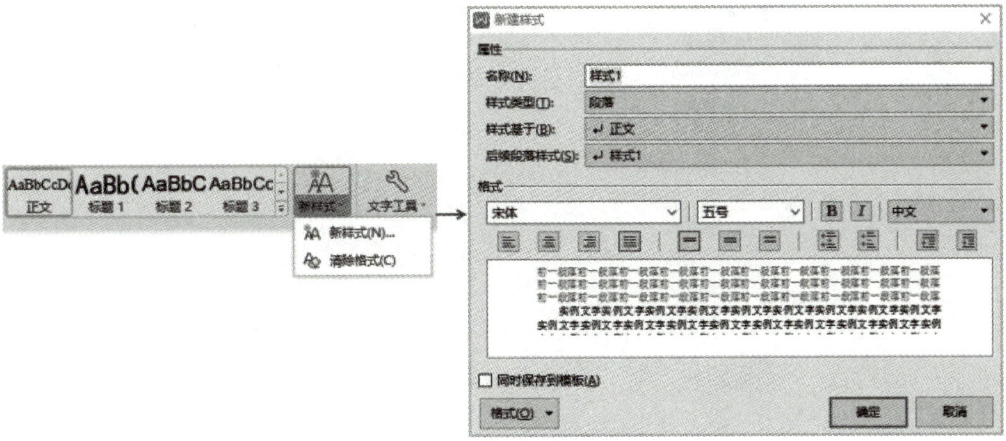

图 2.24　"新建样式"对话框

### ▶▶▶ 2.2.3　个性化页眉和页脚设置

个性化页眉
和页脚设置

页眉和页脚是文档中存放特殊内容的区域,通常显示文档的附加信息,常用来插入标题、日期、页码、公司徽标等,分别位于文档页面顶部和底部。

#### 1. 插入页眉和页脚

单击"插入"选项卡→"页眉页脚"按钮,即会出现"页眉和页脚"选项卡,如图 2.25 所示。同时,在文档上、下边距区域出现"页眉"或"页脚"编辑区,如图 2.26 和图 2.27 所示。在页眉或页脚编辑区输入页眉或页脚文本内容即可。

图 2.25　"页眉和页脚"选项卡

图 2.26　"页眉"编辑区

图 2.27　"页脚"编辑区

#### 2. 设置页眉和页脚

单击"页眉和页脚"选项卡→"页眉"或"页脚"按钮,可以根据实际需要编辑页眉或页脚，单击"页眉页脚切换"按钮可以在页眉和页脚之间进行切换。在长文档中，如果不同的节需要设置不同的页眉，则应该单击"页眉页脚选项"按钮，弹出如图2.28所示的"页眉/页脚设置"对话框，根据实际需要进行设置即可。

图 2.28　"页眉/页脚设置"对话框

### 3. 添加页码

单击"页眉和页脚"选项卡→"页码"按钮，选择插入页码的位置即可插入页码。如果需要设置起始页码，则可以单击"重新编号"，设置页码的编号，如图2.29所示。如果需要设置页码的编号格式，可以单击"页码设置"，在下拉列表中选择页码格式即可，如图2.30所示。

图 2.29　页码编号设置

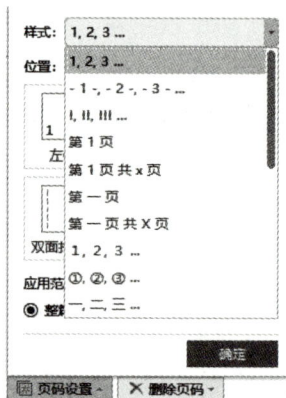

图 2.30　页码格式设置

### ▶▶▶ 2.2.4　目录和封面

长文档中通常会有目录，方便内容的查阅，在 WPS 中可以快捷完

目录和封面

成目录和封面的制作。WPS 可以根据文档格式的设置自动生成目录，并可以通过目录直接定位到某个段落。

### 1. 生成目录

目录依据大纲级别生成，大纲级别 1 最高。大纲级别 1 包含大纲级别 2，3，4，5…，大纲级别 2 包含大纲级别 3，4，5，6…，依次类推。如果想做多层目录，修改标题样式的大纲级别即可，如"标题 1"的大纲级别为 1，"标题 2"的大纲级别为 2，依次类推。设置大纲级别的操作如图 2.31 所示。

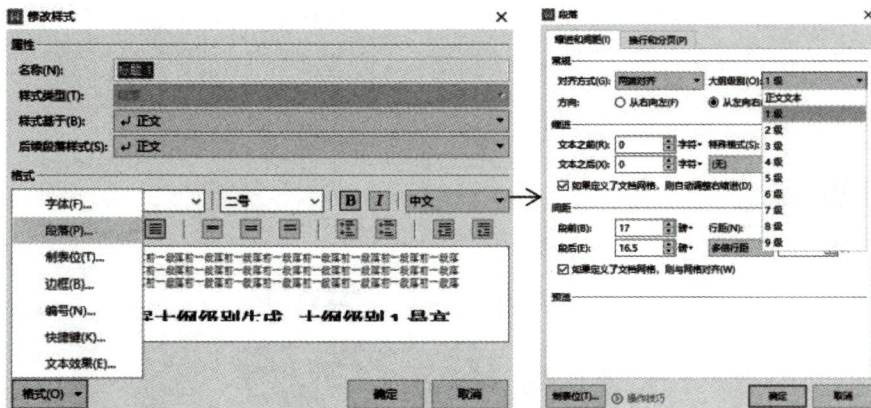

图 2.31　设置标题的大纲级别

将文本各级标题分别应用"标题 1""标题 2""标题 3"等样式，也可以在"引用"选项卡下，单击目录级别对标题设置 1 级目录、2 级目录、3 级目录等。标题大纲级别设置好后，将光标定位到待插入目录的位置，单击"引用"选项卡→"目录"按钮，在下拉菜单中选择一种自动目录，即可生成目录，如图 2.32 所示。如果想自定义目录外观，则可以在下拉菜单中选择"自定义目录…"，进入"目录"对话框进行设置，如图 2.33 所示。

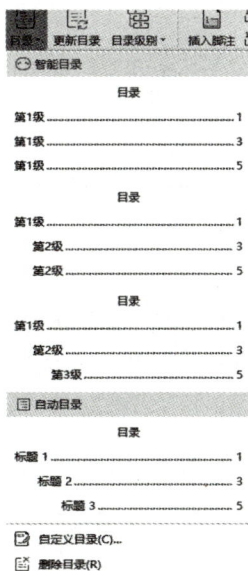

图 2.32　添加自动目录

图 2.33　"目录"对话框

### 2. 更新目录

当对文档标题进行了修改，或是对内容进行了增减之后，需要更新目录，使目录与内容一致。单击目录，在下拉菜单中单击"更新目录"，选择"更新整个目录"或"只更新页码"，即可实现更新目录操作。

### 3. 制作文档封面

封面设计是一项比较专业的技能，因此对于初学者来说，可以先使用文档内置的一些封面模板，从而快速完成封面的制作。将光标定位到文档开头，单击"章节"选项卡→"封面页"下拉按钮，在弹出的下拉列表中选择需要的封面样式并插入，插入封面后，根据模板提示修改相关内容即可，如图 2.34 所示。

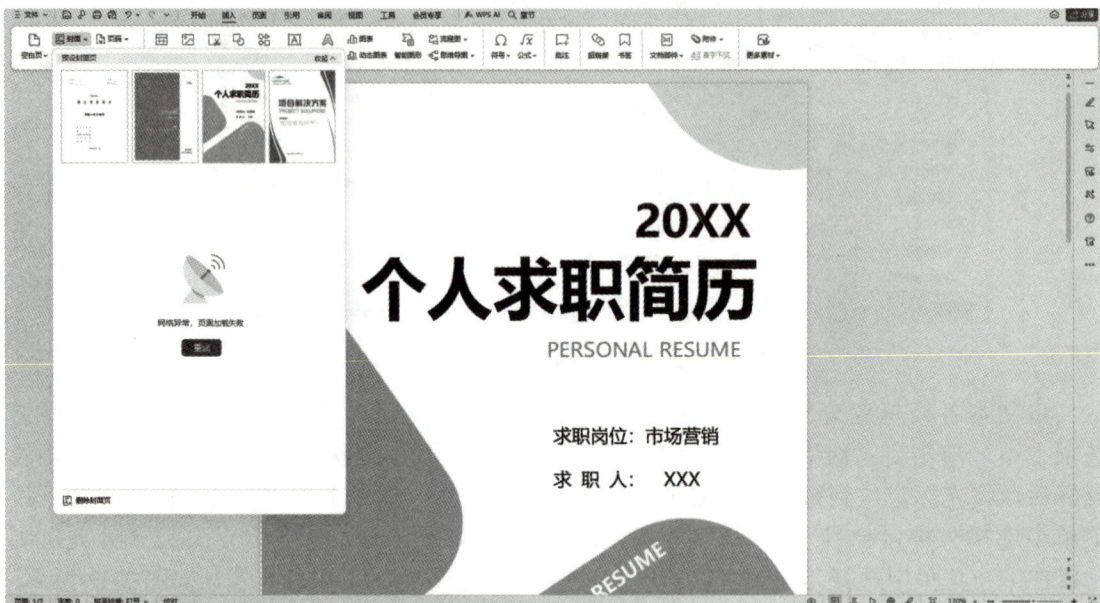

图 2.34　插入封面效果

## 2.3　WPS 表格操作

### ▶▶▶▶ 2.3.1　WPS 表格简介

WPS 表格是一款非常好用的表格统计分析软件，具有很强的图形、图表处理功能。它可用于财务数据处理、科学分析计算，并能用图表显示数据之间的关系和对数据进行组织。

### 1. WPS 表格功能

WPS 的表格功能包括：数据收集，数据计算，数据管理，数据统计分析，动态图表，数据保护与共享。

### 2. WPS 表格工作界面

启动 WPS 2024，创建表格后，屏幕上显示如图 2.35 所示的窗口，即 WPS 表格的工作界面。

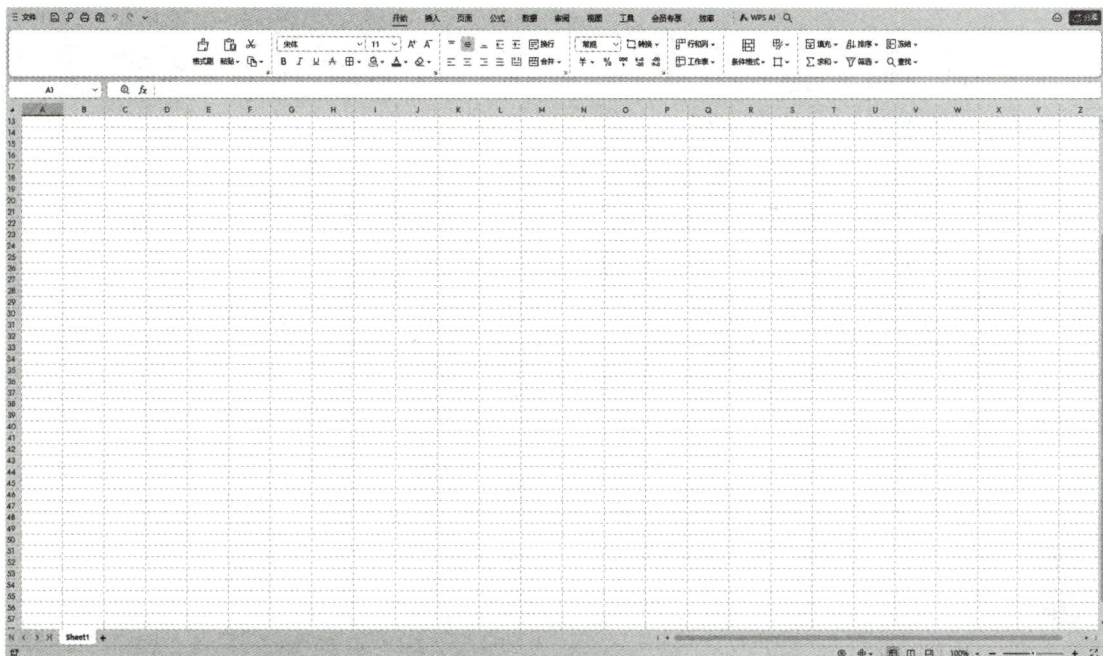

图 2.35　WPS 表格工作界面

### 3. WPS 表格的基本概念

(1) 工作簿。工作簿是指在 WPS 表格中用来存储并处理数据的文件，一个工作簿就是一个 Excel 文件，默认的文件扩展名为 .xlsx。

(2) 工作表。一个工作簿可以包含若干工作表，默认为一个工作表，以 Sheet1 命名。用户可以根据需要对工作表进行增加和删除，但一个工作簿中至少应包含一个工作表。

(3) 单元格。单元格是工作表中行与列的交叉部分，是组成工作表的最小单位，可拆分或者合并，单个数据的输入和修改都是在单元格中进行的。当前被选中的单元格称为活动单元格，每个单元格都有自己的名称，其名称是由单元格所在的列标和行号组成的，列标在前，行号在后，如 A3 单元格代表了第 A 列、第 3 行所在的单元格。

在 WPS 表格中，列标用字母表示，从左到右依次编号为 A，B，C，…，Z，AA，AB，…，AZ，BA，BB，…，XFD，共 16 384 列；行号从上到下用数字 1，2，3，…，1084576 表示，共 1 084 576 行。

(4) 填充柄。当光标位于活动单元格的右下角时，会有一个黑色的小方块，通常称为填充柄。它主要用于复制工作表中的数据或者公式，完成数据有规律的填充。

### 4. WPS 表格的退出

当完成工作簿的操作以后，可采用如下方法退出 WPS 表格。

(1) 执行"文件"→"退出"命令。

(2) 单击标题栏中的"关闭"按钮。

(3) 直接按快捷键"Alt + F4"。

#### ▶▶▶ 2.3.2　单元格、行、列操作

在工作表中输入数据后，可以根据需要插入或删除工作表的行、列或单元格。

WPS 表格的
基本操作

单元格、行、
列操作

##### 1. 插入和删除行、列或单元格

(1) 插入行、列或单元格。插入行、列或单元格时，工作表中已有的数据将会自动移动。用户选择需要插入的位置，然后单击"开始"选项卡→"行和列"图标右侧的下拉菜单按钮，在弹出的下拉菜单中选择"插入单元格"，在弹出的二级菜单中选择相应的"插入行""插入列"或"插入单元格"命令，如图 2.36 所示，即可在当前位置插入一个新的行、列或单元格。也可以在需要编辑的位置单击鼠标右键，在弹出的快捷菜单中选择"插入"命令，打开如图 2.37 所示的"插入"对话框，根据需要设置插入行和列的值。

图 2.36 "插入单元格"菜单列表

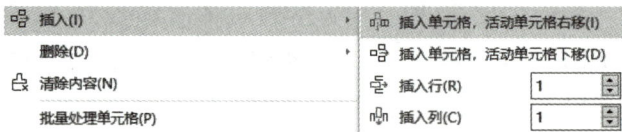

图 2.37 "插入"对话框

(2) 删除行、列或单元格。删除行、列或单元格时，其中的数据也会被删除。用户选择需要删除的位置，然后单击"开始"选项卡→"行和列"图标右侧的下拉菜单按钮，在弹出的下拉菜单中选择"删除单元格"，在弹出的二级菜单中选择相应的"删除行""删除列"或"删除单元格"命令，如图 2.38 所示，即可删除当前活动单元格所在的行、列或者单元格。也可以在需要删除的位置单击鼠标右键，在弹出的快捷菜单中选择"删除"命令，再根据需要选择对应选项即可。

图 2.38　"删除单元格"菜单列表

## 2. 调整行高、列宽

　　用户输入数据之前或之后可以对工作表中的行高或列宽进行修改。将鼠标指针指向要改变行高的行号的上边界或下边界，当指针变成竖直方向的双向箭头时，直接拖动指针至合适的高度，松开鼠标即可。如果需要指定固定数值的行高，则单击"开始"选项卡→"行和列"图标右侧的下拉菜单按钮，在弹出的下拉菜单中选择"行高"命令，如图 2.39 所示，打开如图 2.40 所示的"行高"对话框，输入相应的数值后单击"确定"按钮即可。

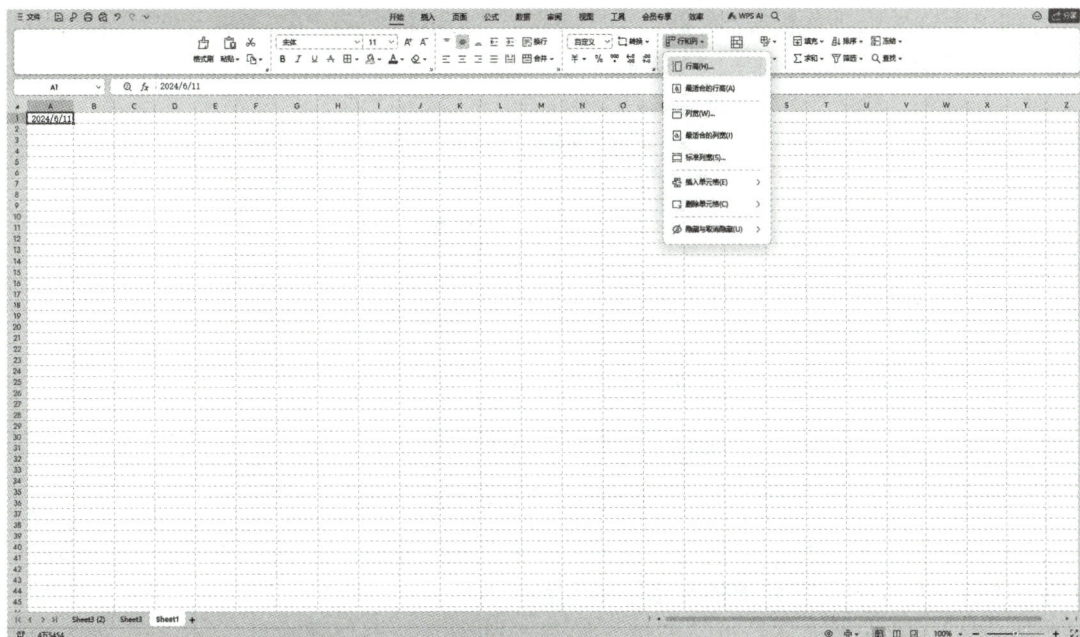

图 2.39　选择"行高"命令

如果需要调整列宽，可以将鼠标指针指向要改变列宽的列标的左边界或右边界，当指针变成水平方向的双向箭头时，直接拖动指针至合适宽度，松开鼠标即可。如果需要指定固定数值的列宽，则单击"开始"选项卡→"行和列"图标右侧的下拉菜单按钮，在弹出的下拉菜单中选择"列宽"命令，打开如图 2.41 所示的"列宽"对话框，输入相应的数值，然后单击"确定"按钮即可。

图 2.40  "行高"对话框

图 2.41  "列宽"对话框

### 3. 设置数据有效性

在工作中使用 WPS 表格进行数据计算与统计时，利用数据的有效性功能设置输入数据的类型、输入范围等，可以提高录入数据时的准确性。具体操作如下：单击"数据"选项卡→"有效性"按钮，在弹出的下拉列表中选择"有效性"，如图 2.42 所示，在弹出的对话框中进行有效性设置即可。

图 2.42  数据表单元格有效性设置

设置考试成绩输入有效性 ( 整数，范围 1～100) 的步骤是：选择"考试成绩"列，单击"数据"选项卡→"有效性"按钮→选择"有效性"。在弹出的对话框中设置有效性条件，即"允许"为"整数"，"数据"为"介于"，"最小值"为"0"，"最大值"为"100"，单击"确定"按钮即可，如图 2.43 所示。

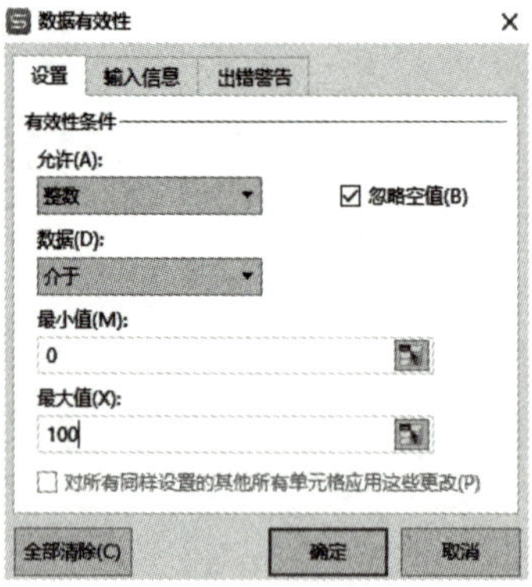

图 2.43  整数输入及范围有效性设置

设置性别输入有效性的步骤是：选择"性别"列，单击"数据"选项卡→"有效性"按钮→选择"有效性"，在弹出的对话框中设置有效性条件，即"允许"为"序列"，"来源"为"男，女"，单击"确定"按钮即可，如图 2.44 所示。设置完成后，"性别"列将出现下拉列表选项，如图 2.45 所示。

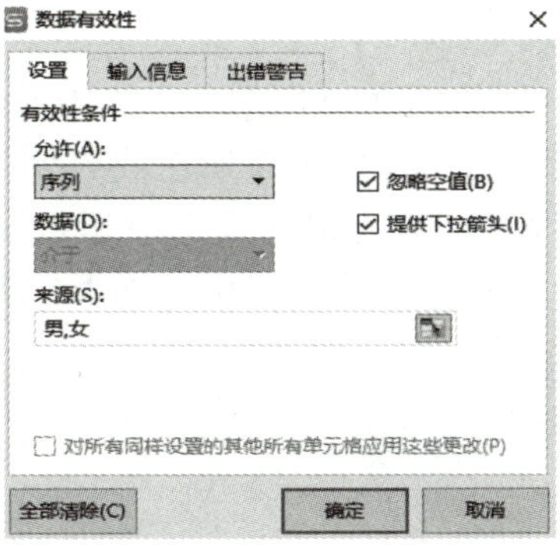

图 2.44　性别输入有效性设置 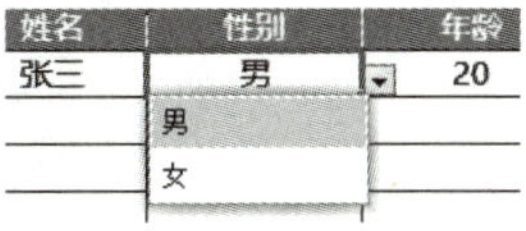　　　　图 2.45　性别输入有效性设置后效果

设置身份证号输入有效性的步骤是：选择"身份证号"列，单击"数据"选项卡→"有效性"按钮→选择"有效性"，在弹出的对话框中设置有效性条件，即"允许"为"文本长度"，"数据"为"等于"，"数值"为"18"，单击"确定"按钮即可，如图 2.46 所示。设置数据有效性后，如果输入的内容不符合有效性的条件，将提示错误信息，如图 2.47所示。

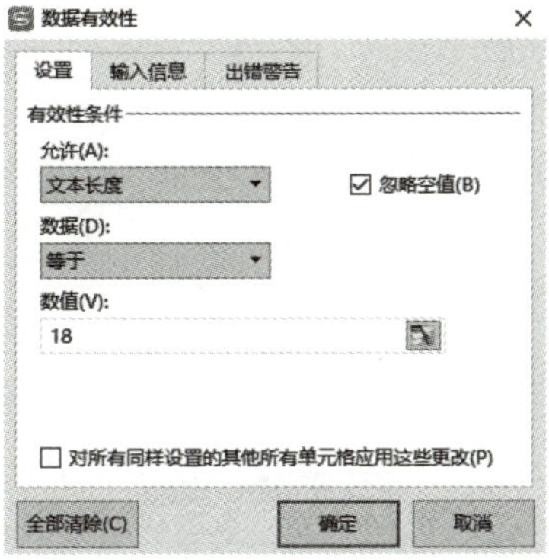

图 2.46　身份证号输入有效性设置 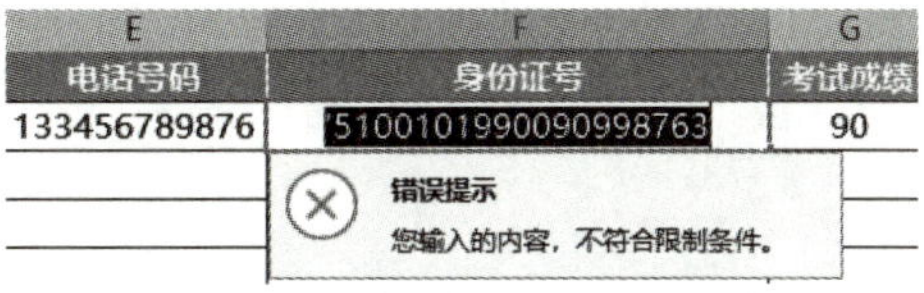　　　　图 2.47　输入有效性错误信息提示

### 4. 填充句柄

在工作中使用 WPS 表格进行数据计算与统计时，可以使用填充句柄快速填充单元格数据。选中"序号"为 1 的单元格，鼠标指针移动到该单元格右下角，将显示黑色加号的填充句柄，拖动填充句柄，将在单元格中自动填充序号，如图 2.48 所示。如果全部单元格填充的数字是一样的，可以在两个甚至多个连续的单元格中输入相同的数字，选中多个单元格，拖动填充句柄即可，如图 2.49 所示。

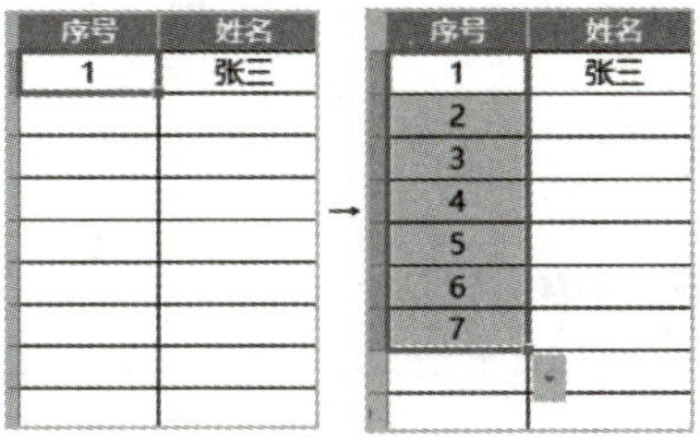

图 2.48　利用填充句柄填充不同数字 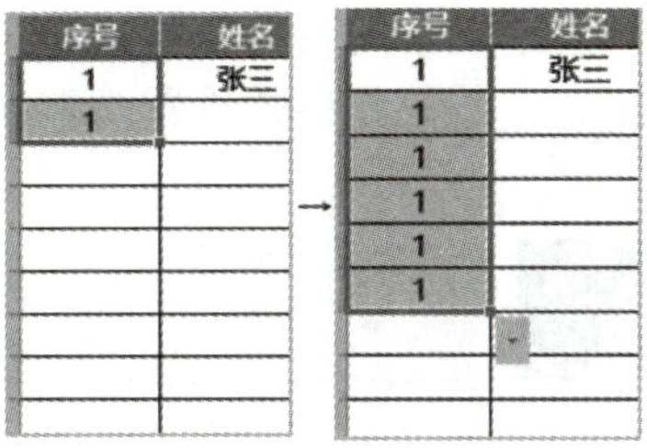　　　　图 2.49　利用填充句柄填充相同数字

### 5. 设置单元格格式

WPS 表格中有时需要对单元格格式进行设置，如将图 2.50 所示单元格中的 1 改为 001，单元格仍然显示 1，这时就需要对单元格格式进行设置。选中数字所在的列表，单击右键，在弹出的快捷菜单中选择"设置单元格格式"，打开"单元格格式"对话框，在"分类"列表中选择"文本"，如图 2.51 所示，单击"确定"按钮，再次在单元格中输入 001 即可，如图 2.52 所示。

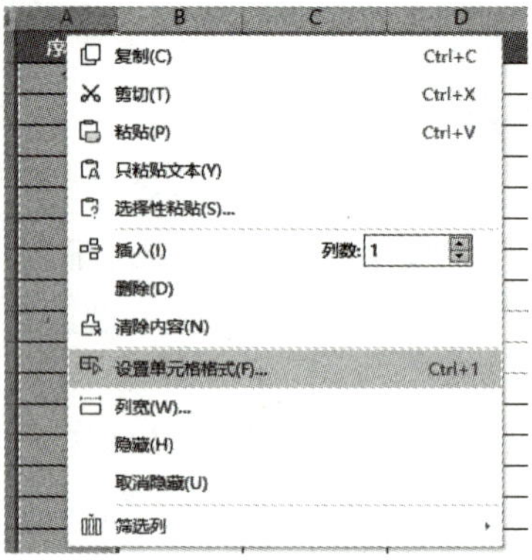

图 2.50    选择"设置单元格格式"

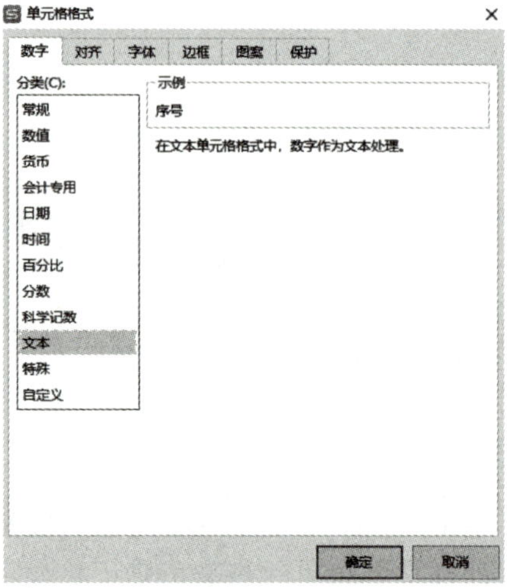

图 2.51    设置单元格文本格式

图 2.52    单元格文本输入

如果需要设置单元格为带小数的数值，则选择"分类"为"数值"，设置小数位即可；如果需要设置单元格为日期格式类型，则选择"分类"为"日期"，选择日期格式即可；如果需要设置单元格为百分比格式类型，则选择"分类"为"百分比"，选择小数位数即可；货币、时间、分数等的格式设置类似。

## 2.4    数据计算

本节将实现在 WPS 表格中利用公式或者函数来完成工作表中数据的相关运算。通过对本节相关知识的学习和实践，要求学生完成学生成绩表的制作，并利用公式完成相应的运算。样文效果如图 2.53 所示。

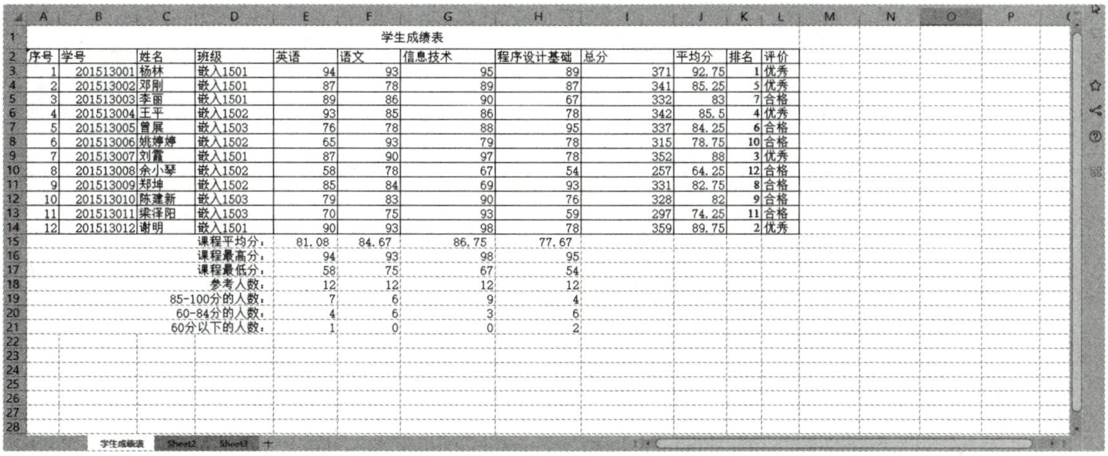

学生成绩表

| 序号 | 学号 | 姓名 | 班级 | 英语 | 语文 | 信息技术 | 程序设计基础 | 总分 | 平均分 | 排名 | 评价 |
|---|---|---|---|---|---|---|---|---|---|---|---|
| 1 | 201513001 | 杨林 | 嵌入1501 | 94 | 93 | 95 | 89 | 371 | 92.75 | 1 | 优秀 |
| 2 | 201513002 | 邓刚 | 嵌入1501 | 87 | 78 | 89 | 87 | 341 | 85.25 | 5 | 优秀 |
| 3 | 201513003 | 李丽 | 嵌入1501 | 89 | 86 | 90 | 67 | 332 | 83 | 7 | 合格 |
| 4 | 201513004 | 王平 | 嵌入1502 | 93 | 85 | 86 | 78 | 342 | 85.5 | 4 | 优秀 |
| 5 | 201513005 | 曾展 | 嵌入1503 | 76 | 78 | 88 | 95 | 337 | 84.25 | 6 | 合格 |
| 6 | 201513006 | 姚婷婷 | 嵌入1502 | 65 | 93 | 79 | 78 | 315 | 78.75 | 10 | 合格 |
| 7 | 201513007 | 刘霞 | 嵌入1501 | 87 | 90 | 97 | 78 | 352 | 88 | 3 | 优秀 |
| 8 | 201513008 | 余小琴 | 嵌入1502 | 58 | 78 | 67 | 54 | 257 | 64.25 | 12 | 合格 |
| 9 | 201513009 | 郑坤 | 嵌入1502 | 85 | 84 | 69 | 93 | 331 | 82.75 | 8 | 合格 |
| 10 | 201513010 | 陈建新 | 嵌入1503 | 79 | 83 | 90 | 76 | 328 | 82 | 9 | 合格 |
| 11 | 201513011 | 梁泽阳 | 嵌入1503 | 70 | 75 | 93 | 59 | 297 | 74.25 | 11 | 合格 |
| 12 | 201513012 | 谢明 | 嵌入1501 | 90 | 93 | 98 | 78 | 359 | 89.75 | 2 | 优秀 |
| | | | 课程平均分： | 81.08 | 84.67 | 86.75 | 77.67 | | | | |
| | | | 课程最高分： | 94 | 93 | 98 | 95 | | | | |
| | | | 课程最低分： | 58 | 75 | 67 | 54 | | | | |
| | | | 参考人数： | 12 | 12 | 12 | 12 | | | | |
| | | | 85-100分的人数： | 7 | 6 | 9 | 4 | | | | |
| | | | 60-84分的人数： | 4 | 6 | 3 | 6 | | | | |
| | | | 60分以下的人数： | 1 | 0 | 0 | 2 | | | | |

图 2.53　学生成绩表效果

学生成绩表的制作主要包括 WPS 表格中公式与函数的使用，利用公式和函数可以完成工作表数据的相关计算。

公式

## 2.4.1　公式

### 1. 公式的定义

公式是指以等号“=”为引导，使用运算符并按照一定的顺序组合进行数据运算的等式，它可以对数据进行加、减、乘、除、比较等多种运算。公式中可以包含运算符、单元格地址、常量或者函数等。在输入公式之前先输入“=”，如 =50*11、=max(20, 60) 等。公式可以用在单元格中，也可以用于条件格式、数据验证、名称等其他允许使用公式的地方。

### 2. 运算符

(1) 运算符类型。表格中可用的运算符类型主要包括算术运算符、比较运算符和字符运算符，如表 2.1 所示。

表 2.1　运　算　符

| 运算符类型 | 运 算 符 | 含　义 | 运算符类型 | 运 算 符 | 含　义 |
|---|---|---|---|---|---|
| 算术运算符 | + | 加法 | 比较运算符 | = | 等于 |
| | − | 减法 | | < | 小于 |
| | * | 乘法 | | > | 大于 |
| | / | 除法 | | <= | 小于或等于 |
| | % | 百分数 | | >= | 大于或等于 |
| | ^ | 乘方 | | <> | 不等于 |
| 字符运算符 | & | 连接 | | | |

(2) 运算符优先级别。在表格中，不同的运算符具有不同的优先级别，同一级别的运

算符按照从左到右的次序进行运算。不同类型的运算符的优先级别如表 2.2 所示。

表 2.2   运算符优先级别

| 运 算 符 | 含 义 |
|---|---|
| ^ | 乘方 |
| % | 百分数 |
| * 和 / | 乘、除 |
| + 和 − | 加、减 |
| = < > <= >= <> | 比较运算符 |

### 3. 单元格的引用

单元格的引用主要用来指明公式或函数中使用的数据所在的位置。在默认状态下，通常使用行标和列标来表示单元格的引用。如果要引用单元格，则顺序输入单元格的列标和行标即可。例如，C2 单元格表示第 2 行第 3 列交叉的单元格。

单元格的引用主要包括相对引用、绝对引用、混合引用及三维引用四种方式：

(1) 相对引用。相对引用是指单元格的引用会随着公式所在单元格位置的变化而变化。它是直接顺序输入单元格的列标和行标，如 A2。

(2) 绝对引用。绝对引用是指单元格的引用不会随着公式所在单元格位置的变化而变化。它是在单元格的列标和行标之前分别加入符号"$"，如 $A$2。

(3) 混合引用。混合引用是指在单元格的列标或者行标之前加入符号"$"，在复制公式时可以实现列不变或者行不变，如 $A2，A$2。

(4) 三维引用。如果要分析同一工作簿中多张工作表上的数据，就要使用三维引用。三维引用是指引用非当前工作表中的单元格，其格式是"[ 工作簿名称 ] 工作表名称！单元格地址"，如 [ 学生信息表.xlsx] Sheet1!A2。如果引用的是同一个工作簿中其他工作表的单元格，则不需要指明工作簿名称，如 Sheet2!A2。

## ▶▶▶▶ 2.4.2  函数

函数是预先定义并按照特定的顺序和结构，来执行计算、分析等数据处理工单的功能模块，函数具有简化公式、提高编辑效率的特点。WPS 表格中提供了数百个可以处理各种计算需求的函数。

函数

### 1. 函数的格式

函数的格式是：函数名 ( 参数序列 )

其中，参数序列可以是一个或多个参数，参数与参数之间以逗号隔开，如 SUM(20, 30) 等。

### 2. 函数的输入

函数的输入主要有以下几种方法。

方法一：如果用户对函数比较熟悉，可直接选择需要使用函数的单元格，然后从键盘上输入相应的函数。

方法二：在如图 2.54 所示的"公式"选项卡中单击相应函数类型下方的三角符号按钮，

然后在弹出的下拉菜单中选择相应函数，并完成函数的参数设置。

图 2.54　"公式"选项卡

方法三：如果用户找不到相应函数的类型，可单击"公式"选项卡→ fx 按钮，在弹出的如图 2.55 所示的"插入函数"对话框中完成函数的查找、选择及函数参数的设置，然后单击"确定"按钮即可。

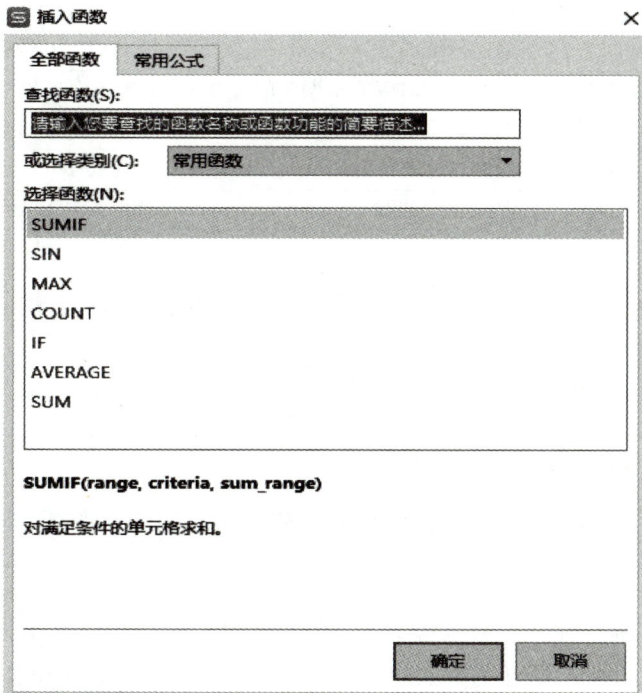

图 2.55　"插入函数"对话框

### 3. 常用函数

WPS 表格中的常用函数如表 2.3 所示。

表 2.3　常 用 函 数

| 分　类 | 函　数 | 功　能 | 示　例 |
|---|---|---|---|
| 统计函数 | SUM() | 求和 | SUM(A1:A10) |
| | AVERAGE() | 求平均值 | AVERAGE (A1:A10) |
| | MAX() | 求最大值 | MAX (A1:A10) |
| | MIN() | 求最小值 | MIN (A1:A10) |
| | INT() | 取整 | INT(A1) |
| | COUNT() | 计数 | COUNT(B2:B10) |
| | SUMIF() | 条件求和 | SUMIF(C2:C12, ">=80", F2:F12) |
| | COUNTIF() | 条件计数 | COUNTIF(C2:C12, ">=60") |
| | RANK() | 名次排位 | RANK(A1, $A$1:$A$5, 0) |
| | ROUND() | 四舍五入 | ROUND(A1, 2) |
| 文本函数 | LEFT() | 从字符串左边开始截取字符 | LEFT(B1, 4) |
| | RIGHT() | 从字符串右边开始截取字符 | RIGHT(B1, 4) |
| | MID() | 从字符串指定位置截取指定长度的字符 | MID(B1, 4, 2) |
| 日期时间函数 | NOW() | 返回当前的日期和时间 | NOW() |
| | TODAY() | 返回当前日期 | TODAY() |
| | YEAR() | 返回日期的年份 | YEAR("2015-01-01") |
| | MONTH() | 返回日期的月份 | MONTH("2015-01-01") |
| | DAY() | 返回日期的日 | DAY("2015-01-01") |
| | WEEKDAY() | 返回日期对应的星期中的第几天 | WEEKDAY("2015-01-01") |
| | HOUR() | 返回时间的小时 | HOUR("10:14:20") |
| | MINUTE() | 返回时间的分钟 | MINUTE("10:14:20") |
| | SECOND() | 返回时间的秒 | SECOND("10:14:20") |
| 逻辑函数 | IF() | 条件 | IF(B2>=60, " 及格 ", " 不及格 ") |
| | AND() | 所有条件都成立返回 TRUE，所有条件都不成立返回 FALSE | AND(B2>=80, C2>=80, D2>=70) |
| | OR() | 所有条件都不成立返回 FALSE，任意条件成立返回 TRUE | OR(B2>=80, C2>=80, D2>=70) |

## 2.5　用 WPS 制作学生成绩表

以 WPS 表格为例，打开"学生成绩表.xlsx"文件，完成以下任务操作：

(1) 利用公式或函数计算每个学生的总分。

(2) 利用函数计算每个学生的平均分。

(3) 利用函数对每个学生的成绩进行排名。

(4) 利用函数计算各科成绩的平均分，保留两位小数。

(5) 利用函数求各科成绩的最高分。

任务实践

WPS 电子表格

(6) 利用函数求各科成绩的最低分。

### ▶▶▶ 2.5.1　计算每个学生的总分

将光标定位在 I3 单元格中，然后单击"公式"选项卡→ 图标右侧的下拉按钮，如图 2.56 所示，在下拉菜单中选择"求和"选项，或者直接在编辑栏输入"=SUM(E3:H3)"后按回车键，如图 2.57 所示；选中 I3 单元格，向下拖动填充柄至 I14，即可完成对每个同学总分的计算。

图 2.56　求和函数选择

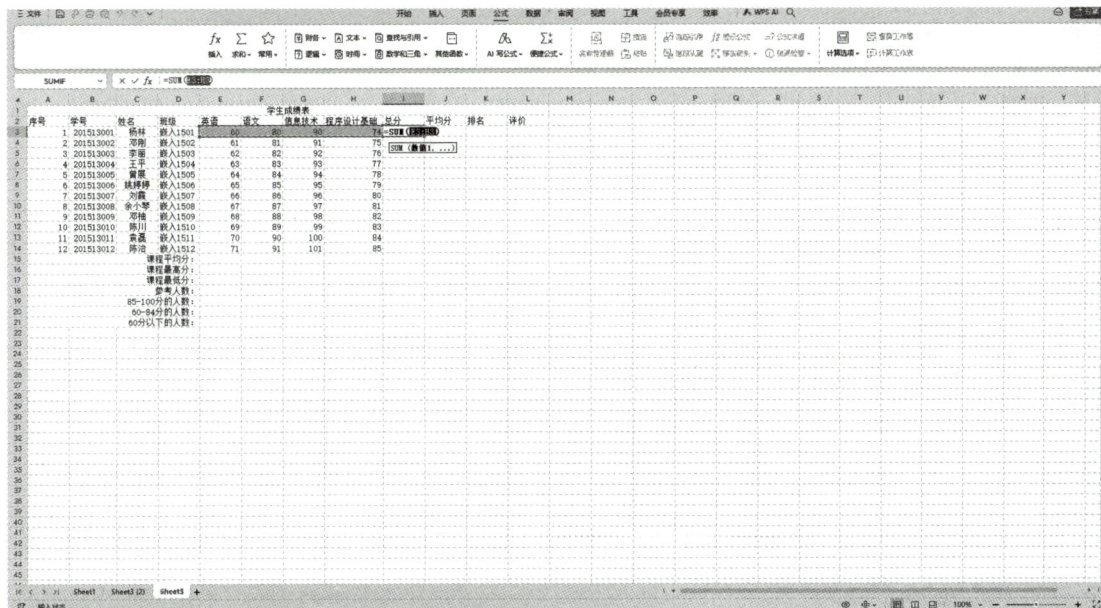

图 2.57　利用 SUM( ) 求和函数计算总分

▶▶▶ **2.5.2　计算每个学生的平均分**

　　将光标定位在 J3 单元格中，然后单击"公式"选项卡→ ∑ 图标右侧的下拉按钮，在弹出的下拉菜单中选择"平均值 (A)"函数，选择数据区域 E3:H3 后按回车键，或者直接在编辑栏输入"=AVERAGE(E3:H3)"后按回车键，如图 2.58 所示；选中 J3 单元格，向下拖动填充柄至 J14，即可完成对每个同学平均分的计算，效果如图 2.59 所示。

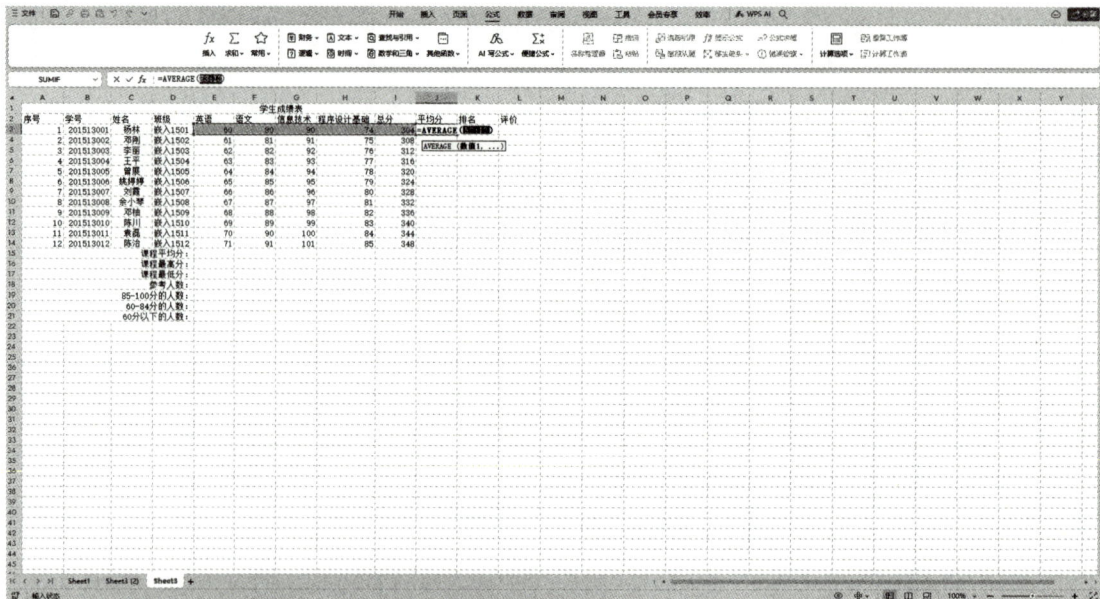

图 2.58　利用 AVERAGE() 函数计算平均分

图 2.59　计算平均分结果

▶▶▶ **2.5.3　对每个学生的成绩进行排名**

　　将光标定位在 K3 单元格中，然后单击"公式"选项卡→ fx 插入函数 按钮，在打开的如图 2.60 所示的"插入函数"对话框中选择 RANK 函数，在打开的"函数参数"对话框中完成对参数的设置，如图 2.61 所示。或者直接在编辑栏输入"=RANK(I3,I\$3:I\$14,0)"后按回车键；选中 K3 单元格，向下拖动填充柄至 K14，即可完成对每个学生的成绩排名，效果如图 2.62 所示。

图 2.60　"插入函数"对话框

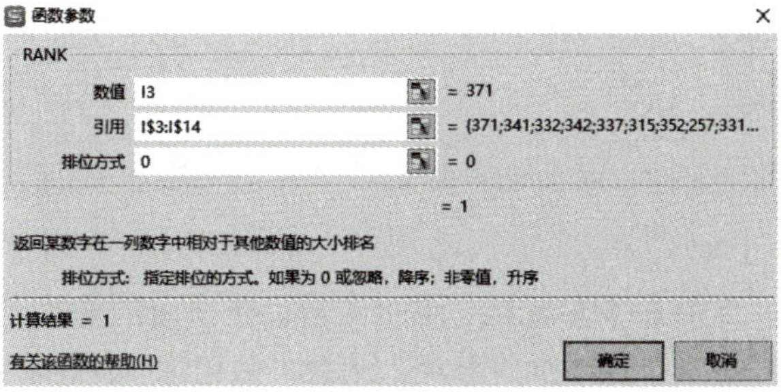

图 2.61　RANK() 函数参数设置

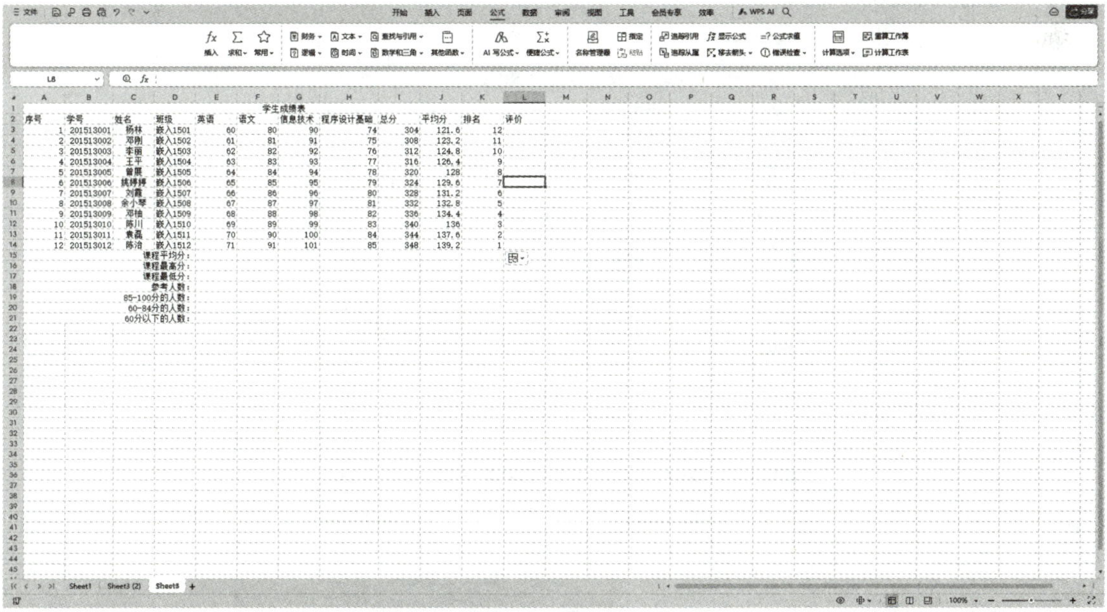

图 2.62　对学生成绩进行排名的结果

▶▶▶ **2.5.4  计算各科成绩的平均分**

将光标定位在 E15 单元格中，然后单击"公式"选项卡→ <kbd>Σ 自动求和</kbd> 图标右侧的下拉按钮，在弹出的下拉菜单中选择"平均值 (A)"函数，选择数据区域 E3:E14 后按回车键。或者直接在编辑栏输入"=AVERAGE(E3:E14)"后按回车键，如图 2.63 所示。

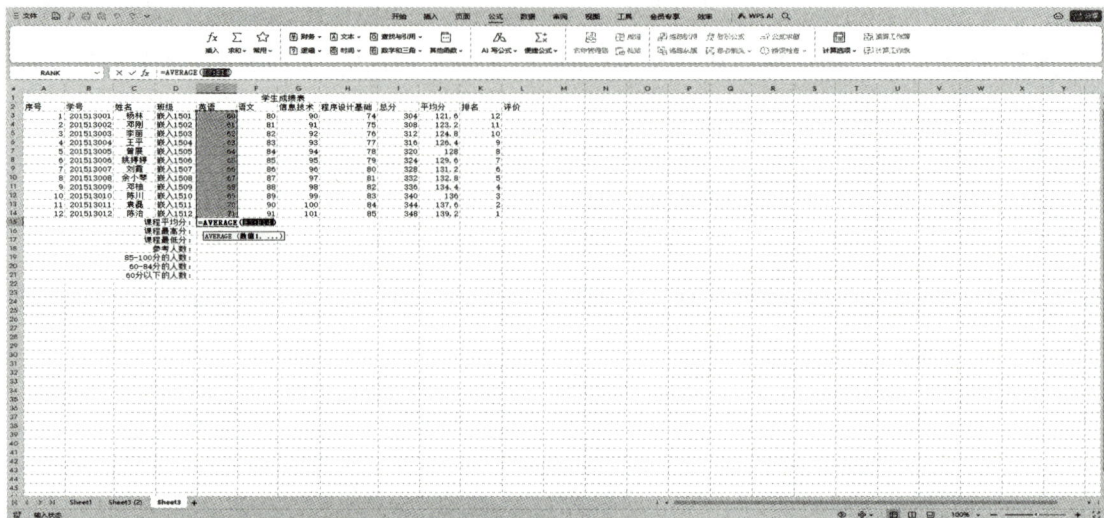

图 2.63  利用 AVERAGE() 函数计算课程平均分

选中 E15 单元格，单击右键，在弹出的快捷菜单中选择"设置单元格格式"，打开"单元格格式"对话框，"分类"选择"数值"，"小数位数"设置为"2"，如图 2.64 所示，单击"确定"按钮。再次选中 E15 单元格，向右拖动填充柄至 H15，即可完成对每门课程平均分的计算，效果如图 2.65 所示。

图 2.64  单元格数值小数位设置

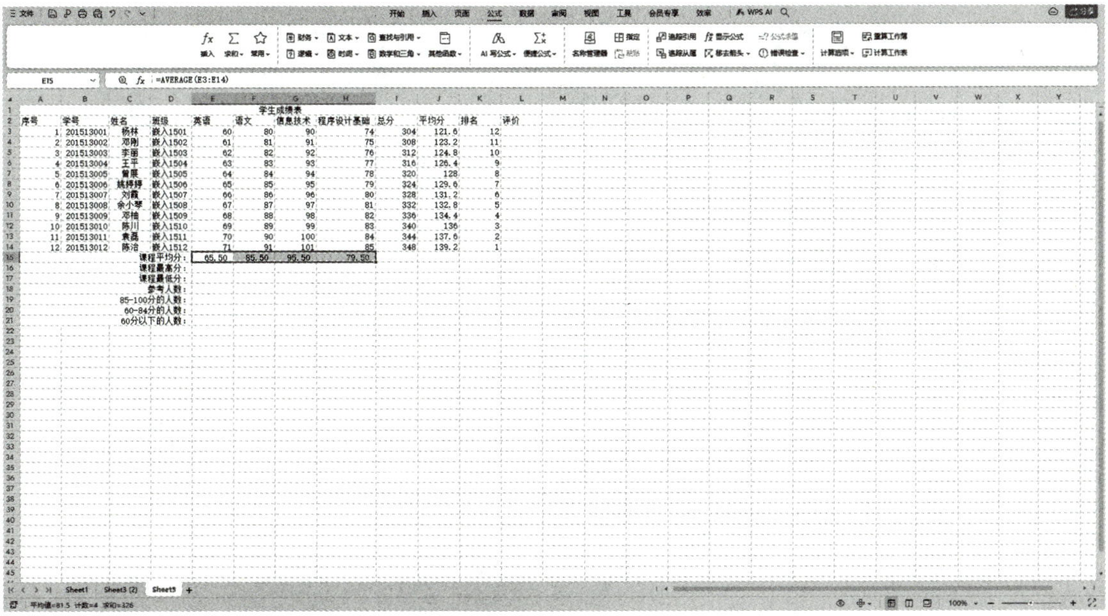

图 2.65　利用 AVERAGE() 函数计算课程平均分结果

## ▶▶▶ 2.5.5　计算各科成绩的最高分

将光标定位在 E16 单元格中，然后单击"公式"选项卡→![Σ自动求和]图标右侧的下拉按钮，在弹出的下拉菜单中选择"最大值"命令，选择数据区域 E3:E14 后按回车键，或者直接在编辑栏输入"=MAX(E3:E14)"后按回车键，如图 2.66 所示。选中 E16 单元格，向右拖动填充柄至 H16，即可完成对每门课程最高分的计算，效果如图 2.67 所示。

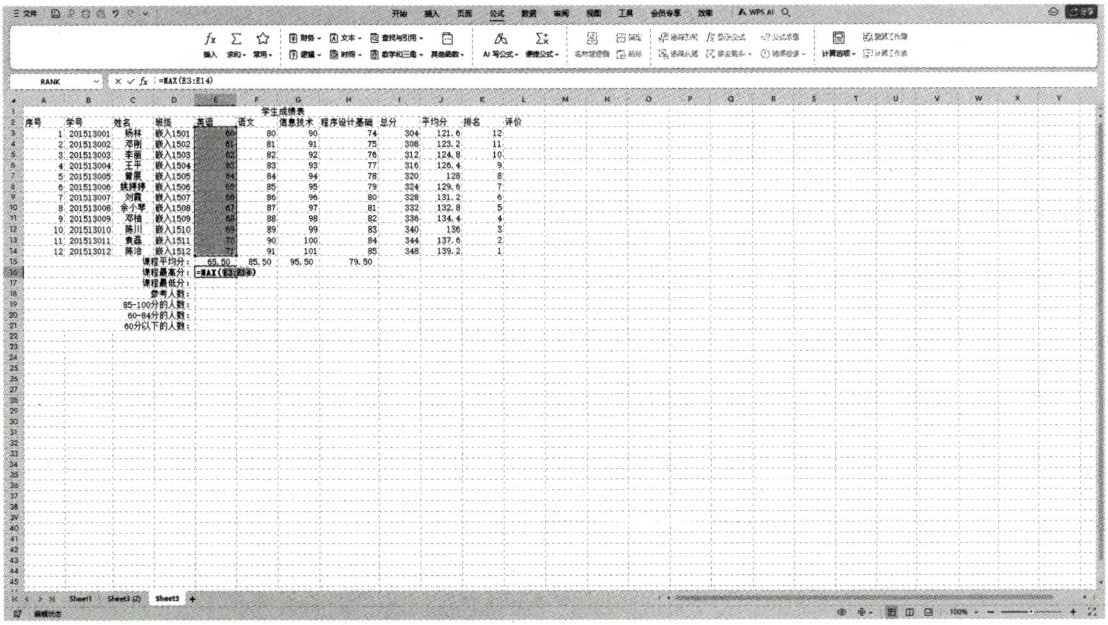

图 2.66　利用 MAX() 函数计算课程最高分

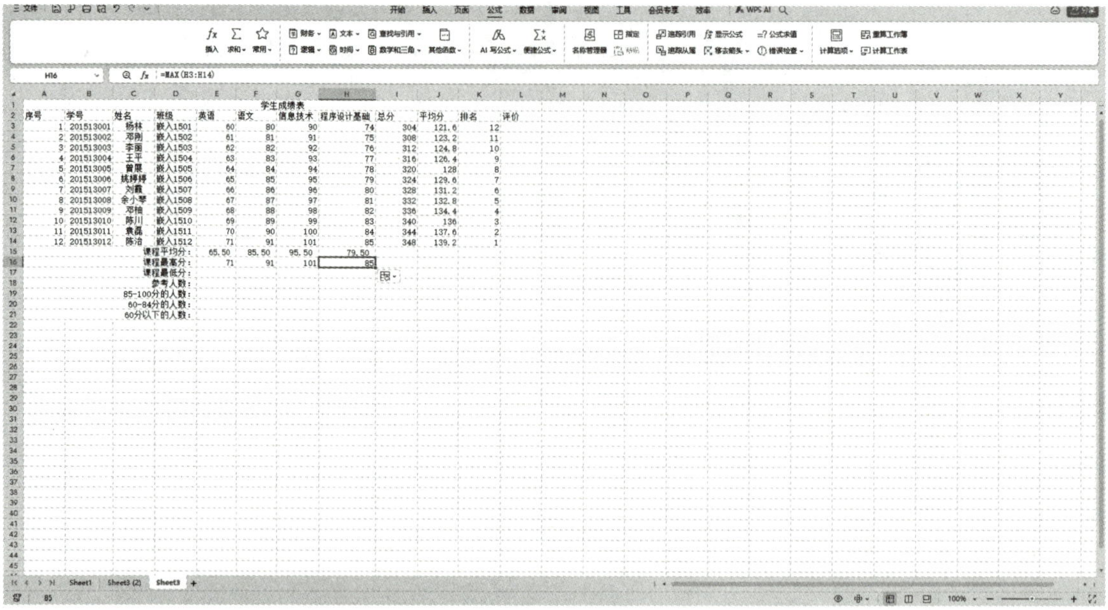

图 2.67　利用 MAX() 函数计算课程最高分结果

## 2.5.6　计算各科成绩的最低分

将光标定位在 E17 单元格中，然后单击“公式”选项卡→ Σ 自动求和 图标右侧的下拉按钮，在弹出的下拉菜单中选择“最小值”命令，选择数据区域 E3:E14 后按回车键，或者直接在编辑栏输入“=MIN(E3:E14)”后按回车键，如图 2.68 所示。选中 E17 单元格，向右拖动填充柄至 H17，即可完成对每门课程最低分的计算，效果如图 2.69 所示。

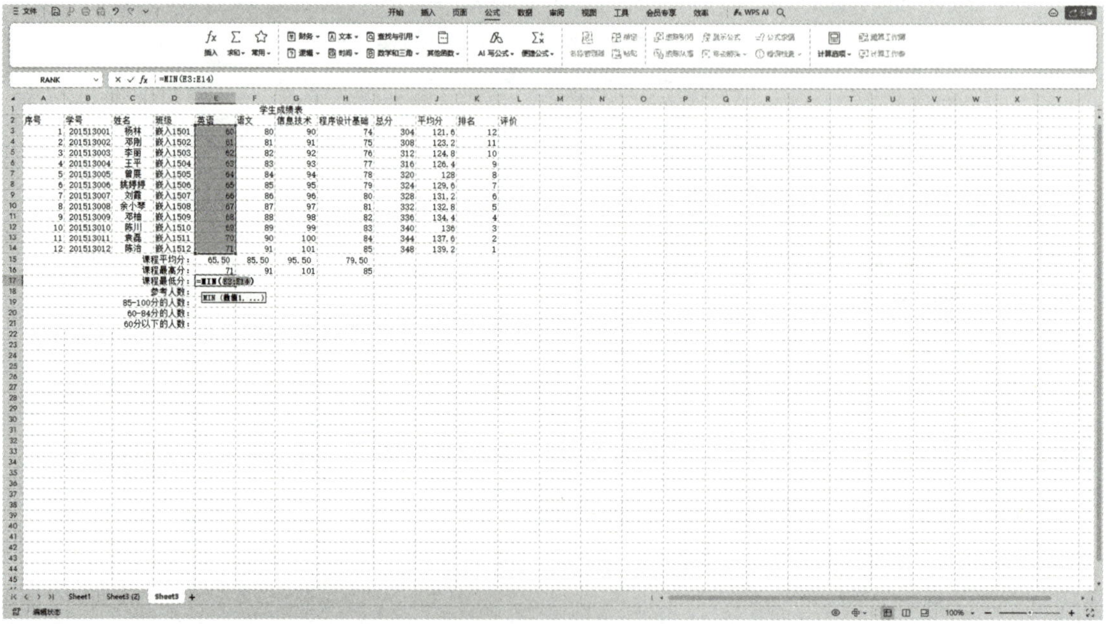

图 2.68　利用 MIN() 函数计算课程最低分

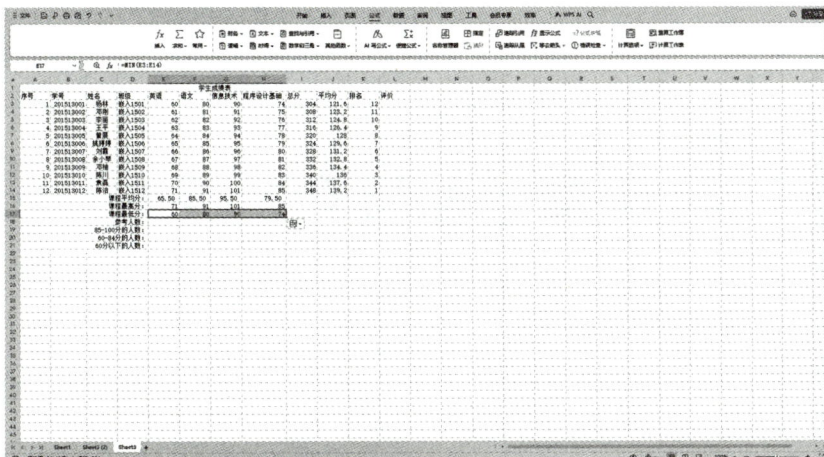

图 2.69　利用 MIN() 函数计算课程最低分结果

# 本 章 习 题

## 一、选择题

1. 在文档中使用 (　　) 有助于加强文档作者与审阅者之间的沟通。

A. 标题　　　　　　B. 页码　　　　　　C. 页眉与页脚　　D. 批注

2. 在文档中，要改变行间距，则应选择 (　　)。

A. "插入" 菜单中的 "分隔符"　　B. "格式" 菜单中的 "字体"

C. "格式" 菜单中的 "段落"　　　D. "视图" 菜单中的 "缩放"

3. 按下键盘上的 (　　) 可删除选中的文字。

A. 退格键　　　　　B. 删除键　　　　　C. 回车键　　　　　D. 退格键或删除键

4. 下列符号中是比较运算符的是 (　　)。

A. +　　　　　　　B. −　　　　　　　C. *　　　　　　　D. >

5. 下列函数中 (　　) 是统计函数。

A. IF()　　　　　　B. OR()　　　　　　C. SUM()　　　　　D. MID()

## 二、判断题

1. Word 文档的扩展名是 .ppt。　　　　　　　　　　　　　　　　　　　　　　(　　)

2. 在 Word 中，文档不能设密码保护。　　　　　　　　　　　　　　　　　　(　　)

3. WPS 电子表格是一种用于数据处理的应用软件。　　　　　　　　　　　　(　　)

4. 在工作表中输入数据后，可以根据需要插入或删除工作表的行、列或单元格。(　　)

5. 运算符类型主要包括算术运算符、比较运算符和字符运算符。　　　　　　(　　)

## 三、简答题

1. WPS 文字窗口操作界面由哪几部分构成？

2. 什么是工作簿？如何保护工作簿？

3. 新建工作簿中默认的工作表数是多少？

# 第 3 章　信息安全技术

## 技能目标

◎ 掌握信息安全技术的主要组成部分。

◎ 掌握常见的网络攻击技术。

◎ 掌握常见的网络安全防御技术。

## 素养目标

◎ 了解《网络安全法》相关内涵和规范。

◎ 具备国家网络空间安全意识。

◎ 具备总体国家安全观。

## 星火引航

《孙膑兵法》有"夫陷齿戴角，前爪后距，喜而合，怒而斗，天之道也，不可止也"，这是对"道"的描述，以及"何为战""为何战"及"何以战"。如果说信息安全是防御手段的一种，那么信息安全就属于古兵法"道"中的"何以战"范畴，在长期的斗争中，先人意识到为协同而进行信息交流对于斗争取胜的重要性。考虑到信息交流的安全性，产生了对信息加密的措施。本章将介绍信息安全的相关知识，使读者掌握常见的网络攻击方法和网络防御手段。

## 3.1　信息安全概述

对于网络来说，信息安全主要包括两个方面：一是物理安全，主要指网络系统中各通信、计算机设备及相关设施等有形物品的保护；二是通常所说的逻辑安全，包括信息完整性、可用性以及保密性等。当前，信息安全领域越来越注重攻防结合，追求动态安全，攻击与防守两者相辅相成，互为补充。要确保网络及信息系统的安全，既要研究和熟悉各种各样的攻击技术及方法，做到"知己知彼，百战不殆"，又要熟悉常见的网络安全防御技术。

### ▶▶▶ 3.1.1　信息与信息安全

信息是指通过施加于数据上的某些约定而赋予这些数据的特定含义。信息的领域非常广泛，主要包括书本信件、国家机密、电子邮件、雷达信号、交易数据、考试题目等。

信息安全概念
与基本要素 1

信息安全是指采用计算机软硬件技术、网络技术、密钥技术等安全技术和各种组织管理措施，来保护信息在其生命周期内的产生、传输、交换、处理和存储的各个环节中，信息的机密性、完整性和可用性不被破坏。

### ▶▶▶ 3.1.2　信息系统的主要威胁

信息系统的弱点和漏洞通常指各种操作系统和应用软件因为设计的疏忽、配置不当或编码的缺陷造成系统存在可以被黑客利用的"后门"或者"入口"。没有绝对安全的系统，任何系统都可能存在各种各样的

信息安全概念
与基本要素 2

漏洞或弱点，这些漏洞或弱点往往被黑客所利用。黑客在攻击一个目标系统时，通常先采用各种手段去探测目标系统可能存在的漏洞或弱点。

#### 1. 物理威胁

物理威胁包括四个方面：偷窃、废物搜寻、间谍行为和身份识别错误。

(1) 偷窃。网络安全中的偷窃包括偷窃设备、偷窃信息和偷窃服务等内容。如果他们想偷的信息在计算机里，那他们一方面可以将整台计算机偷走，另一方面可以通过监视器读取计算机中的信息。

(2) 废物搜寻。废物搜寻就是在废物 ( 如一些打印出来的材料或废弃的软盘 ) 中搜寻所需要的信息。在微机上，废物搜寻可能包括从未抹掉有用东西的软盘或硬盘上获得有用资料。

(3) 间谍行为。间谍行为是一种为了获取有价值的机密，采用不道德的手段获取信息的行为。

(4) 身份识别错误。非法建立文件或记录，企图把它们作为有效的、正式生产的文件或记录，如对具有身份鉴别特征的物品——护照、执照、出生证明或加密的安全卡等进行伪造，属于身份识别发生错误的范畴。这种行为对网络数据构成了巨大的威胁。

#### 2. 身份鉴别威胁

身份鉴别造成威胁包括四个方面：口令圈套、口令破解、算法考虑不周和编辑口令。

(1) 口令圈套。口令圈套是网络安全的一种诡计，与冒名顶替有关。常用的口令圈套通过一个编译代码模块实现，它运行起来和登录屏幕一模一样，被插入到正常登录过程之前，最终用户看到的只是先后两个登录屏幕，第一次登录失败了，所以用户被要求再输入用户名和口令。实际上，第一次登录并没有失败，登录数据，如用户名和口令被写入到某个数据文件中，留待使用。

(2) 口令破解。破解口令就像是猜测自行车密码锁的数字组合一样，在该领域中已形成许多能提高成功率的技巧。

(3) 算法考虑不周。口令输入过程必须在满足一定条件下才能正常地工作，这个过程通过某些算法实现。在一些攻击入侵案例中，入侵者采用超长的字符串破坏了口令算法，成功地进入了系统。

(4) 编辑口令。编辑口令需要依靠操作系统漏洞，如果公司内部有人建立了一个虚设的账户或修改了一个隐含账户的口令，那任何知道该账户用户名和口令的人便可以访问该机器了。

### 3. 线缆连接造成的威胁

线缆连接造成的威胁包括三个方面：窃听、拨号进入和冒名顶替。

(1) 窃听。对通信过程进行窃听可达到收集信息的目的，这种电子窃听的窃听设备不需要一定安装在电缆上，可以通过检测从连线上发射出来的电磁辐射就能截取所要的信号。为了使机构内部的通信有一定的保密性，可以使用加密手段来防止信息被解密。

(2) 拨号进入。拥有一个调制解调器和一个电话号码，每个人都可以试图通过远程拨号访问网络，尤其是拥有所期望攻击的网络的用户账户时，就会对网络造成很大的威胁。

(3) 冒名顶替。通过使用别人的密码和账号，获得对网络及其数据、程序的使用能力。这种办法实现起来并不容易，而且一般需要有机构内部的、了解网络和操作过程的人参与。

### 4. 有害程序的威胁

有害程序造成的威胁包括三个方面：病毒、代码炸弹和特洛伊木马。

(1) 病毒。病毒是一种把自己的拷贝附着于机器中另一程序上的一段代码。通过这种方式，病毒可以进行自我复制，并随着它所附着的程序在机器之间传播。

(2) 代码炸弹。代码炸弹是一种具有杀伤力的代码，其原理是一旦到达设定的时间或在机器中发生了某种操作，代码炸弹就被触发并开始产生破坏性操作。代码炸弹不必像病毒那样四处传播，程序员将代码炸弹写入软件中，使其产生了一个不能被轻易找到的安全漏洞，一旦该代码炸弹被触发后，这个程序员便会被请回来修正这个错误，并赚一笔钱，这种高技术敲诈的受害者甚至不知道他们被敲诈了，即便他们有疑心也无法证实自己的猜测。

(3) 特洛伊木马。特洛伊木马程序一旦被安装到机器上，便可按编制者的意图行事。特洛伊木马能够摧毁数据，有时伪装成系统上已有的程序，有时创建新的用户名和口令。

### ▶▶▶ 3.1.3　网络攻击的方法和步骤

要成功攻击目标网络，在软件方面可以有两种选择，一种是使用已经成熟的工具，比如抓数据包软件 Sniffer、网络扫描工具 X-Scan 等；另

信息安全概念
与基本要素 3

一种是自己编制程序。目前，网络安全编程常用的计算机语言为 C、C++ 或者 Perl 语言。

为了使用工具和编制程序，必须熟悉两方面的知识：一方面是两大主流的操作系统，即 UNIX 家族和 Windows 系列操作系统，另一方面是网络协议。常见的网络协议包括以下六种：

(1) 传输控制协议 (Transmission Control Protocol，TCP)；

(2) 网络协议 (Internet Protocol，IP)；

(3) 用户数据报协议 (User Datagram Protocol，UDP)；

(4) 简单邮件传输协议 (Simple Mail Transfer Protocol，SMTP)；

(5) 邮局协议 (Post Office Protocol，POP)；

(6) 文件传输协议 (File Transfer Protocol，FTP)。

一次成功的攻击，可以归纳成基本的五步骤，可以根据实际情况随时调整。具体来说，"黑客攻击五部曲"就是：

1) 隐藏 IP

要攻击目标系统，首先要消除入侵的痕迹，以防被目标系统管理员或被国家公安机关发现，通常有两种方法实现自己 IP 的隐藏：第一种方法是首先入侵互联网上的一台计算机（俗称"肉鸡"），再利用这台计算机进行攻击，这样即使被发现了，也是"肉鸡"的 IP 地址；第二种方式是做多级跳板"Socks 代理"，这样在入侵的计算机上留下的是代理计算机的 IP 地址。

例如攻击某国的站点，一般选择离该国很远的国家的一些计算机作为"肉鸡"或者"代理"，这样跨国度的攻击，一般很难被侦破。

2) 信息收集

信息收集就是通过各种途径对所要攻击的目标进行多方面的了解，包括任何可得到的蛛丝马迹，但要确保信息的准确，确定攻击的时间和地点。扫描是信息收集的主要方法，其目的是利用各种工具在攻击目标的 IP 地址或地址段的主机上寻找漏洞。

3) 获取系统控制权

得到管理员权限的目的是连接到远程计算机，对其进行控制，达到自己的攻击目的。获得系统及管理员权限的方法有：

(1) 通过系统漏洞获得系统权限；

(2) 通过管理漏洞获得管理员权限；

(3) 通过软件漏洞得到系统权限；

(4) 通过监听获得敏感信息进一步获得相应权限；

(5) 通过弱口令获得远程管理员的用户密码；

(6) 通过穷举法获得远程管理员的用户密码；

(7) 通过攻破与目标机有信任关系的另一台机器进而得到目标机的控制权；

(8) 通过欺骗获得权限以及其他有效的方法。

4) 种植后门

为了保持长期对自己胜利果实的访问权，在已经攻破的计算机上种植一些供自己访问的后门。

5) 网络隐身

一次成功入侵之后，一般在对方的计算机上已经存储了相关的登录日志，这样就容易被管理员发现。在入侵完毕后通常需要清除登录日志以及其他相关的日志。

## 3.2 常见的网络攻击技术

通过前面所描述的各种信息收集和分析技术，找到目标系统的漏洞或者弱点后，就可以有针对性地对目标系统进行各种攻击。对目标系统进行攻击最常见的手段是破解对方的管理员账号或绕过目标系统的安全机制进入并控制目标系统或让目标系统无法提供正常的服务。

### ▶▶▶ 3.2.1 漏洞扫描

信息安全相关技术

#### 1. 漏洞扫描原理

网络漏洞扫描器通过远程检测目标主机 TCP/IP 不同端口的服务，记录目标给予的应答，来搜集目标主机上的各种信息，然后与系统的漏洞库进行匹配。如果满足匹配条件，则认为安全漏洞存在，或者通过模拟黑客的攻击手法对目标主机进行攻击；如果模拟攻击成功，则认为安全漏洞存在。

主机漏洞扫描器则通过在主机本地的代理程序对系统配置、注册表、系统日志、文件系统或数据库活动进行监视扫描，搜集他们的信息，然后与系统的漏洞库进行比较，如果满足匹配条件，则认为安全漏洞存在。在匹配原理上，目前漏洞扫描器大都采用基于规则的匹配技术，即通过对网络系统安全漏洞、黑客攻击案例和网络系统安全配置的分析，形成一套标准安全漏洞的特征库，在此基础上进一步形成相应的匹配规则，由扫描器自动完成扫描分析工作。

根据工作模式，漏洞扫描器分为主机漏洞扫描器和网络漏洞扫描器。其中前者基于主机，通过在主机系统本地运行代理程序来检测系统漏洞，例如操作系统扫描器和数据库扫描器；后者基于网络，通过请求/应答方式远程检测目标网络和主机系统的安全漏洞，例如 Satan 和 ISS Internet Scanner 等。针对检测对象的不同,漏洞扫描器还可分为网络扫描器、操作系统扫描器、WWW 服务扫描器、数据库扫描器以及最近出现的无线网络扫描器。

漏洞扫描器通常以三种形式出现：单一的扫描软件，安装在计算机或掌上电脑上，例如 ISS Internet Scanner；基于客户机 ( 管理端 )/服务器 ( 扫描引擎 ) 模式或浏览器/服务器模式，通常为软件，安装在不同的计算机上，也有将扫描引擎做成硬件的，例如 nessus；其他安全产品的组件，例如防御安全评估就是防火墙的一个组件。

#### 2. nessus 漏洞扫描

nessus 是目前使用人数最多的免费系统漏洞扫描与分析软件。系统采用客户/服务器体系结构，服务器端负责进行安全检查并将扫描结果呈现给用户，客户端用来配置管理服务器端。服务端采用 plug-in 的体系，扫描代码与漏洞数据相互独立，针对每一个漏洞有一个对应的插件，漏洞插件是用 NASL(NESSUS Attack Scripting Language) 编写的一小段模拟攻击漏洞的代码，并允许用户加入执行特定功能的插件，这种利用漏洞插件的扫描技术极大地方便了漏洞数据的维护、更新；nessus 具有扫描任意端口任意服务的能力；可以使用户

指定的格式 (ASCII 文本、html 等 ) 产生详细的输出报告，包括目标的脆弱点、危险级别及修补漏洞的建议。nessus 主界面如图 3.1 所示，扫描结果如图 3.2 所示。

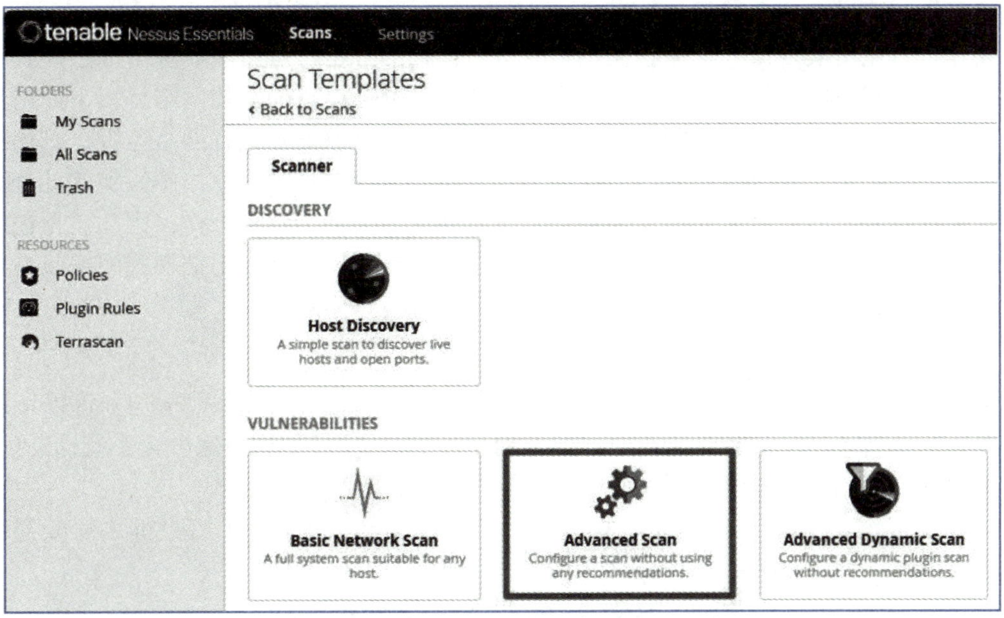

图 3.1　nessus 主界面

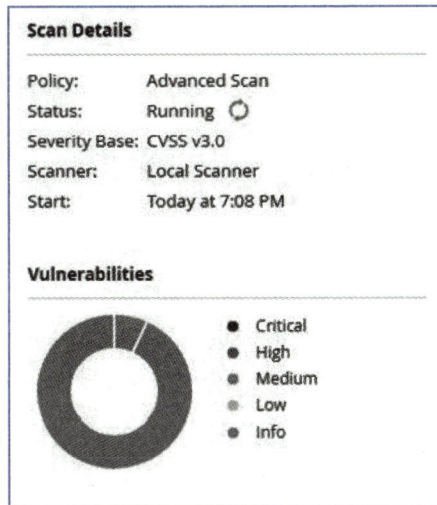

图 3.2　nessus 漏洞扫描结果

▶▶▶ **3.2.2　网络监听技术**

**1. 网络监听的技术原理**

在共享式局域网，几台甚至几十台主机通过双绞线和一个集线器连在一起，当使用集线器时，发送出去的信号到达集线器，由集线器再发向连接在集线器上的每一个主机。当信号到达一台主机的网卡时，在正常情况下，网卡读入数据帧，进行检查，如果数据帧中携带的物理地址是自己的，或者物理地址是广播地址，则将数据帧接收并交给本机上层协议软件，也就是 IP 层软件，否则就将这个帧丢弃。每个主机的网卡对于每一个到达网卡的数据帧，都要进行这个过程。

要让一台主机实现监听，捕获在整个网络上传输的数据，可将网卡置于混杂模式，所有的数据帧都将被网卡接收并交给上层协议软件处理分析。在通常的网络环境下，用户的所有信息都是以明文的方式在网上传输，网络黑客和网络攻击者进行网络监听、获得用户的各种信息并不是一件很困难的事，能轻易地从监听到的信息中提取出感兴趣的部分。网络监听常常需要监听主机保存大量捕获到的信息并进行大量的整理工作。因此，正在进行监听的机器对用户的请求响应很慢。要有效防止网络监听，最好使用交换式网络或者将传输的数据进行加密。

### 2. Sniffer 的使用

Sniffer 软件是 NAI 公司推出的功能强大的协议分析软件，Sniffer Pro 4.6 可以运行在各种 Windows 平台上，它能对捕获的网络流量进行详细分析，利用专家分析系统诊断问题，实时监控网络活动，收集网络利用率和错误等。Sniffer 的配置方法如下。

(1) 在进行流量捕获之前首先选择网络适配器，确定从计算机的哪个网络适配器上接收数据，位置：File→Select Settings，如图 3.3 所示。

图 3.3　Sniffer 使用配置

(2) 报文捕获功能可以在报文捕获面板中进行，如图 3.4 所示为捕获面板的功能图，图中显示的是处于开始状态的面板。

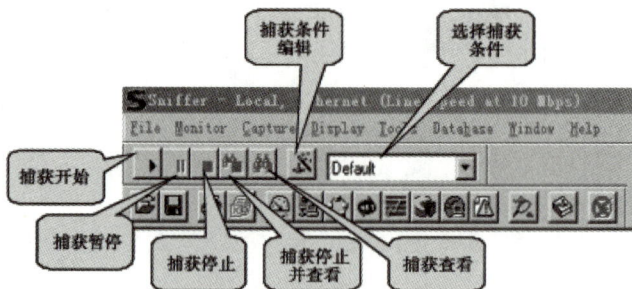

图 3.4　捕获面板功能

(3) 在捕获过程中，可以通过查看如图 3.5 所示的面板来查看捕获报文的数量和缓冲区的利用率。

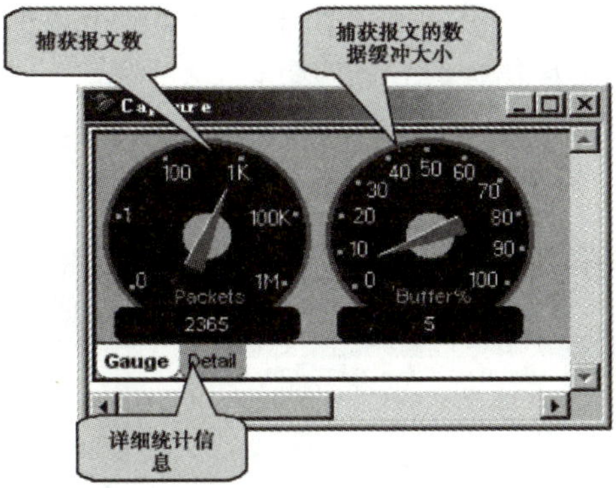

图 3.5　查看面板

(4) 设置捕获条件。Sniffer 基本的捕获条件有两种，如图 3.6 所示。

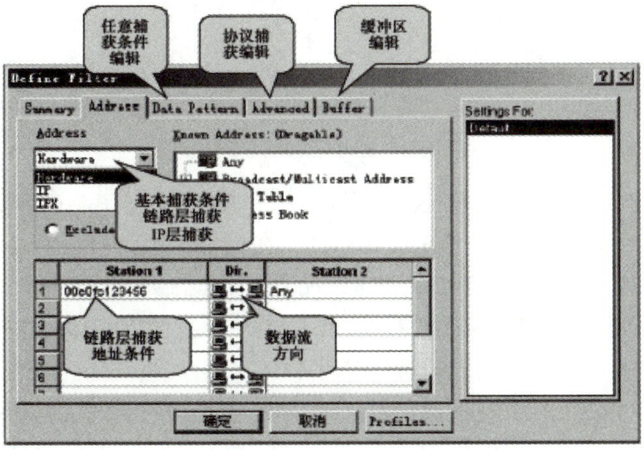

图 3.6　定义捕获过滤条件

① 链路层捕获。按源 MAC 和目的 MAC 地址进行捕获，输入方式为十六进制连续输入，如 00E0FC123456。

② IP 层捕获。可按源 IP 和目的 IP 进行捕获，在"Advanced"选项卡下，可以编辑协议捕获条件，如图 3.7 所示，在协议选择树中可以选择需要捕获的协议条件。

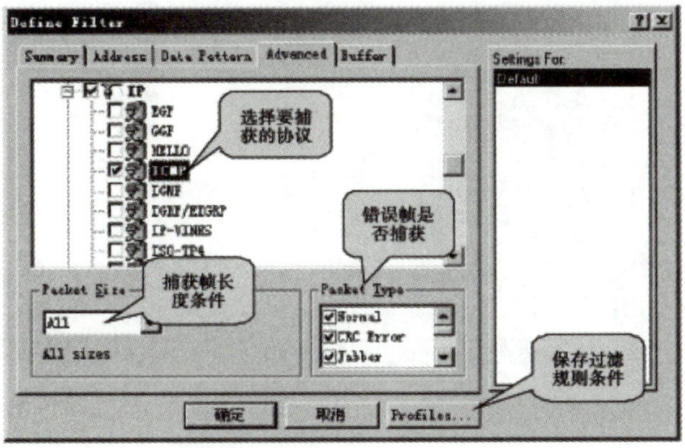

图 3.7　Advanced 条件编辑

在捕获帧长度条件下，可以捕获等于、小于、大于某个值的报文。在错误帧是否捕获栏，可以选择当网络上出现某种错误时是否捕获。

单击保存过滤规则条件按钮"Profiles"，可以将当前设置的过滤规则进行保存，在捕获主面板中，可以选择保存的捕获条件。在 Data Pattern 下，可以编辑任意捕获条件，如图3.8所示。

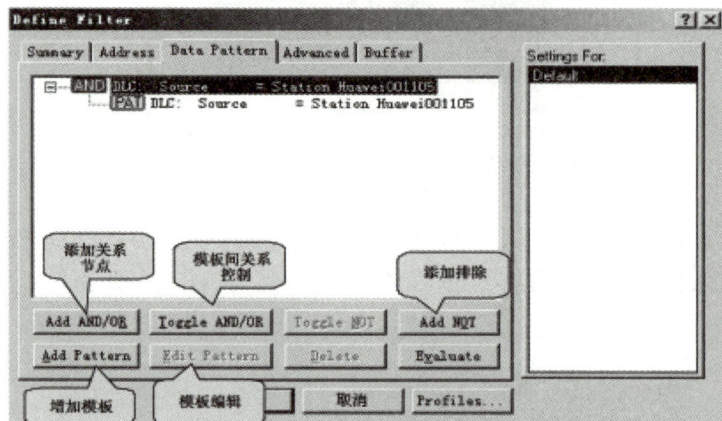

图3.8    编辑任意捕获条件

(5) 报文捕获。在 Address 下拉列表中，选择抓包的类型是 IP，在 Station1 下面输入主机的 IP 地址，如一台主机的 IP 地址是 192.168.0.1；在与之对应的 Station2 下面输入另一台主机的 IP 地址 192.168.0.2。单击该窗口的 Advanced 选项卡，拖动滚动条找到 IP 项，将 IP 和 ICMP 选中。向下拖动滚动条，将 TCP 和 UDP 选中，再把 TCP 下面的 FTP 和 Telnet 两个选项选中，这样 Sniffer 的抓包过滤器就设置完毕了。选择菜单栏 Capture 下的 Start 命令，启动抓包以后，在主机的 DOS 窗口中 Ping 目标机，等 Ping 指令执行完毕后，单击工具栏上的停止并分析按钮，在出现的窗口选择 Decode 选项卡，可以看到数据包在两台计算机间的传递过程。

(6) 报文捕获查看。Sniffer 软件提供了强大的分析能力和解码功能。如图3.9所示，对于捕获的报文提供了一个 Expert 专家分析系统进行分析，还有解码选项及图形和表格的统计信息。

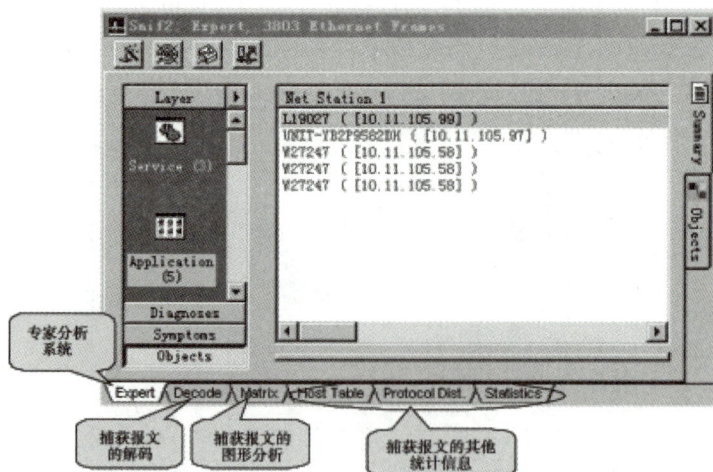

图3.9    查看报文捕获

专家分析系统提供了一个分析平台，对网络上的流量进行了一些分析，对于分析出的诊断结果可以通过查看在线帮助获得。如图 3.9 所示，显示出在网络中 WINS 查询失败的次数及 TCP 重传的次数统计等内容，可以方便了解网络中高层协议出现故障的可能点。对于某项统计分析，可以双击此条记录来查看详细统计信息且对于每一项都可以通过查看帮助来了解产生的原因，如图 3.10 所示。

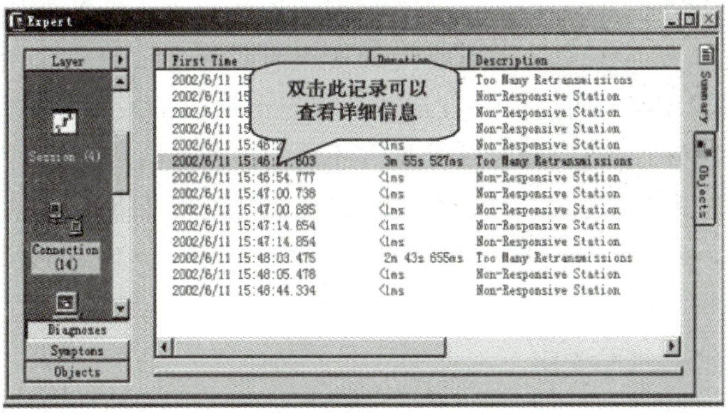

图 3.10　查看统计分析

如图 3.11 所示为对捕获报文进行解码的显示，通常分为三部分，目前大部分此类软件都采用这种结构显示。使用该软件是很简单的事情，要能够利用软件解码分析来解决问题的关键是要对各种层次的协议了解得比较透彻。对于 MAC 地址，Sniffer 软件进行了头部的替换，如 00e0fc 开头的就替换成 Huawei，这样有利于了解网络上各种相关设备的制造厂商信息。

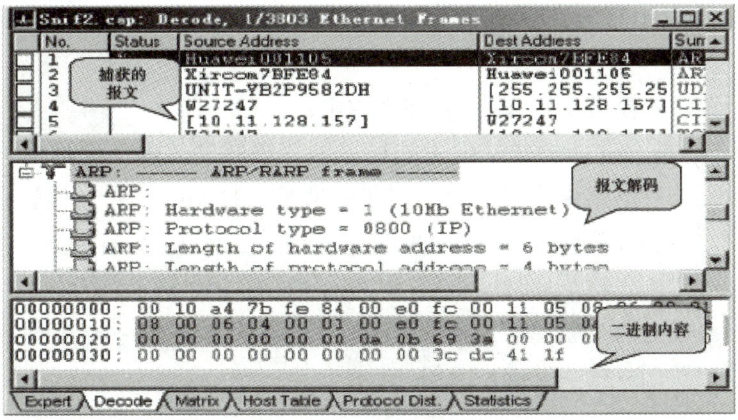

图 3.11　解码捕获报文

### ▶▶▶ 3.2.3　欺骗攻击

#### 1. IP 欺骗攻击原理与实例

IP 欺骗是在服务器不存在任何漏洞的情况下，通过利用 TCP/IP 协议本身存在的一些缺陷进行攻击的方法，这种方法具有一定的难度，需要掌握有关协议的工作原理和具体的实现方法。这里不对具体的相关协议的工作细节做过多的描述,而是举一个简单的例子加以阐述。

假设同一网段内有两台主机 A、B,另一网段内有主机 X。B 授予 A 某些特权,X 为获得与 A 相同的特权,所做的欺骗攻击如下:

X 冒充 A,向主机 B 发送一个带有随机序列号的 SYN 包。主机 B 响应,回送一个应答包给 A,该应答号等于原序列号加 1。假如此时主机 A 已被主机 X 利用拒绝服务攻击"淹没"了,导致主机 A 服务失效,结果是主机 A 没有收到主机 B 发来的包。主机 X 利用 TCP 三次握手的漏洞,主动向主机 B 发送一个冒充主机 A 的应答包,其序列号等于主机 B 向主机 A 发送的序列号加 1。此时主机 X 并不能检测到主机 B 的数据包(因为不在同一网段),只有利用 TCP 顺序号估算法来预测应答包的顺序号并将其发送给目标主机 B。如果序列号正确的话,B 则认为收到的 ACK 来自内部主机 A。此时 X 即获得了主机 A 在主机 B 上所享有的特权,并开始对这些服务实施攻击。

### 2. ARP 欺骗攻击原理与实例

ARP(Address Resolution Protocol,地址解析协议)是一个位于 TCP/IP 协议栈中的底层协议,负责将某个 IP 地址解析成对应的 MAC 地址。ARP 协议的基本功能就是通过目标设备的 IP 地址,查询目标设备的 MAC 地址,以保证通信的进行。

ARP 攻击就是通过伪造 IP 地址和 MAC 地址实现 ARP 欺骗,能够在网络中产生大量的 ARP 通信量使网络阻塞,攻击者只要持续不断地发出伪造的 ARP 响应包就能更改目标主机 ARP 缓存中的 IP-MAC 条目,造成网络中断或中间人攻击。ARP 攻击主要存在于局域网中,局域网中若有一台计算机感染 ARP 木马,则感染该 ARP 木马的机器将会试图通过"ARP 欺骗"手段截获所在网络内其他计算机的通信信息,并因此造成网内其他计算机的通信故障。

下面举一个具体的攻击实例来讲述 ARP 攻击:

"网络执法官"是一款功能非常强大的局域网管理辅助软件,采用网络底层协议,能穿透各客户端防火墙对网络中的每一台主机进行监控、控制等操作,该软件的部分功能具有模仿 ARP 攻击的能力,因此用该软件来演示 ARP 地址欺骗攻击。打开"网络执法官",软件启动后会显示监控到整个局域网上线的主机,如图 3.12 所示。

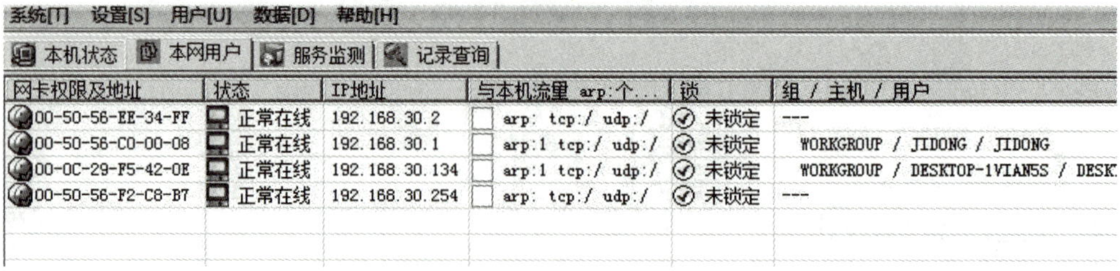

图 3.12　显示局域网上线主机

(1) 选择要攻击的主机。将鼠标放在第二个主机上,单击鼠标右键,在弹出下拉菜单上选择"手工管理"选项,如图 3.13 所示。

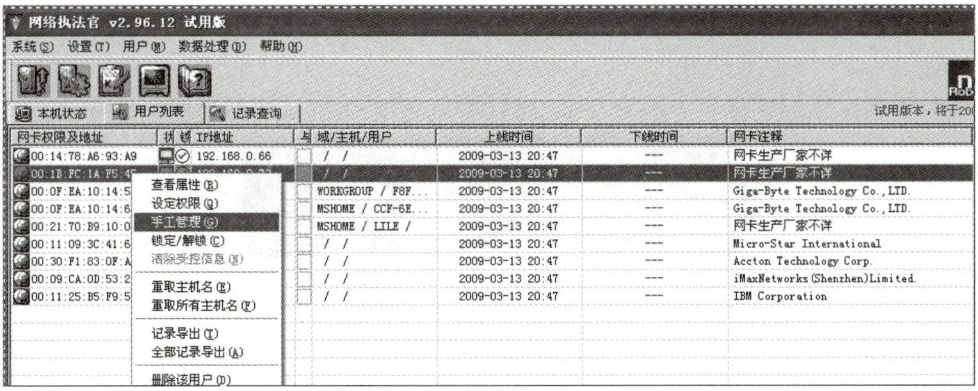

图 3.13  选择要攻击的主机

(2) 选择管理方式。为了验证 ARP 攻击的效果选择 IP 冲突选项，在攻击频率选项中选择默认的每秒一次，如图 3.14 所示。

(3) 确认无误后单击"开始"按钮，瞬间被攻击的主机就显示 IP 地址冲突的异常现象。随后该主机不能正常上网，ARP 攻击成功，如图 3.15 所示。

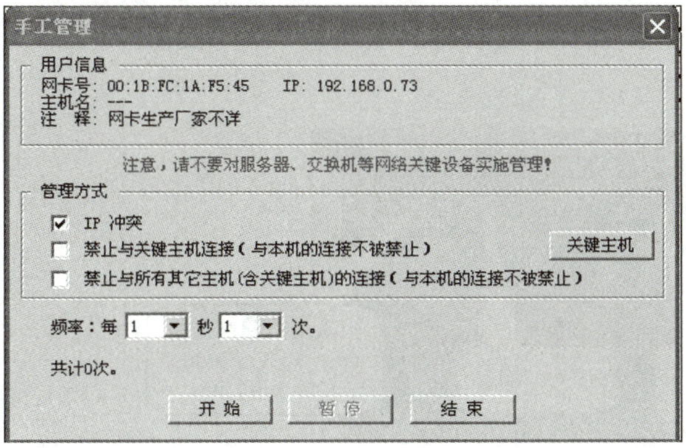

图 3.14  选择管理方式

图 3.15  主机被攻击后出现的症状

在此例中，仅是为了演示 ARP 攻击的方式及产生的效果，如果对局域网的网关进行攻击的话，则会影响整个局域网的上网主机。"网络执法官"这款软件主要的功能是管理和维护局域网，而不是破坏局域网的恶意软件，读者一定要小心使用，不要对正常上网的主机产生破坏。

### ▶▶▶ 3.2.4  缓冲区溢出攻击

缓冲区溢出是一种非常普遍、非常危险的漏洞，在各种操作系统和应用软件中广泛存在。利用缓冲区溢出攻击，可以导致程序运行失败、系统宕机、重新启动等后果。更为严重的是，可以利用它执行非授权指令，甚至可以取得系统特权，进而进行各种非法操作。

本书列举了一个典型的缓冲区溢出漏洞的例子，在装有 Windows 2022 Server 操作系统的主机中存在 Microsoft Windows Server 服务远程缓冲区溢出漏洞。使用漏洞利用工具

ms06040rpc.exe 和端口监听工具 nc.exe( 著名的黑客工具—瑞士军刀 ) 配合即可成功进入该操作系统并获取系统的管理员权限。攻击的步骤如下:

(1) 确保攻击机与被攻击机处于同一局域网中,进入 CMD 命令窗口,如图 3.16 所示。

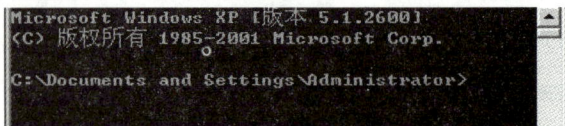

图 3.16　Windows 命令行窗口

(2) 运行 nc.exe 监听一个没有被系统使用的端口,来监听攻击程序攻击成功后返回的 shell,这里用 1024 端口,如图 3.17 所示。

监听1024端口

图 3.17　启动 nc.exe 监听程序

(3) 再打开一个 CMD 窗口,按照如下命令格式运行 ms06040rpc.exe,首先需要输入被攻击主机的 IP 地址,然后输入攻击机的 IP 地址,最后是被攻击机的操作系统类型,如图 3.18 所示。

被攻击主机的IP

攻击机的IP地址

返回的端口

被攻击机的操作系统: 1. Win 2000; 2. Win XP

图 3.18　运行 ms06040rpc.exe 攻击工具攻击

攻击成功后,在运行 nc.exe 程序的命令行界面会返回被攻击主机的 shell,这样就能成功地操纵被攻击的主机,如图 3.19 所示。

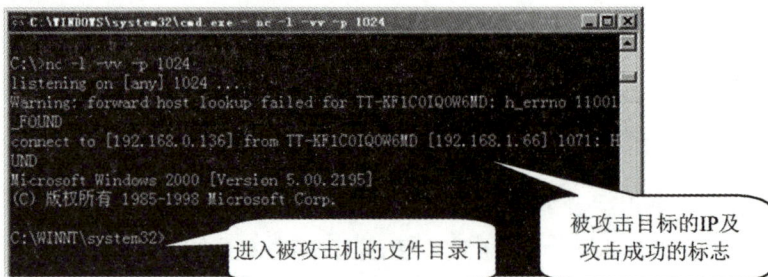

进入被攻击机的文件目录下

被攻击目标的IP及攻击成功的标志

图 3.19　攻击成功后的界面

输入 dir 查看命令,可以看到被攻击主机的文件目录,如图 3.20 所示。接下来可用 del 命令删除一个 vr.exe 文件,如图 3.21 所示。

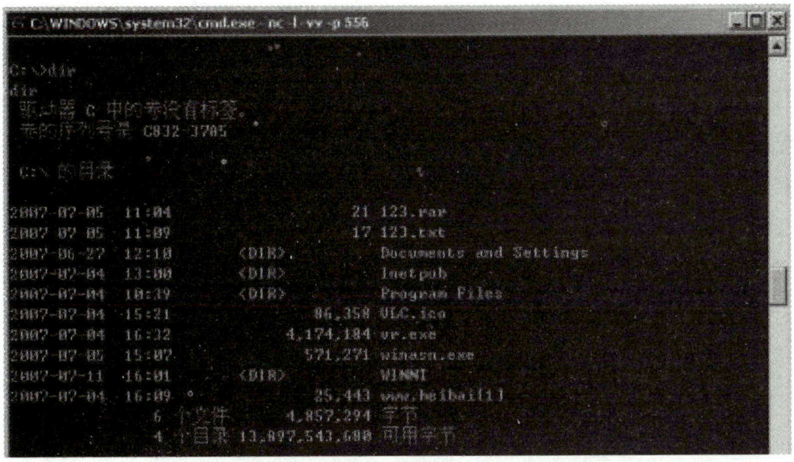

图 3.20　被攻击机 C 盘根目录下的文件区

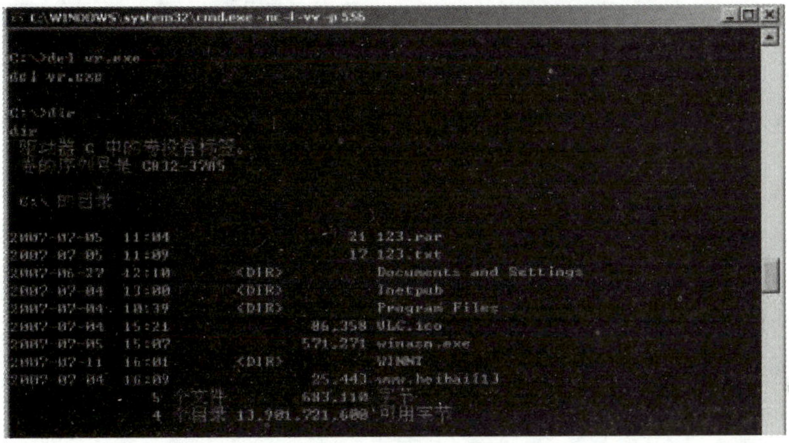

图 3.21　成功删除 vr.exe 文件

利用 Windows 服务器服务存在缓冲区溢出漏洞，远程得到了有管理员权限的 shell，成功执行了列出和删除文件的操作。针对缓冲区的攻击，本书仅列举了一个典型的例子，该例子是利用微软的特定版本的操作系统具有的漏洞进行缓冲区溢出攻击的。针对操作系统的缓冲区溢出攻击也是影响范围最广、危害程度最大的一类攻击。操作系统由于其复杂性和普遍性，国家互联网应急中心会定期地公布操作系统的相关漏洞及解决办法，所以预防此类漏洞的方法是要及时升级操作系统的版本，为操作系统打补丁。

## ▶▶▶ 3.2.5　SQL 注入攻击

SQL 注入攻击是黑客对数据库进行攻击的常用手段之一。由于程序员的水平及经验参差不齐，相当大一部分程序员在编写代码的时候，没有对用户输入数据的合法性进行判断，使应用程序存在安全隐患。用户可以提交一段数据库查询代码，根据程序返回的结果，获得某些他想得知的数据，这就是所谓的 SQL Injection，即 SQL 注入。

SQL 注入是从正常的 WWW 端口访问，而且表面看起来跟一般的 Web 页面访问没什么区别，所以目前市面的防火墙都不会对 SQL 注入发出警报，如果管理员没有查看 IIS 日志的习惯，可能被入侵很长时间都不会发觉。SQL 注入的手法相当灵活，在注入的时候会碰到很多意外的情况，需要构造巧妙的 SQL 语句，从而成功获取想要的数据。SQL 注入也可以对普通的用户应用程序进行注入，只要该应用程序忽略了对用户输入的数据长度或者输入的特殊字符的过滤，均存在被注入的风险。

下面以某个网站的登录验证的 SQL 查询代码为例介绍 SQL 注入的过程，该网站由于程序开发人员的疏忽忽略了对输入的用户名和密码的长度的限制和特殊字符串的过滤，因而存在 SQL 注入漏洞。该网站的登录窗口如图 3.22 所示。假如开发该网站的程序员所写的登录验证的 SQL 语句为：

```
SELECT * FROM users WHERE (name = '" + userName +"')and (pw = '"+ passWord +"');
```

如图 3.23 所示，在该网站登录的用户名和密码处输入如下恶意 SQL 代码：

```
' OR 1=1;
```

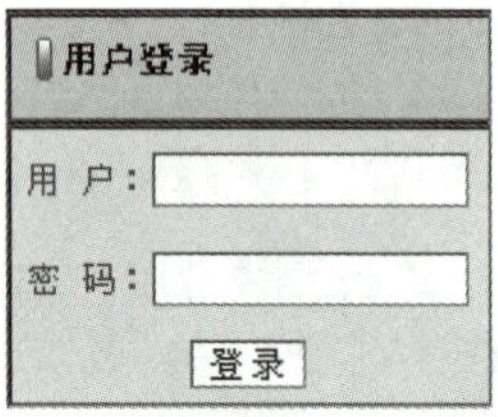

图 3.22　存在 SQL 漏洞的网站登录窗口 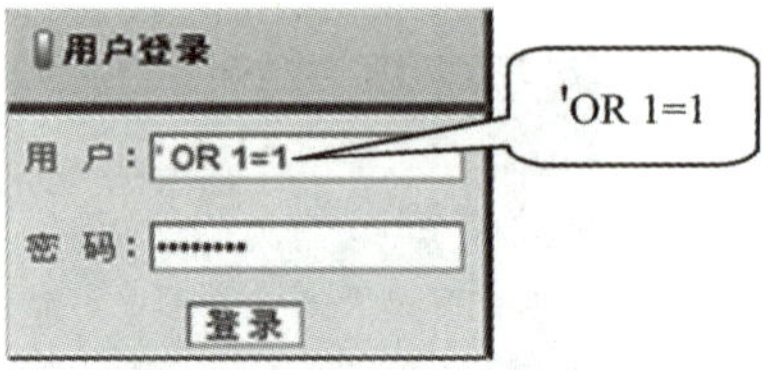　　图 3.23　输入恶意的 SQL 字符

在单击"登录"按钮后，会成功登录该网站，攻击成功。为什么仅输入几个神秘的字符就可以成功入侵一个网站呢？事实上，在输入恶意攻击代码后，该网站的用户身份验证的 SQL 语句被填为：

```
SELECT * FROM users WHERE (name = '' OR 1=1)and (pw = '' OR 1=1);
```

也就是实际上运行的 SQL 命令会变成下面这样的：

```
SELECT * FROM users;
```

因此达到无账号密码，亦可登录网站。所以 SQL 注入攻击被俗称为黑客的填空游戏。本书仅举出了一个简单的例子来讲解 SQL 注入的原理。SQL 注入攻击方式非常灵活，一旦某网站存在该类型的漏洞，攻击的成功率会非常高。目前有许多专门针对此项技术的漏洞扫描软件和攻击软件，提高了攻击效率。

#### ▶▶▶ 3.2.6　拒绝服务攻击

DDoS 类拒绝服务攻击已经在网上出现了很多年了，由于操作简单，攻击效果显著，伴随着网络的发展，这种攻击技术也更具威胁，造成的影响继续扩大。

最早利用 Ping 攻击造成网络堵塞，网站无法访问，网络中出现了分布式拒绝服务 (DDoS) 攻击这个名词。DDoS 攻击方式分为以下几种：

(1) SYN/ACK Flood 攻击。这种攻击方法是最有效的经典 DDoS 方法，通杀各种系统的网络服务，主要是通过向受害主机发送大量伪造源 IP 和源端口的 SYN 或 ACK 包，导致主机的缓存资源被耗尽或忙于发送回应包而造成拒绝服务，由于源端都是伪造的故追踪起来比较困难，缺点是实施起来有一定难度，需要高带宽的僵尸主机支持。

少量的这种攻击会导致主机服务器无法访问，但却可以 Ping 通，在服务器上用 Netstatna 命令会观察到存在大量的 SYN_RECEIVED 状态，大量的这种攻击会导致 Ping 失败、TCP/IP 栈失效，并会出现系统凝固现象，即不响应键盘和鼠标。普通防火墙大多无法抵御此种攻击。

(2) TCP 全连接攻击。这是另一种攻击方式，这种攻击是为了绕过常规防火墙的检查而设计的，一般情况下，常规防火墙大多具备过滤 Teardrop、Land 等 DoS 攻击的能力，但对于正常的 TCP 连接是放过的。殊不知很多 Web 服务程序能接受的 TCP 连接数是有限的，一旦有大量的 TCP 连接，即便是正常的，也会导致网站访问非常缓慢甚至无法访问。

TCP 全连接攻击就是通过许多僵尸主机不断地与受害服务器建立大量的 TCP 连接，直到服务器的内存等资源被耗尽而被拖垮，从而造成拒绝服务。这种攻击的特点是可绕过一般防火墙的防护而达到攻击目的，缺点是需要找很多僵尸主机，并且由于僵尸主机的 IP 是暴露的，因此容易被追踪。

## 3.3　网络安全防御技术

网络安全防御技术是一种网络安全技术，主要致力于解决诸如如何有效进行介入控制，以及如何保证数据传输的安全性的技术手段，主要包括物理安全分析技术、网络结构安全分析技术、系统安全分析技术、管理安全分析技术及其他的安全服务和安全机制策略。常见的网络安全防御技术主要包括入侵检测、防护墙、数字签名和身份认证等技术。

### ▶▶▶ 3.3.1　入侵检测技术

入侵检测是指通过对行为、安全日志或审计数据或其他网络上可以获得的信息进行操作，检测到对系统的闯入或闯入的企图。入侵检测的作用包括威慑、检测、响应、损失情况评估、攻击预测和起诉支持。

#### 1. 入侵检测技术介绍

入侵检测技术的方法有很多，如基于专家系统入侵检测方法、基于神经网络的入侵检测方法等。入侵检测通过执行以下任务来实现：

(1) 监视、分析用户及系统活动；

(2) 系统构造和弱点的审计；

(3) 识别反映已知进攻的活动模式并向相关人士报警；

(4) 异常行为模式的统计分析；

(5) 评估重要系统和数据文件的完整性；

(6) 操作系统的审计跟踪管理，并识别用户违反安全策略的行为。

入侵检测的过程分为信息收集、信息分析和结果处理三个部分：

(1) 信息收集。收集内容包括系统、网络、数据及用户活动的状态和行为。由放置在不同网段的传感器或不同主机的代理来收集信息，包括系统和网络日志文件、网络流量、非正常的目录和文件改变、非正常的程序执行。

(2) 信息分析。收集到的有关系统、网络、数据及用户活动的状态和行为等信息，被送到检测引擎，检测引擎驻留在传感器中，一般通过三种技术手段进行分析：模式匹配、统计分析和完整性分析。当检测到某种误用模式时，产生一个告警并发送给控制台。

(3) 结果处理。控制台按照告警产生预先定义的响应采取相应措施，可以是重新配置路由器或防火墙、终止进程、切断连接、改变文件属性，也可以只是简单地告警。

#### 2. 入侵检测技术分类

从技术上，入侵检测可以划分为异常检测模型和误用检测模型：

(1) 异常检测模型 (AnomalyDetection)：检测与可接受行为之间的偏差。如果可以定义每项可接受的行为，那么每项不可接受的行为就应该是入侵。首先总结正常操作应该具有的特征 (用户轮廓)，当用户活动与正常行为有重大偏离时即被认为是入侵。这种检测模型漏报率低，误报率高。因为不需要对每种入侵行为进行定义，所以不能有效检测未知的入侵。

(2) 误用检测模型 (MisuseDetection)：检测与已知的不可接受行为之间的匹配程度。如果可以定义所有的不可接受行为，那么每种能够与之匹配的行为都会引起告警。收集非正常操作的行为特征，建立相关的特征库，当监测的用户或系统行为与库中的记录相匹配时，系统就认为这种行为是入侵。这种检测模型误报率低、漏报率高。对于已知的攻击，它可以详细、准确地报告出攻击类型，但是对未知攻击却效果有限，而且特征库必须不断更新。

从检测对象角度，可以划分为以下三类：

(1) 基于主机。系统分析的数据是计算机操作系统的事件日志、应用程序的事件日志、系统调用、端口调用和安全审计记录。主机型入侵检测系统保护的一般是所在的主机系统。是由代理 (Agent) 来实现的，代理是运行在目标主机上的小的可执行程序，它们与命令控制台 (Console) 通信。

(2) 基于网络。系统分析的数据是网络上的数据包。网络型入侵检测系统担负着保护整个网段的任务，基于网络的入侵检测系统由遍及网络的传感器 (Sensor) 组成，传感器是一台将以太网卡置于混杂模式的计算机，用于嗅探网络上的数据包。

(3) 混合型。基于网络和基于主机的入侵检测系统都有不足之处，会造成防御体系的不全面，综合了基于网络和基于主机的混合型入侵检测系统既可以发现网络中的攻击信息，也可以从系统日志中发现异常情况。

#### ▶▶▶ 3.3.2  防火墙技术

网络安全设备

##### 1. 防火墙的定义

防火墙是一个由计算机硬件和软件组成的系统，部署于网络边界，是内部网络和外部网络之间的连接桥梁，同时对进出网络边界的数据进行保护，防止恶意入侵、恶意代码的传播等，保障内部网络数据的安全。防火墙技术是建立在网络技术和信息安全技术基础上的应用性安全技术，它能够起到安全过滤和安全隔离外网攻击、入侵等有害的网络安全信息和行为。

##### 2. 防火墙的功能

防火墙有以下功能：

(1) 网络安全屏障。防火墙对内部网络环境安全性起着极大的提高意义，它作为阻塞

点和控制点过滤那些潜在危险的服务从而降低了网络内部环境的风险。因为所有进入网络内部的信息都是经过防火墙精心过滤过的，所以网络内部环境就非常地安全可靠。例如，NFS(NetWork File Sysetem，网络文件系统)是一个不安全协议，防火墙可以过滤该信息，不允许该协议进入受保护的网络，这样外部的攻击者就无法进入内部网络进行攻击侵害。防火墙同时可以保护网络免受基于路由的攻击，如 IP 选项中的源路由攻击和 ICMP 重定向中的重定向路径。防火墙应该可以拒绝所有以上类型攻击的报文并通知防火墙管理员。

(2) 网络安全策略。如果在网络安全配置上以防火墙为中心，就可以让口令、加密、身份认证、审计等安全软件配置在防火墙上。防火墙的这种集中安全管理与各个主机分散控制网络安全问题相比更经济实惠。另外，防火墙的集中安全控制也避免了一次一密口令系统和其他的身份认证系统分散在各个主机上的麻烦。

(3) 进行监控审计。防火墙有着很好的日志记录功能，它会记录所有经过防火墙访问过的记录，更能够把网络使用情况的数据进行汇总分析，从而得出网络访问的统计性数据。如果访问的数据里面含有可疑性的动作，防火墙会进行报警，显示网络可能受到的相关的检测和攻击方面的数据信息。另外，它还可以通过对访问数据的统计，了解某个网络的使用情况和误用情况，为网络使用需求分析和网络威胁分析提供有价值的参考数据。

(4) 防止内部信息的外泄。防火墙可以把内部网络隔离成若干个段，对局部重点网络或敏感网络加强监控。另外，防火墙对 Finger、DNS 等服务显示的内部细节数据进行隐蔽，这样 Finger 中的所有用户的注册名、真名，最后登录时间和使用 Shell 类型等信息就受到保护了，也就降低了外部的攻击侵入。同样，防火墙对内部网络中 DNS 信息的阻塞，也避免了主机域名和 IP 地址的外泄，有效地保护了内部信息的安全。

### 3. 防火墙的分类

防火墙分为以下几类：

(1) 过滤防火墙。过滤防火墙会根据已经预设好的过滤规则，对在网络中流动的数据包进行过滤。如果符合过滤规则的数据包会被放行，如果数据包不满足过滤规则，就会被删除。防火墙通过检查数据包的源头 IP 地址、目的 IP 地址、数据包遵守的协议、端口号等特征来完成过滤。第一代的防火墙就属于过滤防火墙。

(2) 应用网关防火墙。应用网关防火墙主要工作在应用层，相比于基于过滤的防火墙来说，应用网关防火墙最大的特点是有一套自己的逻辑分析。基于这个逻辑分析，应用网关服务器在应用层上进行危险数据的过滤，分析内部网络应用层的使用协议，并且对计算机网络内部的所有数据包进行分析，如果数据包没有应用逻辑则不会被放行通过防火墙。

(3) 服务防火墙。上述的两种防火墙都是应用在计算机网络中来阻挡恶意信息进入用户的电脑的。在现在的应用软件中，往往需要通过和服务器连接来获得完整的软件体验。所以，服务防火墙也就应运而生了，因为它是用来防止外部网络的恶意信息进入到服务器的网络环境中的。

(4) 监控防火墙。监控防火墙则是不仅仅会防守，还会主动出击。一方面监控防火墙可以像传统的防火墙一样，过滤网络中的有害数据；另一方面，监控防火墙还可以主动对数据进行分析和测试，从而得知网络中是否存在外部攻击。这种防火墙对内可以过滤，对外可以监控。从技术上来说，是传统防火墙的重大升级。

### ▶▶▶ 3.3.3 数字签名技术

#### 1. 数字签名的定义

数字签名 ( 又称公钥数字签名 ) 是指只有信息的发送者才能产生的别人无法伪造的一段数字串，这段数字串同时也是对信息的发送者发送信息真实性的一个有效证明。一套数字签名通常定义两种互补的运算，一种用于签名，另一种用于验证。数字签名是非对称密钥加密技术与数字摘要技术的应用。

简单地说，数字签名就是附加在数据单元上的一些数据，或是对数据单元所作的密码变换。这种数据或变换允许数据单元的接收者用以确认数据单元的来源和数据单元的完整性并保护数据，防止被伪造。它是对电子形式的消息进行签名的一种方法，一个签名消息能在一个通信网络中传输。

基于公钥密码体制和私钥密码体制都可以获得数字签名，包括普通数字签名和特殊数字签名。普通数字签名算法有 RSA、ElGamal、Des/DSA 等数字签名算法，特殊数字签名有盲签名、代理签名、群签名、不可否认签名等，它与具体应用环境密切相关。

#### 2. 数字签名的特点

数字签名有如下特点：

(1) 可信性：其他人可以利用相关的公开信息验证签名的有效性。

(2) 不可抵赖性：签名者事后不能否认自己的签名。

(3) 不可复制性：即不可对某一数字内容或消息的签名进行复制。

(4) 不可伪造性：任何其他人不能伪造签名者的签名。

(5) 数据完整性：数字签名可以验证数据是否被篡改，如果数据被篡改，签名验证将失败。

(6) 身份认证：数字签名可以验证数据的发送方身份，因为签名是使用私钥进行加密的，只有对应的公钥才能解密验证。

(7) 抗否认性：数字签名可以防止发送方否认发送过数据，因为签名是唯一的，只有发送方的私钥可以生成对应的签名。

(8) 保密性：数字签名不需要将私钥传输给接收方，因此私钥可以保持机密。

#### 3. 数字签名的主要功能

数字签名的主要功能如下：

(1) 防冒充 ( 伪造 )：私有密钥只有签名者自己知道，所以其他人不可能伪造出正确的。

(2) 可鉴别身份：传统的手工签名身份一清二楚，但在网络环境中，接收方必须能够鉴别发送方所宣称的身份。

(3) 防篡改 ( 防破坏信息的完整性 )：对于数字签名，签名与原有文件已经形成了一个混合的整体数据，不可能被篡改，从而保证了数据的完整性。

(4) 防重放：在生活中，A 向 B 借钱，同时写了借条给 B，当 A 还钱时向 B 索回借条撕毁。而在数字签名中，如果采用了对签名报文添加流水号、时间戳等技术，可以防止重放攻击。

(5) 防抵赖：如前所述，数字签名可以鉴别身份，不可冒充伪造，签名者就无法抵赖。在数字签名体制中，要求接收者返回一个自己的签名表示收到的报文，给对方或者第三方或者引入第三方机制。如此，双方均不可抵赖。

(6) 机密性 ( 保密性 )：数字签名可以加密要签名消息的杂凑值，不具备对消息本身进行加密，当然，如果签名的报名不要求机密性，也可以不用加密。

#### ▶▶▶▶ 3.3.4　身份认证技术

网络信息安全保障

##### 1. 身份认证技术的定义

身份认证技术是指计算机及网络系统确认操作者身份的过程，它涉及确认以数字身份进行操作的操作者就是这个数字身份合法拥有者的问题，即保证操作者的物理身份与数字身份相对应。身份认证技术作为防护网络资产的第一道关口，具有举足轻重的作用。其目的在于保障身份认证安全，通过确认操作者的身份，防止攻击者假冒合法用户获得资源的访问权限，保证系统和数据的安全，以及授权访问者的合法利益。

##### 2. 身份认证技术的主要方法

###### 1) 基于共享密钥的身份验证

共享密钥身份验证基于一个前提：通信双方事先共享一个秘密密钥。这个秘密密钥用于在通信的过程中验证对方的身份，确保信息的安全性。主要步骤如下：

第一步，密钥分发。在通信双方开始交换信息之前，需要通过某种安全的方式共享一个密钥。

第二步，生成认证数据。在发送消息时，发送方会使用共享密钥对信息生成认证数据，这通常是通过某种形式的加密或哈希函数完成的。例如，发送方可以计算消息的加密哈希，其中包括共享密钥和消息内容。

第三步，验证认证数据：接收方收到消息和随附的认证数据后，将使用相同的共享密钥和相同的加密或哈希函数对收到的消息内容进行处理，以生成一个本地的认证数据。

###### 2) 基于生物学特征的身份验证

基于生物学特征的身份验证是通过可测量的身体部分或行为等生物特征进行身份认证的一种技术。常见的生物特征包括：

(1) 指纹特征：指纹是人体内部最小的生物结构，每个人的指纹都是独一无二的。指纹识别技术主要基于指纹脉络图像的特征提取和匹配。

(2) 虹膜特征：虹膜是人眼球中的一层膜层，具有极高的独特性。虹膜识别技术主要基于虹膜图像的特征提取和匹配。

(3) 面部特征：面部特征是人脸上的各种纹理、颜色和形状特征。面部识别技术主要基于人脸图像的特征提取和匹配。

(4) 声纹特征：声纹是人体发声过程中产生的声音特征。声纹识别技术主要基于声音波形的特征提取和匹配。

基于生物学特征的身份验证已经广泛应用于各个领域，如：金融领域 ( 银行卡免密支付、在线支付、个人身份认证等 )、政府领域 ( 国家安全、边境控制、公民身份认证等 )、医疗保健领域 ( 病人身份认证、病例管理、药物管理等 )、企业领域 ( 员工身份认证、访问控制、网络安全等)、个人用途(手机解锁、个人数据保护、个人隐私保护等)。

3) 基于公开密钥加密算法的身份验证

基于公开密钥加密算法的身份验证是指通信中的双方分别持有公开密钥和私有密钥，由其中一方采用私有密钥对特定数据进行加密，而另一方采用公开密钥对数据进行解密，如果解密成功，就认为用户是合法用户，否则就认为是身份验证失败。使用基于公开密钥加密算法的身份验证的服务有：SSL、数字签名等。

## 3.4　网络扫描的应用实践

在 Windows 操作系统环境下，安装部署 nmap 网络扫描软件和 nessus 漏洞扫描软件，熟悉软件的使用方法。

网络扫描应用

### 1. nmap 网络扫描软件的安装使用

1) nmap 简介

nmap(Network Mapper) 最早是 Linux 下的网络扫描和嗅探工具包，是网络管理员必用的软件之一，用以评估网络系统安全。使用 nmap 可以检测网络上的存活主机(主机发现)、主机开放的端口(端口发现或枚举)、相应端口的软件和版本(服务发现)、操作系统(系统检测)和硬件地址。

2) nmap 安装部署

nmap 是一款开源软件，可从官网上免费下载对应操作系统的版本安装 (nmap.org) 使用，如图 3.24 所示。

图 3.24　安装 nmap

3) nmap 配置使用

(1) nmap 基本使用命令。

使用 nmap 可以扫描单个目标、指定的多个目标、指定的目标范围、一个子网，或者是指定目标的特定端口，如表 3.1 和图 3.25 所示。

表 3.1  nmap 基本命令使用方法

| 使 用 说 明 | 使用方法<br>（实际使用请将下述 IP 地址替换为实际 IP 地址） |
|---|---|
| 扫描单个目标 | nmap 192.168.1.2( 或域名 ) |
| 扫描多个目标 | nmap 192.168.1.2 192.168.1.5 |
| 扫描一个范围内的目标 | nmap 192.168.1.2-192.168.1.100 |
| 扫描一个子网 | nmap 192.168.1.1/24 |
| 扫描除某一个 ip 外的所有子网主机 | nmap 192.168.1.1/24 -exclude 192.168.1.1 |
| 从文件中读取需扫描的目标地址 | nmap -iL target.txt |
| 扫描指定目标上的特定端口 | nmap -p 特定端口 目标 IP |

```
F:\software\Nmap>nmap -p 80,21,23 192.168.65.184
Starting Nmap 7.95 ( https://nmap.org ) at 2024-07-09 21:56 中国标准时间
Nmap scan report for 192.168.65.184
Host is up (0.00s latency).

PORT   STATE   SERVICE
21/tcp closed ftp
23/tcp closed telnet
80/tcp closed http

Nmap done: 1 IP address (1 host up) scanned in 0.25 seconds
```

图 3.25  nmap 扫描指定目标的特定端口

(2) nmap 各种扫描方式。

· Tcp connect() scan(sT) 扫描：nmap-sT 目标 IP

TCP connect() 扫描是 nmap 默认的扫描模式，扫描过程需要完成三次握手，并且要求调用系统的 connect()。Tcp connect() 扫描技术只适用于找出 TCP 和 UDP 端口，如图 3.26 所示。

```
F:\software\Nmap>nmap -sT 192.168.65.184
Starting Nmap 7.95 ( https://nmap.org ) at 2024-07-09 21:57 中国标准时间
Nmap scan report for 192.168.65.184
Host is up (0.0013s latency).
Not shown: 993 filtered tcp ports (no-response)
PORT     STATE SERVICE
135/tcp  open  msrpc
139/tcp  open  netbios-ssn
445/tcp  open  microsoft-ds
902/tcp  open  iss-realsecure
912/tcp  open  apex-mesh
4343/tcp open  unicall
4449/tcp open  privatewire

Nmap done: 1 IP address (1 host up) scanned in 8.73 seconds
```

图 3.26  nmap Tcp connect() 扫描

· Tcp SYN Scan(sS) 扫描：nmap-sS 目标 IP

这种半开放扫描技术使得 nmap 不需要通过完整的握手，就能获得远程主机的信息。它不会产生任何会话，因此不会在目标主机上产生任何日志记录，如图 3.27 所示。

```
F:\software\Nmap>nmap -sS 192.168.65.184
Starting Nmap 7.95 ( https://nmap.org ) at 2024-07-09 21:59 中国标准时间
Nmap scan report for 192.168.65.184
Host is up (0.0010s latency).
Not shown: 993 closed tcp ports (reset)
PORT     STATE SERVICE
135/tcp  open  msrpc
139/tcp  open  netbios-ssn
445/tcp  open  microsoft-ds
902/tcp  open  iss-realsecure
912/tcp  open  apex-mesh
4343/tcp open  unicall
4449/tcp open  privatewire

Nmap done: 1 IP address (1 host up) scanned in 0.50 seconds
```

图 3.27　nmap Tcp SYN 扫描

- FIN scan(sF) 扫描：nmap-sF 目标 IP

当目标主机可能有 IDS 和 IPS 系统的存在时，会阻止掉 SYN 数据包，这时可以采用 FIN scan 扫描方式，如图 3.28 所示。

```
F:\software\Nmap>nmap -sF 192.168.65.184
Starting Nmap 7.95 ( https://nmap.org ) at 2024-07-09 21:59 中国标准时间
Nmap scan report for 192.168.65.184
Host is up (0.0016s latency).
All 1000 scanned ports on 192.168.65.184 are in ignored states.
Not shown: 1000 closed tcp ports (reset)

Nmap done: 1 IP address (1 host up) scanned in 0.24 seconds
```

图 3.28　nmap FIN 扫描

- UDP scan(sU) 扫描：nmap-sU 目标 IP

UDP 扫描发送 UDP 数据包到目标主机，并等待响应，如果返回 ICMP 是不可达的错误消息，说明端口是关闭的，如果得到正确的适当的回应，说明端口是开放的，如图 3.29 所示。这种扫描技术用来寻找目标主机打开的 UDP 端口，不需要发送任何的 SYN 包。

```
F:\software\Nmap>nmap -sU 192.168.65.184
Starting Nmap 7.95 ( https://nmap.org ) at 2024-07-09 22:05 中国标准时间
Nmap scan report for 192.168.65.184
Host is up (0.00053s latency).
Not shown: 989 closed udp ports (port-unreach)
PORT      STATE         SERVICE
123/udp   open|filtered ntp
137/udp   open|filtered netbios-ns
138/udp   open|filtered netbios-dgm
500/udp   open|filtered isakmp
1900/udp  open|filtered upnp
3702/udp  open|filtered ws-discovery
4500/udp  open|filtered nat-t-ike
5050/udp  open|filtered mmcc
5353/udp  open|filtered zeroconf
5355/udp  open|filtered llmnr
64080/udp open|filtered unknown

Nmap done: 1 IP address (1 host up) scanned in 49.82 seconds
```

图 3.29　nmap Udp 扫描

- PING Scan(sP) 扫描：nmap-sP 目标 IP

PING 扫描不同于其他的扫描方式，它不是用来发现是否开放端口，而是用于找出主机是否是在网络存在。PING 扫描需要 ROOT 权限，如果用户没有 ROOT 权限，PING 扫描将会使用 connect() 调用，如图 3.30 所示。

```
F:\software\Nmap>nmap -sP 192.168.65.184
Starting Nmap 7.95 ( https://nmap.org ) at 2024-07-09 22:09 中国标准时间
Nmap scan report for 192.168.65.184
Host is up.
Nmap done: 1 IP address (1 host up) scanned in 0.21 seconds
```

图 3.30　nmap PING 扫描

• 版本检测 (sV)：nmap-sV 目标 IP

版本检测是用来扫描目标主机和端口上运行的软件的版本，需要从开放的端口获取信息来判断软件的版本。使用版本检测扫描之前需要先用 TCP SYN 扫描开放了哪些端口，如图 3.31 所示。

```
F:\software\Nmap>nmap -sV 192.168.65.184
Starting Nmap 7.95 ( https://nmap.org ) at 2024-07-09 22:13 中国标准时间
Nmap scan report for 192.168.65.184
Host is up (0.00017s latency).
Not shown: 993 closed tcp ports (reset)
PORT     STATE SERVICE         VERSION
135/tcp  open  msrpc           Microsoft Windows RPC
139/tcp  open  netbios-ssn     Microsoft Windows netbios-ssn
445/tcp  open  microsoft-ds?
902/tcp  open  ssl/vmware-auth VMware Authentication Daemon 1.10 (Uses VNC, SOAP)
912/tcp  open  vmware-auth     VMware Authentication Daemon 1.0 (Uses VNC, SOAP)
4343/tcp open  ssl/unicall?
4449/tcp open  ssl/privatewire
Service Info: OS: Windows; CPE: cpe:/o:microsoft:windows

Service detection performed. Please report any incorrect results at https://nmap.org/submit/ .
Nmap done: 1 IP address (1 host up) scanned in 167.98 seconds
```

图 3.31　nmap 版本检测

• OS 检测 (O)：nmap-O 目标 IP

nmap 的 OS 检测技术在渗透测试中用来了解远程主机的操作系统和软件是非常有用的，利用 nmap 的操作系统指纹识别技术可以识别设备类型 ( 路由器、工作组等 )、运行的操作系统、操作系统的详细信息、目标和攻击者之间的距离。同时为了准确地检测到远程操作系统，还可以使用 -osscan-guess 猜测最接近目标的匹配操作系统类型，如图 3.32 所示。

```
F:\software\Nmap>nmap -O -PN -osscan-guess 192.168.65.184
Starting Nmap 7.95 ( https://nmap.org ) at 2024-07-09 22:17 中国标准时间
Nmap scan report for 192.168.65.184
Host is up (0.000044s latency).
Not shown: 993 closed tcp ports (reset)
PORT     STATE SERVICE
135/tcp  open  msrpc
139/tcp  open  netbios-ssn
445/tcp  open  microsoft-ds
902/tcp  open  iss-realsecure
912/tcp  open  apex-mesh
4343/tcp open  unicall
4449/tcp open  privatewire
Device type: general purpose
Running: Microsoft Windows 10|11
OS CPE: cpe:/o:microsoft:windows_10 cpe:/o:microsoft:windows_11
OS details: Microsoft Windows 10 1607 - 11 23H2
Network Distance: 0 hops

OS detection performed. Please report any incorrect results at https://nmap.org/submit/ .
Nmap done: 1 IP address (1 host up) scanned in 1.30 seconds
```

图 3.32　nmap OS 检测

## 2. nessus 漏洞扫描软件的安装使用

1) nessus 安装部署

nessus 可从官网上免费下载对应操作系统的版本安装 (tenable.com) 使用，如图 3.33、3.34 所示。

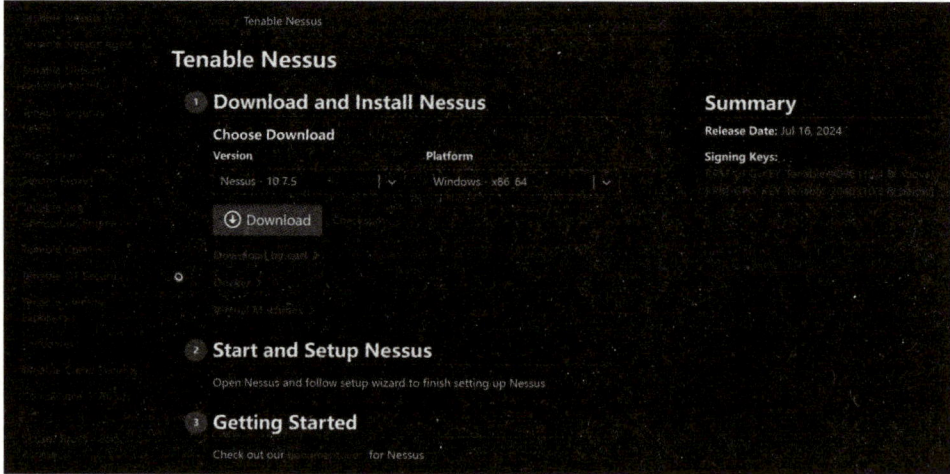

图 3.33    选择 nessus 安装版本

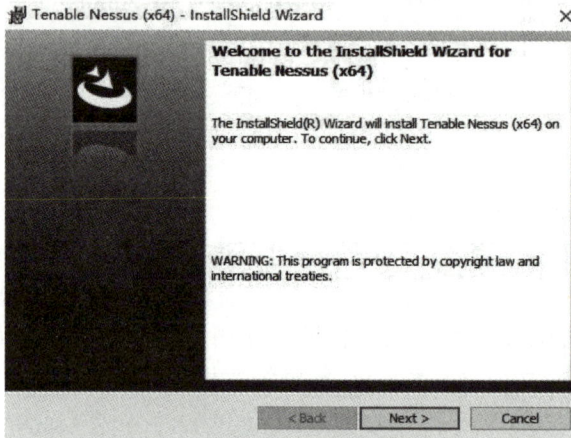

图 3.34    安装 nessus

2) nessus 配置使用

(1) 申请 nessus 注册码。

访问官网地址 (https://www.tenable.com/products/nessus-home) 注册后获取激活 nessus 的注册码，如图 3.35 所示。

图 3.35    注册获取 nessus 激活码

(2) 访问并激活 nessus。

使用浏览器访问本机地址 (https://localhost:8834/)，输入获取的激活码激活 nessus 系统，如图 3.36 所示。

(3) 登录 nessus 系统。

使用浏览器访问本机地址 (https://localhost:8834/)，输入安装时配置的用户名、口令登录 nessus 系统，如图 3.37 所示。

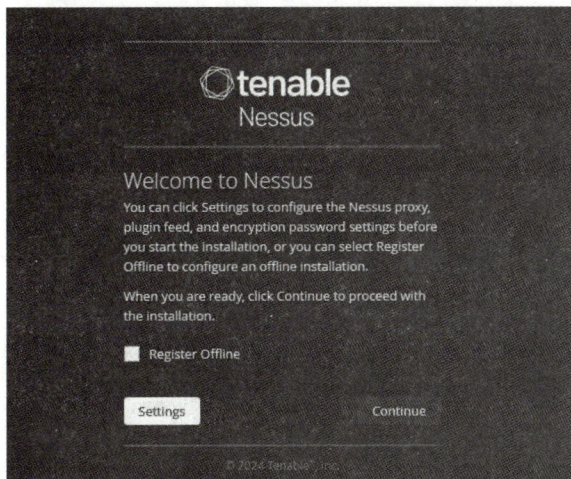

图 3.36　激活 nessus 系统

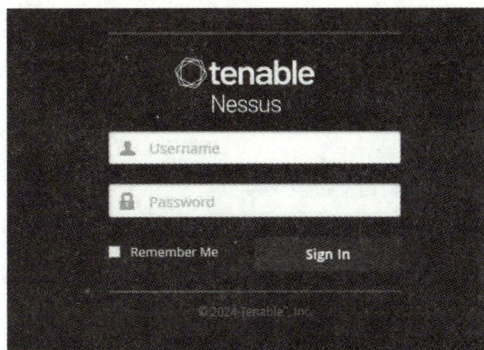

图 3.37　登录 nessus 系统

(4) 配置 nessus 实施漏洞扫描。

· 新建扫描任务

在系统主界面中选择"new scan"新建扫描任务，如图 3.38 所示。

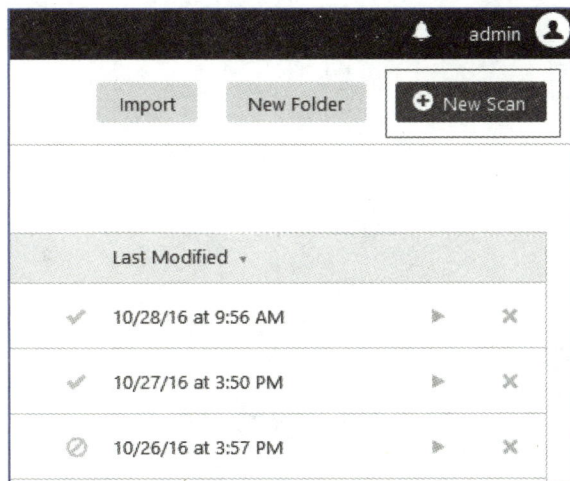

图 3.38　新建扫描任务

· 选择扫描模板

选择一个可用的扫描模板，一般选择 advanced scan，如图 3.39 所示。

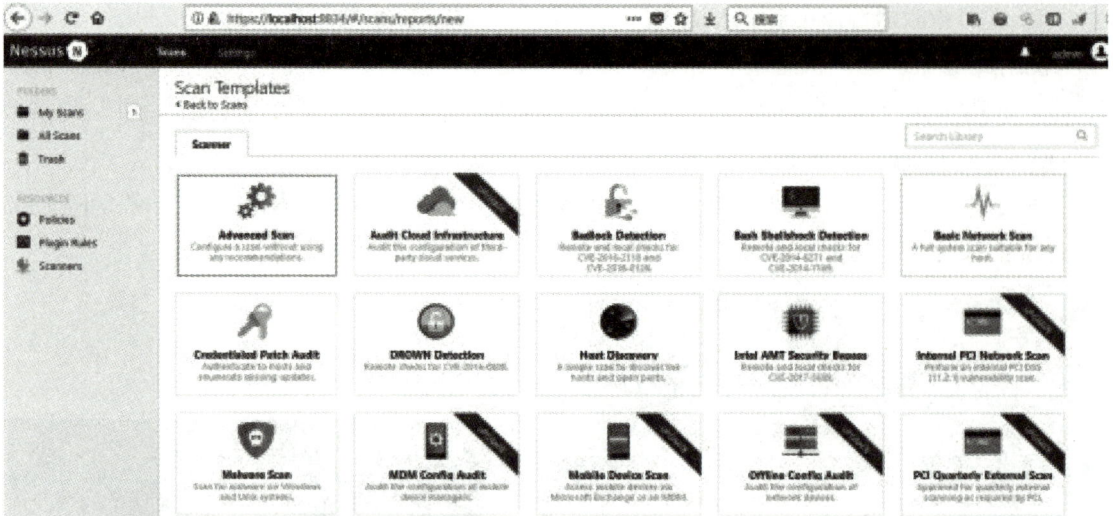

图 3.39    选择扫描模板

• 配置扫描参数

在扫描参数配置主界面，需要填写扫描任务的名称 (Name)、任务的描述 (Description)、任务存放路径 (Folder)、扫描目标 (Targets)，其他参数可以采用系统默认参数，配置完成后点击"Save"按钮保存配置信息，如图 3.40 所示。

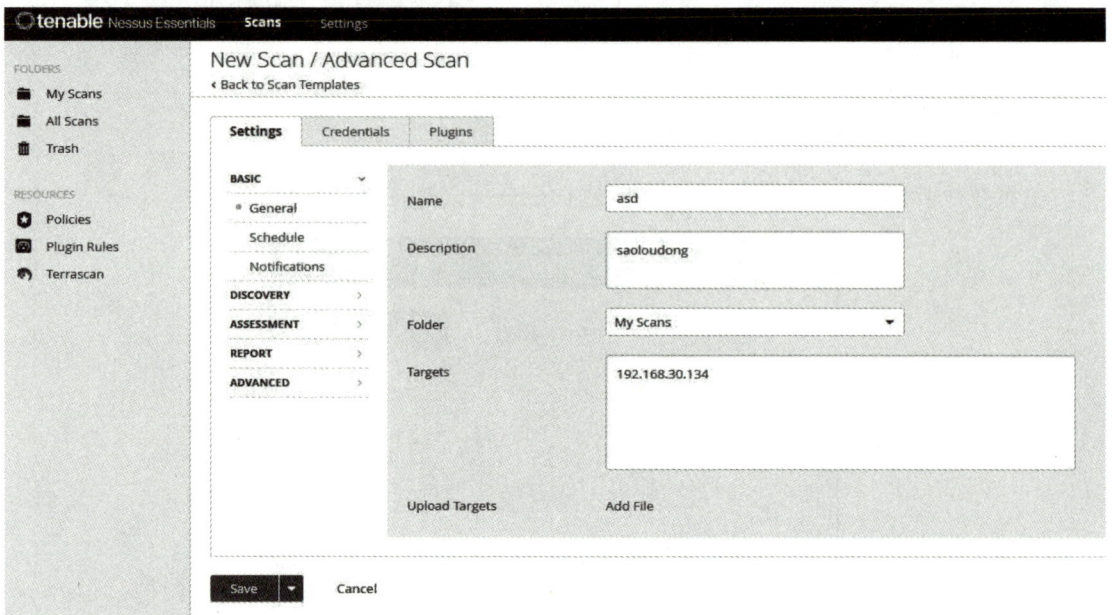

图 3.40    配置扫描任务

• 执行扫描任务

配置完成后，在扫描任务界面点击执行任务按钮，执行扫描，如图 3.41 所示。

• 查看扫描进度和结果

在任务开始执行后，可以点击任务列表查看任务的扫描进度和扫描结果。在扫描结束后可以导出扫描结果，nessus 支持报告导出成 pdf、html、cvs 等多种格式，如图 3.42 所示。

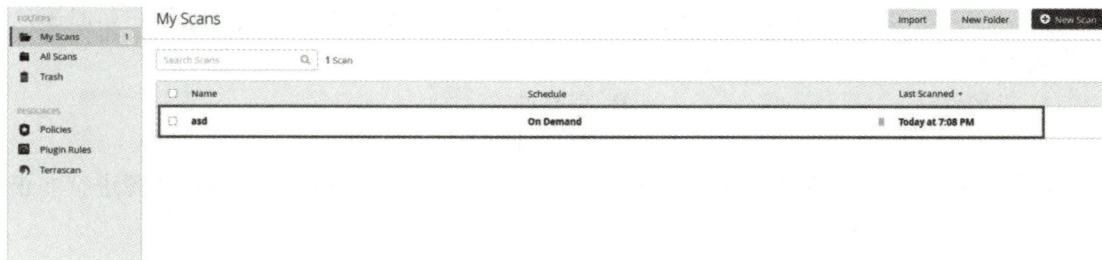

图 3.41　执行扫描任务

图 3.42　nessus 扫描报告

# 本 章 习 题

## 一、选择题

1. 计算机网络安全是指利用计算机网络管理控制和技术措施，保证在网络环境中数据的 (　　)、完整性、网络服务可用性和可审查性受到保护。

A. 机密性 　　　　　　　　　　B. 抗攻击性

C. 网络服务管理性 　　　　　　D. 控制安全性

2. 网络安全的实质和关键是保护网络的 (　　) 安全。

A. 系统 　　　　　　　　　　　B. 软件

C. 信息 　　　　　　　　　　　D. 网站

3. 在短时间内向网络中的某台服务器发送大量无效连接请求，导致合法用户暂时无法访问服务器的攻击行为是破坏了 (　　)。

A. 机密性　　　　　　　　　　　　B. 完整性

C. 可用性　　　　　　　　　　　　D. 可控性

4. 如果访问者有意避开系统的访问控制机制，则该访问者对网络设备及资源进行非正常使用属于 (　　)。

A. 破坏数据完整性　　　　　　　　B. 非授权访问

C. 信息泄露　　　　　　　　　　　D. 拒绝服务攻击

5. 加密安全机制提供了数据的 (　　)。

A. 可靠性和安全性　　　　　　　　B. 保密性和可控性

C. 完整性和安全性　　　　　　　　D. 保密性和完整性

6. 计算机网络安全管理主要功能不包括 (　　)。

A. 性能和配置管理功能　　　　　　B. 安全和计费管理功能

C. 故障管理功能　　　　　　　　　D. 网络规划和网络管理者的管理功能

二、填空题

1. 网络攻击的步骤包括 _____、_____、_____、_____、_____。

2. _____ 是 Windows 系列自带的一个可执行命令，利用它可以检查网络是否能够连通。

3. _____ 主要通过人工或者网络手段间接获取攻击对象的信息资料。

4. 常见搜索引擎主要有 _____、_____、_____ 等。

5. _____ 指令显示所有 TCP/IP 网络配置信息、刷新动态主机配置协议 (DHCP，Dynamic Host Configuration Protocol) 和域名系统 (DNS) 设置。

6. _____ 指令在网络安全领域通常用来查看计算机上的用户列表、添加和删除用户、和对方计算机建立连接、启动或者停止某网络服务等。

三、思考题

1. 为什么要研究网络攻击技术？

2. 网络攻击的一般过程是什么？

3. 常见的信息收集方法有哪些？试用社交工程方法收集信息。

4. 为什么要清除目标系统的日志？

# 第 4 章 云计算应用

## 技能目标

◎ 掌握云计算的概念及云计算的主要应用场景。

◎ 掌握云计算的服务交付模式。

◎ 掌握云计算的关键技术。

◎ 掌握云计算的技术架构知识。

◎ 掌握云计算的主流产品和应用知识。

## 素养目标

◎ 深入理解我国云计算发展历程，增强民族科技自豪感。

◎ 熟悉我国云计算领域杰出科学家的奋斗历程，激发爱国创新与奉献精神。

## 星火引航

云计算不知不觉已经出现在我们身边很多年。如我们经常使用的搜索工具百度、雅虎就是一种云计算模式，Web 电子邮件也是一种云计算模式。

与此同时，我们也要考虑云计算在应用中可能面临的风险，比如个人信息的泄露，以及如何有效保护个人隐私信息，从而让我们意识到作为信息技术专业人才应担负起保护用户隐私和安全的责任。本章将讲解云计算的基础知识及其主要原理和架构，并通过 HDFS 任务实践使学生了解云计算为我们带来的便捷。

# 4.1　云计算的基础知识和模式

## ▶▶▶ 4.1.1　云计算简述

(1) 云计算的狭义定义。

狭义云计算是指 IT 基础设施的交付和使用模式，通过网络以按需、易扩展的方式获得所需要的资源 ( 硬件、平台、软件 )。我们把提供资源的网络称为云。云中的资源在使用者看来是可以无限扩展的，并且可以随时获取，随时扩展，按需使用，并按使用付费。

云计算的基础知识和模式

(2) 云计算的广义定义。

广义云计算是指服务的交付和使用模式，通过网络以按需、易扩展的方式获得所需要的服务和使用模式。这种服务和使用模式可以是与 IT、软件、互联网相关的，也可以是其他服务和使用模式。

美国国家标准与技术研究院 (NIST) 对云计算的定义为：云计算是一种按使用量付费的模式，这种模式提供可用的、便捷的、按需的网络访问，进入可配置的计算资源共享池 ( 资源包括网络、服务器、存储、应用软件、服务等 )。这些资源能够被快速提供，只需投入很少的管理工作，或者与服务供应商进行很少的交互。

云计算被大量运用在生产环境中，如国内的"阿里云""华为云""百度云"与云谷公司的 Kensystem，国外的 Amazon、Vmware、Intel、Microsoft 和 IBM 等，各种云计算的应用服务范围正逐渐扩大，影响力不可估量。有的人容易将云计算与网格计算、效用计算、自主计算混淆，下面对这三种计算进行介绍，便于读者区分。

• 网格计算：分布式计算的一种，是由一群松散耦合的计算机组成的一个超级虚拟计算机，常用来执行一些大型任务。

• 效用计算：IT 资源的一种打包和计费方式，按照计算、存储分别计量费用，类似传统的电力公共设施。

• 自主计算：具有自我管理功能的计算机系统。

事实上，许多云计算部署依赖于计算机集群，并吸收了自主计算和效用计算的特点。

## ▶▶▶ 4.1.2　云计算服务的基本特征

通过使计算分布在大量的分布式计算机上，而非本地计算机或远程服务器中，企业数据中心的运行将与互联网更相似。这使得企业能够将资源切换到需要的应用上，根据需求访问计算机和存储系统。因此，云计算服务通常应该具备以下特征：

(1) 基于虚拟化技术快速部署资源或获得服务；

(2) 能实现动态的、可伸缩的扩展；

(3) 按需求提供资源，按使用量付费；

(4) 通过互联网提供，面向海量信息处理；

(5) 用户可以方便地使用；

(6) 形态灵活，聚散自如；

(7) 能够减小用户终端的处理负担；

(8) 能够降低用户对 IT 专业知识的依赖。

#### ▶▶▶ 4.1.3　云计算的应用场景

云计算的应用场景主要包括以下几种。

(1) 用户—云：用户获取云上运行的应用和服务。用户数据在云中存储和管理，用户只需知道自己的接入密码，无须知道底层架构的细节，只要能上网，就能得到自己的数据。

(2) 企业—云—用户：企业使用云来将自己的数据和服务提供给终端用户。当终端用户与企业进行交互时，企业接入云后获取和处理数据，并将结果发送给用户。这里的用户可能是企业内部人员也可能是企业外部人员。

(3) 企业—云：公共云上的应用和服务与企业内部 IT 能力集成。该场景是云计算发展早期常用的场景，在该场景下，企业可将云服务作为内部应用，同时企业在该场景中具有绝对控制力。企业通过云服务可获得如下资源：

- 使用云存储作为企业数据的备份或存储空间。
- 使用云中的虚拟机作为额外的计算资源，可在线处理峰值负载。
- 使用云中的应用 (SaaS) 作为企业应用 ( 如邮件、CRM 等 )。
- 使用云数据库作为企业应用的一部分 ( 这对合作伙伴之间的数据库共享非常方便 )。

(4) 企业—云—企业：公共云上的应用和服务被产业链上不同位置的合作者交互使用。该场景下，两家企业可以使用同一个云，以达到企业应用之间的互相操作。

#### ▶▶▶ 4.1.4　云计算的部署模式及应用领域

##### 1. 云计算的部署模式

云计算的部署模式主要包括以下四种：

(1) 公共云。公共云是专门为外部用户提供服务的云，其所有服务是供别人使用的，而不是供自己使用的。

(2) 私有云。私有云是指企业自己使用的云，其所有服务不是供别人使用的，而是供自己内部人员或分支机构使用的。

(3) 社区云。社区云的基础设施供几个组织来分享使用，并支持一个指定的社区来共享使命、安全要求、策略等。社区云通过组织或第三方管理，可以存在于组织内的设施或组织外的设施中。

(4) 混合云。混合云是指供自己和用户共同使用的云，其所提供的服务既可以供别人使用，也可以供自己使用。

##### 2. 云计算的主要应用领域

###### 1) 制造领域

随着信息时代的到来，制造企业的竞争将日趋激烈，企业在不断进行产品创新、管理改进的同时，也在大力开展内部供应链优化与外部供应链整合工作，进而降低运营成本、缩短产品研发和生产周期。目前云计算在制造企业供应链信息化建设方面得到广泛应用，特别是通过对各类业务系统的有机整合，形成企业云供应链信息平台，进而提升制造企业的竞争实力。

### 2) 电子政务领域

未来，云计算将助力各级政府机构建设"公共服务平台"。目前，各级政府机构正在积极开展"公共服务平台"的建设，努力打造公共服务型政府形象，继续优化云计算发展环境，健全云计算相关法律法规体系，确保信息安全。

在此期间，需要通过云计算技术来构建高效的运营技术平台，其中包括利用虚拟化技术建立公共平台服务器集群、利用 PaaS 技术构建公共服务系统等，进而实现公共服务平台内部可靠、稳定地运行，提高平台不间断服务能力。

### 3) 教育科研领域

目前，云计算应用已经在清华大学、中国科学院等单位得到应用，并取得很好的应用效果。在未来，云计算将在我国高校与科研领域得到广泛应用，各大高校将根据自身研究领域与技术需求建立云计算平台，并对原来各下属研究所的服务器与存储资源加以有机整合，提供高效可复用的云计算平台，为科研与教学工作提供强大的计算机资源，进而大大提高研发工作效率。

## 4.2　技术原理和架构

云计算是分布式计算技术的一种，其基本原理是通过网络"云"将所运行的巨大的数据计算处理程序分解成无数个小程序，再交由计算资源共享池进行搜寻、计算及分析后，将处理结果回传给用户。这一过程中，云连接着网络的另一端，为用户提供了可以按需获取的弹性资源和架构。其中，云计算技术原理与架构涵盖了虚拟化技术、海量数据管理技术、分布式存储技术、编程模型等，而云计算架构则由基础设施即服务 (IaaS)、平台即服务 (PaaS)、软件即服务 (SaaS) 构成。

技术原理和架构 1

### ▶▶▶ 4.2.1　虚拟化技术

虚拟化技术是云计算环境中一项十分关键的技术，它能够将底层软硬件的复杂性隐藏起来，创建一层抽象化的虚拟化层。虚拟化技术创建的是资源或设备的虚拟版本，如服务器、操作系统、存储设备等。虚拟化技术能够轻松地为用户提供高可用的应用程序，并简化其部署和迁移的过程。

虚拟化技术是软硬件工程的结合，它通过在同一台物理机上创建多台虚拟机，使不同操作系统能够在同一物理平台上运行。虚拟化技术主要划分为服务器虚拟化、存储虚拟化和网络虚拟化。

服务器虚拟化将物理服务器划分为较小的虚拟服务器，以最大限度地利用服务器资源，这样可以有效提高硬件的利用率、增加云计算的安全性。存储虚拟化通常是通过软件应用程序实现的，方便云管理者调整存储资源，提高整个系统效率。网络虚拟化是一种通过将可用带宽拆分为通道来组合网络中资源的方法，每个通道都独立于其他通道，并且每个通道都可以分配或重新分配给特定的服务器，其物理机虚拟化架构如图 4.1 所示。

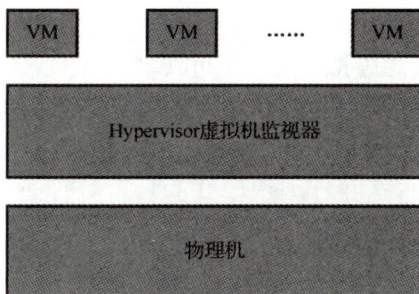

图 4.1 物理机虚拟化架构

### ▶▶▶ 4.2.2 海量数据管理技术

云计算系统需要高效地进行数据处理和分析，同时还要为用户提供高性能服务。因此，在数据管理技术中，如何在规模巨大的数据中找到需要的数值是核心问题。

数据管理系统必须同时具有高容错性、高效率以及能够在异构环境下运行的特点。在传统 IT 系统中普遍采用的是索引、数据缓存和数据分区技术，而在云计算系统中，由于数据量远超过传统系统所拥有的数据量，所以传统系统所使用的技术在云计算系统中是难以胜任的。

目前，在云平台系统中被广泛使用的是由谷歌公司针对应用程序中数据读取操作占比高的特点所开发的 BigTable 数据管理技术。有了 BigTable 技术，再结合基于列存储的分布式数据管理模式，就为海量数据管理提供了可靠的解决方案。此外，云平台系统中普遍采用的还有 Apache 公司 Hadoop 的 HBase 技术，它的工作原理与谷歌公司的 BigTable 技术类似。

### ▶▶▶ 4.2.3 分布式存储技术

云计算系统由大量服务器组成，在为大量用户服务时，其为保证数据的可靠性，采用冗余存储的方式存储海量数据。分布式文件系统就是一种采用冗余存储方式进行数据存放的系统，它是由文件系统发展而来的适用于云平台的分布式文件系统。

对于数据存储技术来说，可靠性、I/O 吞吐能力和负载均衡能力是最核心的技术指标。在存储可靠性方面，平台系统支持节点间保存多个数据副本的功能，用以提高数据的可靠性；在 I/O 吞吐能力方面，根据数据的重要性和访问频率，该系统将数据分级进行多副本存储，且热点数据并行读写，从而提高 I/O 吞吐能力；在负载均衡方面，该系统能依据当前系统负荷将节点数据迁移到新增或负载较低的节点上。

云计算平台中广泛使用的分布式数据存储系统是由谷歌公司开发的 GFS(Google File System)，这是一个可扩展的分布式文件系统，针对海量数据访问和大规模数据处理所设计。GFS 为云平台提供一种利用简单冗余方法实现海量数据存储的解决方案，该方案不仅能满足存储可靠性的要求，还能提高读操作性能。

### ▶▶▶ 4.2.4 编程模型

云计算作为一个新兴的商业模式，主要是为用户提供服务，其核心理念就是为用户提供高效、便捷的服务，在保证低成本的同时，满足用户

技术原理和架构 2

的服务需求。为实现这个目标，云计算环境下的编程模式就变得至关重要。

由于云计算将大量物理资源虚拟化成一个可共享、可配置的资源池，为了同时向多个用户提供服务，传统的编程模型已经不能满足多用户的需求，新的编程模型要能够快速、准确地分析和处理大规模集群和海量数据。在这种情况下,分布式并行编程模式被云计算广泛应用。

为了提升用户体验，分布式并行编程模式的后台处理过程及资源调度情况是对用户公开的。当前主要采用 Map Reduce 进行分布式编程，系统收到用户的任务请求后，通过 Map() 函数将任务分成多个子任务，将子任务分配下去同时处理，然后通过 Reduce() 函数将各个子任务的结果进行归约，返回给用户，实现大规模的集群计算。

随着计算机视觉领域检测、分类等技术，自然语言处理、强化学习等应用的不断发展与更新，海量数据的处理方式越来越多样化。一种编程模型不能解决所有应用需求，不同应用领域适合采用不同编程模型。可以预见，在云计算环境下，编程模型的发展将会不断更新，用户使用起来会越来越方便。

▶▶▶ **4.2.5 云计算架构**

云计算架构可以分为服务和管理两大部分。其中，服务部分主要以提供用户基于云的各种服务为主，包括基础设施即服务 (Infrastructure as a Service，IaaS)、平台即服务 (Platform as a Service，PaaS) 和软件即服务 (Software as a Service，SaaS) 三个主要层次。图 4.2 所示为云计算架构。

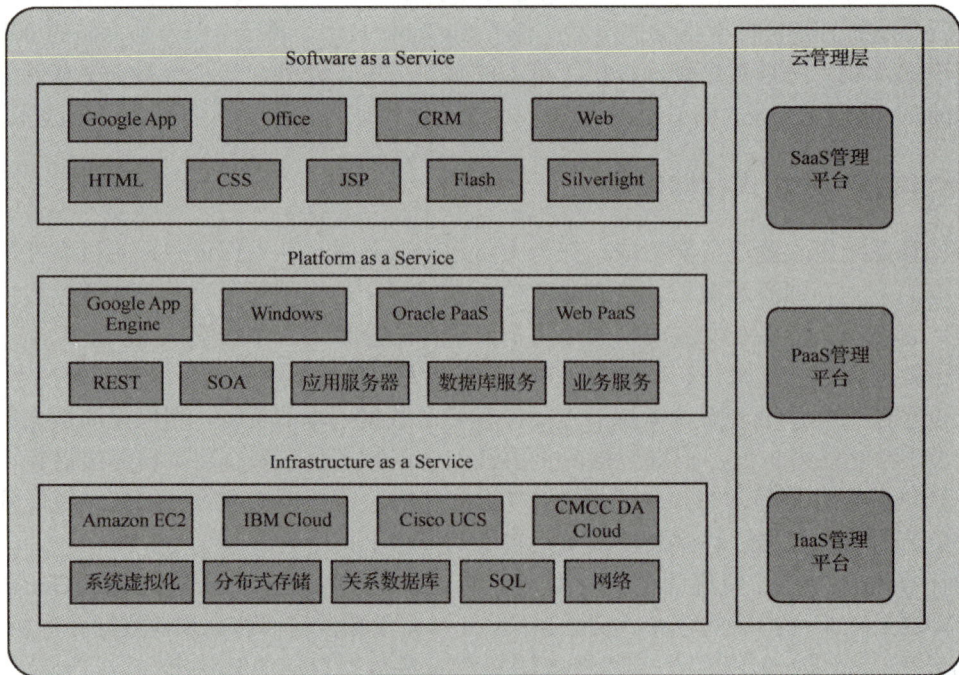

图 4.2 云计算架构

从用户角度来讲，上述三层服务是独立的，因为它们提供的服务是完全不同的，而且面向的用户也不同。从技术角度来讲，云服务的这三层服务有一定的依赖关系。例如，一个 SaaS 层的产品和服务不仅需要用 SaaS 层的技术，而且还依赖 PaaS 层提供的开发和部署平台或直接部署于 IaaS 层所提供的技术资源，而 PaaS 层的产品和服务也可能构建在

IaaS 层服务上。

## 4.3　基础设施即服务 (IaaS)

### ▶▶▶ 4.3.1　IaaS 概述

　　IaaS 就是基础设施即服务，这里的基础设施主要指 IT 设施，包括计算机、内存、存储网络，以及其他相关的设施。IaaS 所指的服务是指用户通过网络，按照实际需求获得的 IaaS 云服务提供商所提供的上述 IT 设施资源服务。通过 IaaS 这种模式，用户可以从供应商那里获得所

基础设施即服务

需要的计算或存储等资源来装载和部署自己的应用及开展业务，并只需为其所租用的部分资源付费，而基础设施烦琐的管理工作则交给 IaaS 供应商来负责。

　　企业要实现信息化，就需要一系列的应用软件来处理企业应用的业务逻辑，还需要将企业中的数据以结构化或非结构化的形式保存起来，并要构造应用软件与使用者之间的桥梁，使应用软件的用户可以使用应用软件获取或保存数据。这些应用软件需要一个完整的平台以支撑它的运行，这个平台通常包括网络、服务器和存储系统等构成企业 IT 系统的硬件环境，也包括操作系统、数据库、中间件等基础软件，这个由 IT 系统的硬件环境和基础软件共同构成的平台就是 IT 基础设施。

### ▶▶▶ 4.3.2　IaaS 体系架构

　　在 IaaS 体系架构中，通过构建资源池、服务封装和负载均衡等手段，可以将用户所需的传统物理、固定式的底层基础设施迅速转换成可按需使用的虚拟基础设施服务，并可进一步实现 IaaS 的按需调度。一般来说，可将 IaaS 体系架构划分为服务层、管理层、虚拟化层和资源池层，图 4.3 所示为 IaaS 体系架构。

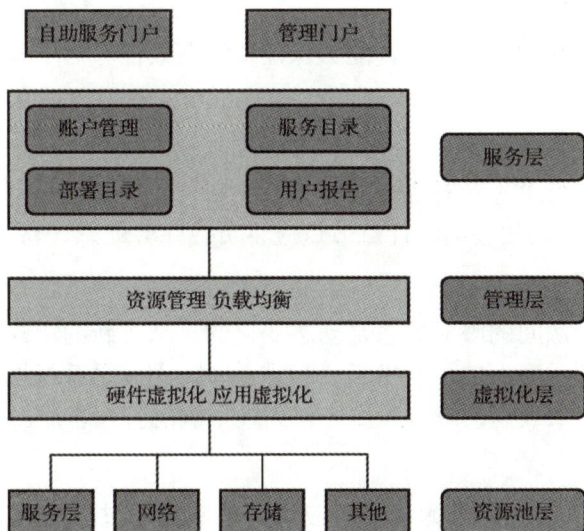

图 4.3　IaaS 体系架构

架构最底层是资源池层，其中包括 IaaS 体系架构中的所有物理设备，如硬件服务器、存储、网络等。IaaS 体系架构通过对分散的、独立的物理设备进行一系列虚拟化封装，形成一个集中的虚拟化计算资源池。IaaS 云计算平台可以对资源池中的各种计算资源进行统一管理，并按需进行任意组合，从而形成大规模、灵活的计算资源或者计算能力。

位于资源池层上的是虚拟化层，其主要作用是根据业务或用户需求，对资源池层中的计算资源进行虚拟化组合、封装，以形成规模不同的虚拟计算资源，通常称为虚拟机。因此，虚拟化层是各种虚拟化技术在 IaaS 中的实际体现，是实现云计算服务的基础。

位于虚拟化层上的是管理层，其主要是对最底层的资源池层进行统一管理和调度。管理层首先通过收集每种计算资源的运行状态和性能情况，并分析收集的计算资源信息，然后使用不同虚拟化技术对计算资源进行封装，最后根据负载均衡情况按需动态地调度虚拟资源。

服务层位于 IaaS 体系架构的最上层，其主要功能是为用户提供统一的云计算资源访问入口，从而向用户提供使用虚拟化层、管理层及资源池层的服务。访问界面是服务层需提供的基础服务，另外，服务层还应该提供对所有基于管理层、虚拟化层、资源池层等的资源进行运维和管理的能力。

综上所述，上述四层构成 IaaS 体系架构模型，因此，在构建 IaaS 时，搭建四层体系架构是关键。

### ▶▶▶ 4.3.3　IaaS 资源虚拟化

要构建自适应的 IaaS，必须将其资源虚拟化，并加以管理。虽然不同 IaaS 提供的虚拟化计算资源不同，但是往往都具备以下特点或功能。

#### 1. 抽象化描述

为实现上层资源的有效管理，需要对 IaaS 进行抽象化描述，即对底层基础设施进行虚拟化。

#### 2. 资源监控

资源监控是实现负载均衡的前提，能够保证资源高效性。对于不同类型的资源，往往采集不同数据来实现监控。

#### 3. 负载均衡

在大规模的资源集群中，针对资源的有效分配和管理，需要尽可能实现节点间的负载均衡，进行负载迁移，即负载过高的计算节点应将负载任务动态迁移到较空闲的计算节点。

#### 4. 虚拟机动态迁移

物理资源与虚拟资源间的映射关系是动态变化的。当有新的用户请求被分配到某个管理程序，以及某个管理程序上的用户请求负载过重时，为满足系统性能的要求，某些用户的虚拟机实例会从一个负载重的管理程序迁移到较空闲的管理程序。

#### 5. 动态部署

通过使用 IaaS 提供的计算资源，上层应用请求应能通过自动化部署的过程来实现计算环境的动态切换，以保证用户对计算资源的动态需求。

## 4.4 平台即服务 (PaaS)

平台即服务

### ▶▶▶ 4.4.1 PaaS 概述

PaaS 就是平台即服务，它是将一个完整的软件研发和部署平台 ( 包括应用设计、应用开发、应用测试和应用托管 ) 作为一种服务，以 SaaS 的模式提供给用户。在这种服务模式中，用户不需要购买硬件和软件，只需要利用 PaaS 平台，就能够创建、测试和部署应用。与基于数据中心的平台进行软件开发和部署相比，采用 PaaS 的成本和费用要低得多。

PaaS 主要具有以下特点：

(1) PaaS 所提供的服务与其他服务最根本的区别是其提供的是一个基础平台，而不是某种应用。PaaS 由专门的平台服务提供商搭建和运营该基础平台，并将该平台以服务的方式提供给应用系统运营商。

(2) PaaS 运营商所需提供的服务，不仅是单纯的基础平台，还包括针对该平台的技术支持服务，甚至包括针对该平台而进行的应用系统开发、优化等服务。

(3) PaaS 的实质是将互联网的资源服务化为可编程接口，为第三方开发者提供有商业价值的资源和服务平台。有 PaaS 平台的支撑，云计算的开发者就可获得大量可编程元素，这些可编程元素有具体的业务逻辑，这就为开发带来极大便利，不但能提高开发效率，还能节约开发成本。

### ▶▶▶ 4.4.2 PaaS 体系架构

图 4.4 所示为基本的 PaaS 平台体系架构，该架构可以分为物理资源层、中间件层和接口层三部分。物理资源层包括物理架构和底层软件系统，物理架构包含服务器及传统系统，如物理框架、集成系统、数据库资源等；底层软件系统包括操作系统及虚拟化技术。中间件层包括应用程序服务器和相关技术，如面向服务架构 SOA(Service-Oriented Architecture)、

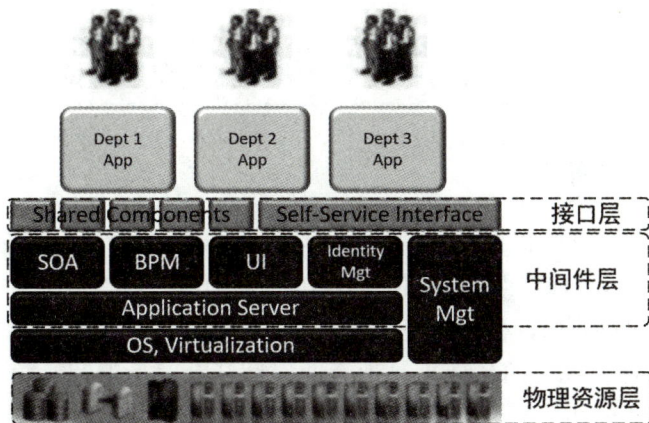

图 4.4 基本的 PaaS 平台体系架构

业务工作流管理 BPM(Business Process Management)、用户接口 UI(User Interface) 及用户角色管理，还包括系统管理，如堆栈的使用。在此基础上的是接口层，包括关键的 IT 功能应用、SOA 提供的服务、BPM 提供的流程等内部构件的接口，不同部门根据需要调用，以构建所需要的应用程序。

在中间件层的服务构建中，可以利用第三方站点提供的 API(Application Programming Interface，应用程序编程接口 ) 和电信网关，以及多个站点的数据源。现在很多第三方网站提供一些服务接口，如 Google map、Amazon ECS、Yahoo map 等，利用这些接口可以快速地构建服务功能。

SOA 利用 Web Service 技术将底层的 API 封装成具有一定功能的服务，并发布到 PaaS 平台；业务流程管理 BPM 可以自动化调用流程，负责对任务的调度管理；UI 接口提供一些界面化功能接口，可以利用 JavaScript、Ajax(Asynchronous Javascript And XML，异步 JavaScript 和 XML) 及 JSON(JavaScript Object Notation，JS 对象简谱 ) 实现界面与外部接口的数据交互。

### ▶▶▶ 4.4.3　PaaS 的作用

PaaS，将平台作为服务，此平台一般指中间件平台，在某种意义上也称共享中间件，与 IaaS 类似，PaaS 的主要技术是应用平台虚拟化。PaaS 抽象的核心是应用平台，它是对应用平台进行抽象处理，是把应用平台中间件如应用服务器等进行虚拟化，把应用平台作为一个资源池进行管理分配，形成共享平台或应用平台资源池。PaaS 的作用主要表现在以下两方面：

一方面，PaaS 要提供虚拟化、池化的应用平台，如 Java EE 应用服务器平台、门户平台、BPM 平台。

另一方面，PaaS 需要提供一些支持应用平台的通用基础服务，如安全、缓存、路由、存储和供应等服务。PaaS 云计算要支持平台的安全性、中间件平台的缓存、HTTP 的请求排队路由及平台配置的存储供应等。

## 4.5　软件即服务 (SaaS)

### ▶▶▶ 4.5.1　SaaS 概述

SaaS 是一种通过互联网提供软件的模式。厂商将应用软件统一部署在 SaaS 服务器上，用户可以根据实际需求，通过互联网向厂商订购所需的应用软件服务，按订购的服务多少和时间长短向厂商支付费用，并通过互联网获得厂商提供的服务。用户不用再购买软件，而改向提供商租用基于 Web 的软件来管理企业经营活动，且无须对软件进行维护，服务提供商会全权管理和维护软件。软件厂商在向用户提供互联网应用的同时，也提供软件的离线操作和本地数据存储，让用户随时随地都可以使用其订购的软件和服务。

### 1. SaaS 服务提供模式

SaaS 是一种新的软件提供模式，SaaS 服务提供商为企业提供建设信息化所需要的所有网络基础设施及软件、硬件运作平台，并负责所有前期的实施和后期的维护等服务，企业无须购买软硬件、建设机房、招聘 IT(Information Technology) 人员，只需前期支付一次性的项目实施费和定期的软件租赁服务费，即可通过互联网享用信息系统。服务提供商通过有效的技术措施来保证每家企业数据的安全性和保密性。

软件即服务

企业采用 SaaS 服务模式可以节省大量用于购买 IT 产品、购买技术和维护运行的资金，特别是对于中小企业来说，SaaS 消除了企业购买、构建和维护基础设施和应用程序的需要。SaaS 是中小企业采用先进技术的最好途径，而且是企业快速建设信息系统的一种重要方式。收取租金的方式，也有利于软件和服务提供商准确预测自己的收入，可以准确地确定自己的发展策略，开发新产品。

### 2. SaaS 模式与传统模式的比较

图 4.5 展示了传统软件应用模式向 SaaS 模式的过渡。在传统软件应用模式中，用户需要在计算机中先安装软件，然后才能使用各类应用，且购买软件采取一次性支付方式。在这种模式下，企业用户在维护和升级各类应用时需要软件厂商上门服务，自身也要花费一定人力配合工作，软件的使用成本偏高。

在 SaaS 模式中，用户不需要在计算机中安装软件，只要通过互联网登录相应的在线软件便可使用。在线软件的维护由软件厂商通过后台的服务器来完成，企业用户的数据由软件供应商或第三方进行托管，且用户可以以分期付款的方式租用软件而不必一次性购买软件。这样的方式大大降低了企业的软件使用成本，能让企业将更多的精力放在核心业务上。

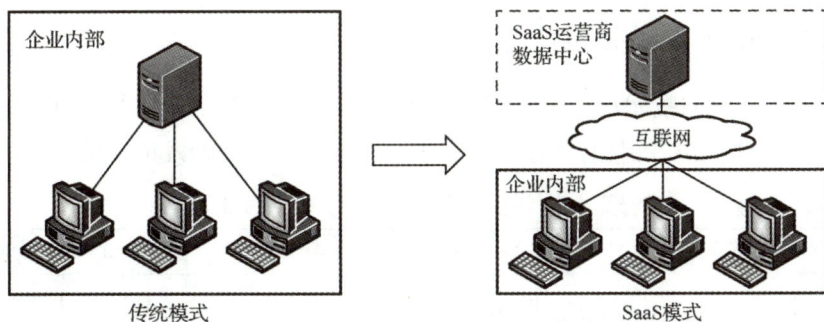

图 4.5　传统软件应用模式向 SaaS 模式的过渡

### ▶▶▶ 4.5.2　SaaS 体系架构

图 4.6 展示了 SaaS 体系架构。SaaS 从逻辑上可以分为三层，从下往上分别是数据访问层 (DAO，Data Access Objects)、业务逻辑层和表示层。

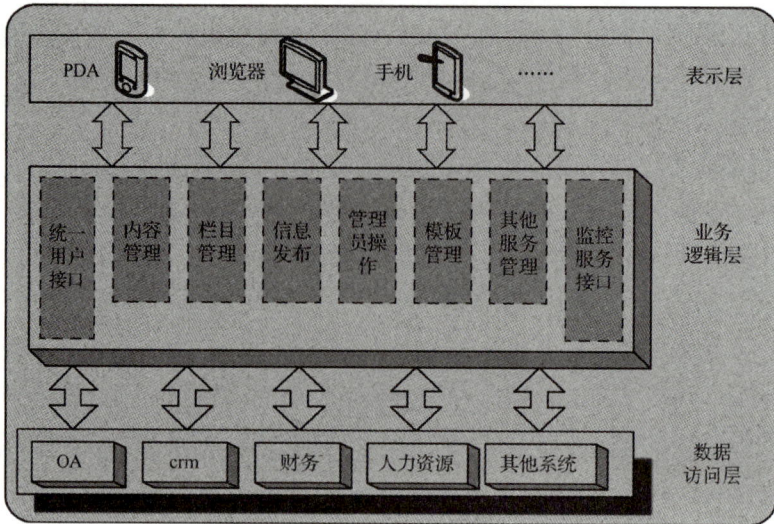

图 4.6    SaaS 体系架构

数据访问层：也称数据持久层，其功能是负责数据库的访问，主要是针对数据的增添、删除、修改、更改等，为业务逻辑层或表示层提供数据服务。

业务逻辑层：通常情况下，业务逻辑层中包含系统所需的所有功能的算法和计算过程，并与数据访问层和表示层交互。简单来说，业务逻辑层就是处理与业务相关的部分，业务层包含一系列对数据的操作过程。

表示层：表示层一般负责与用户的交互过程，也就是将客户端所提交的请求发送给业务层。表示层是用户和系统之间交流的桥梁，一方面为用户提供交互的工具，另一方面为显示和提交数据实现一定的逻辑，以便协调用户和系统的操作。

SaaS 使用三层架构有很多好处：第一，开发人员可以只关注整个架构中的某一层；第二，可以降低层与层之间的耦合关系；第三，有利于标准化及层次逻辑的可复用。

▶▶▶▶ 4.5.3    SaaS 的特征及优点

SaaS 是随着互联网技术的发展和应用软件的成熟而兴起的一种完全创新的软件应用模式，它是网络应用最有效益的营运模式。表 4.1 所示为几种开发模式的特性对比。

表 4.1    几种开发模式的特性对比

| 特　性 | 基于 C/S 架构的软件产品 | 基于 B/S 架构的软件产品 | SaaS 模式的软件服务 |
|---|---|---|---|
| 运行环境 | Windows、UNIX、Linux | Windows、UNIX、Linux | UNIX、Linux、Windows、MAC-OS |
| 系统架构 | 二层架构、三层架构 | 三层架构 | 三层架构 |
| 信息共享 | 局域网：应用软件安装在企业服务器和企业终端上，通过网络线和 HUB 与服务器连接，实现内部信息共享 | 广域网：应用软件安装在企业服务器上，通过通信专线将不同服务器之间的数据库相连，企业内部通过浏览器共享信息 | 互联网：应用软件安装在电信或企业服务器上，通过宽带使用浏览器，实现企业间信息共享 |

续表

| 特　性 | 基于 C/S 架构的软件产品 | 基于 B/S 架构的软件产品 | SaaS 模式的软件服务 |
|---|---|---|---|
| 安全性 | 由于 C/S 架构必须在客户端安装应用软件，所以应用程序极易受到病毒侵扰 | 企业级安全，非专业的技术装备和技术人员，无法做到全天候的保障 | 电信级安全，专业的技术设备和技术人员，365 天 × 24 小时的全天候服务 |
| 保密性 | 使用者随时可以接触程序和数据 | 使用者、研发者、管理者都可以接触数据 | 只有企业授权用户可以接触企业数据 |
| 集成度 | 财务业务分离，部分功能集成 | 企业级集成 | 供应链/需求链/客户全面集成 |
| 投入转化率 | 成本不可控制，IT 投入是企业的固定资产，要在未来几年陆续折旧摊销，企业收益率下降 | 成本不可控制，IT 投入是企业的固定资产，要在未来几年陆续折旧摊销，企业收益率下降 | IT 投入可当年转化为成本，成本可预测，企业收益率提高，实现由成本中心到效益中心的转变 |

### 1. SaaS 的特征

SaaS 服务模式与传统销售软件永久许可证的方式有很大不同，它是未来管理软件的发展趋势。与传统服务方式相比，SaaS 具有以下特征。

(1) 统一部署：SaaS 不仅减少或取消了传统的软件授权费用，而且厂商将应用软件部署在统一的服务器上，免除了最终用户的服务器硬件、网络安全设备和软件升级维护的支出，用户不需要个人计算机和互联网连接之外的其他 IT 投资就可以通过互联网获得所需要的软件和服务。

(2) 按需定制：SaaS 供应商通常是按照用户所租用的软件模块来收费的，因此，用户可以根据需求按需订购软件应用服务，而且 SaaS 的供应商会负责系统的部署、升级和维护。

(3) 适应性强：SaaS 不仅适用于中小型企业，所有规模的企业都可从 SaaS 中获利。新一代的 SaaS 能够使用户在小范围的实施中测试应用程序的可靠性和适用性。

### 2. SaaS 的优点

(1) 可重复使用：SaaS 的主要优点之一就是可重复使用，其实这也是 SaaS 其他优点的基础。如果用户确信应该使用 SaaS 解决方案，实际上就已决定不从事重复工作，而是仅仅利用现有的解决方案。

(2) 成本较低：SaaS 解决方案的另一个主要优点是成本较低，在价格方面可以提供非常显著的规模经济。原因就是大多数 SaaS 提供商可以非常轻松地利用其在特定行业领域"重复使用"的优点，来提供具有高度可复制的标准化的解决方案。最终结果是，可以将这种可重复使用的优点惠及用户，同时可以降低成本。

(3) 快速部署：SaaS 的提供商早已对潜在用户即将采用的针对特定领域的解决方案进行规划、设计、实施、部署及测试。这意味着用户可以使用已有的解决方案。

## 4.6 云计算应用举例

随着云计算技术的不断发展，基于云计算的各种应用也如雨后春笋般涌现，现在这些云应用已经遍布人们生活的方方面面，如云办公、云存储等都是云计算技术在生活中的应用。

主流产品和应用

### ▶▶▶ 4.6.1 云办公

云办公就是让办公室"移动"起来的一种全新的办公方式，这种方式可以实现相关人员在任何时间、任何地点处理与业务相关的任何事情。也就是说，相关人员即使不在办公室，也能随时随地对办公材料进行查阅、回复、分发、展示、修改或宣读，是将办公室放在云端，可随时进行办公的一种办公方式。

云办公是把传统办公软件以瘦客户端或智能客户端的形式运行在网络浏览器中，从而使相关人员在脱离固定的办公地点时同样可以完成公司的日常工作。实际上，云办公可以看作原来人们经常提及的在线办公的升级版。云办公中个人和组织所使用的办公类应用的计算和存储两个功能，不通过安装在客户端本地的软件提供，而是由位于网络上的应用服务予以交付，用户只需使用本地设备即可实现与应用的交互功能。云办公的实现方式是标准的云计算模式，隶属于软件即服务范畴。

云办公与传统的在线办公相比，具有以下优势：

(1) 随时随地协作。

用户在使用传统办公软件实现信息共享时，需要借助电子邮件或移动存储设备等辅助工具。在云办公时代，与原来基于电子邮件的写作方式相比，省去了邮件发送、审阅、沟通流程，用户可以直接看到他人的编辑结果，无须等待。云办公使用户能够围绕文档进行直观的沟通讨论，也可以进行多人协同编辑，从而提高团队的工作效率。

(2) 跨平台能力。

云办公应用可以使用户不受任何终端设备和办公软件的限制，在任何时间、任何地方都可以使用相同的办公环境，访问相同的数据，极大地提高了使用设备的方便性。

(3) 使用更便捷。

用户使用云办公应用省去了安装客户端软件的步骤，只需打开网络浏览器即可实现随时随地办公。同时，利用 SaaS 模式，用户可以采取按需付费的方式，从而降低办公成本。

目前，常用的云办公用品主要有 Google Docs、Office 365 等。下面介绍几种常用的云办公用品。

Google Docs( 谷歌文档 )是谷歌公司开发的一款类似于微软的 Office 的一套云办公产品。它的功能包括在线文档、电子表格和演示文稿。通过 Google Docs，用户可以处理和搜索文档、表格、幻灯片，并可以通过网络和他人分享。

Office 365 是一套完整的办公服务解决方案。微软公司通过云技术将多人的办公应用整合为一组服务，能够为用户提供便利的办公软件服务。它将 Office 桌面端应用的优势与企业级邮件处理、文件分享、即时消息和可视网络会议的需求 (Exchange Online, Sharepoint Online and Lync Online) 融为一体，满足不同类型企业的办公需求。用户能以优惠的价格享受新的云端服务。

#### ▶▶▶ 4.6.2　云存储

云存储是在云计算概念上延伸和发展出来的一个新概念，它是指通过集群应用、网格技术或分布式文件系统等功能，将网络中大量各种不同类型的存储设备通过应用软件集合起来，协同工作，共同对外提供数据存储和业务访问功能的一个系统。当云计算系统运算和处理的核心是大量数据的存储和管理时，云计算系统中就需要配置大量存储设备，那么，云计算系统就转变为一个云存储系统，所以云存储是一个以数据存储和管理为核心的云计算系统。

云存储对用户来说，不是指某个具体设备，而是指一个由许多存储设备和服务器构成的集合体。用户使用云存储，并不是使用某个存储设备，而是使用整个云存储系统带来的一种数据访问服务。所以严格来说，云存储不是存储，而是一种服务。云存储的核心是应用软件与存储设备相结合，通过应用软件来实现存储设备向存储服务的转变。

目前，各大网站都推出了各自的云盘，用户比较熟悉的国外厂商有微软、Amazon、苹果、Google 等，国内的厂商有新浪、阿里、华为、酷盘、中国电信、腾讯等。下面介绍几个个人用户常用到的云存储服务，以帮助大家理解云存储的功能及应用。

#### 1. iCloud

2009 年 4 月 9 日，Xcerion 发布 iCloud，它是世界上首个免费联机计算机，可向世界上任何人提供他们自己的联机计算机，外加可从任何地方连接到 Internet 的计算机都可使用的免费存储、应用程序、虚拟桌面和备份访问等。2011 年 6 月 7 日，苹果公司在旧金山 Moscone West 会展中心召开的全球开发者大会上，发布了 iCloud 云服务，该服务可以让现有苹果设备实现无缝对接。iCloud 是苹果公司为苹果用户提供的一个私有云空间，以方便苹果用户在不同设备间共享个人数据。iCloud 支持用户设备间通过无线方式同步和推送数据，比苹果传统的 itunes 方案 ( 需要数据线连接 ) 更容易操作，用户体验更出色。

iCloud 将苹果音乐服务、系统备份、文件传输、笔记本及平板设备产品线等元素紧密地结合在一起。在乔布斯看来，iCloud 是一个与以往云计算不同的服务平台，苹果公司提供的服务器不应该只是一个简单的存储介质，它还应该带给用户更多功能。

在 iOS 设备或 Mac 上设置 iCloud 并连接上网络之后，用户就可以使用以下功能进行工作。

(1) 内容无处不在。用户可以在自己的任何苹果设备上自动获取 iTunes Store、App Store 和 iBooks Store 上的购买项目，并可以随时下载以前购买的内容。

(2) 照片存储与共享。用户可以使用 iCloud 照片图库在 iCloud 中存储整个资料库中的照片和视频，并通过 iCloud 使这些文件在所有 iOS 设备、Mac 和 iCloud.com 上都保持最新状态；可以使用 iCloud 照片共享功能与用户选择的人共享照片和视频，并允许他们将照片、视频和评论添加到共享相簿中。

(3) iCloud Drive。用户可以在 iCloud 中安全地存储和整理各种文稿，并在 iCloud.com 上的 iCloud Drive 和设置 iCloud Drive 的设备上方便地使用。

(4) 家人共享。iCloud 允许最多 6 名家庭成员在不共享账户的情况下，共享 itunes Store、App Store 和 iBooks Store 的购买项目。可以使用同一张信用卡支付家庭购买项目，并从家长的设备上准许孩子的购买行为。此外，还可以共享照片、家庭日历提醒事项和位置。

(5) 邮件、通讯录、日历、备忘录和提醒事项。用户可以使用 iCloud.com 上的邮件、通讯录、日历、备忘录和提醒事项，并通过 iOS 设备、Mac 和 Windows 计算机上的 App，使邮件、通讯录、日历、备忘录和提醒事项保持最新状态。

### 2. 百度云盘

百度云存储 BCS(Baidu Cloud Storage) 提供 Object 网络存储服务，旨在利用百度在分布式及网络方面的优势为用户提供安全、简单、高效的存储服务。百度云存储提供了一系列简单易用的 REST API 接口、SDK、工具和方案，使用户通过网络即可随时随地存储任何类型的数据，进行安全分享及灵活的资源访问权限管理。通过使用百度云存储服务，用户可以轻松地开发出扩展性强、稳定性好、安全快速的分布式网络服务。

百度云存储支持任何类型的数据，支持签名认证及 ACL 权限设置，可以进行资源访问控制，用户可以通过管理控制台直接进行上传、下载或通过 REST API、Shell Tool、SDK Curl 等方式实现上传、下载。百度提供的云存储服务具有以下优势：

(1) 容量大。支持 0～2 TB 容量的单文件上传、下载，可实现任何网络环境中的数据需求。

(2) 稳定可靠。多机房部署保证数据访问稳定，三份冗余存储，确保服务稳定性达到 99.999% 以上，可用性达到 99.9%。

(3) 安全性强。资源用户隔离，加上签名认证和 ACL 权限设置确保资源访问控制，并确保存储及访问安全。

(4) 易用性强。简单的 REST API、多语言 SDK、Shell Tool、Curl 等工具可极大地提高开发效率。

(5) 适应性广。分片上传和断点下载功能可适应复杂网络环境。

## 4.7　HDFS 应用服务实践

本节我们简单构建一个 HDFS 应用服务，HDFS 即是分布式文件系统，可以实现数据的批量下载服务，适合在大规模数据集上的应用。

### ▶▶▶ 4.7.1　环境准备

安装 VMware Workstation、MobaXterm 软件。其中，VMware Workstation 是一款功能强大的桌面虚拟计算机软件，它允许用户在单一物理机上模拟多个独立的虚拟操作系统；而 MobaXterm 是一款功能丰富的远程终端工具，由 Mobatek 开发。

### ▶▶▶ 4.7.2　连接虚拟机

连接虚拟机的具体步骤如下：

HDFS 应用服务
Hadoop 架构

(1) 打开 VMware Workstation，启动预先部署好的虚拟机节点 node1、node2、node3，这里，虚拟机只需挂起，无须登录，如图 4.7 所示。

图 4.7　挂起虚拟机

(2) 单击"编辑"按钮，然后单击虚拟网络编辑器，将子网 IP 和子网掩码修改如图 4.8(a) 所示，其他参数修改如图 4.8(b) 所示。

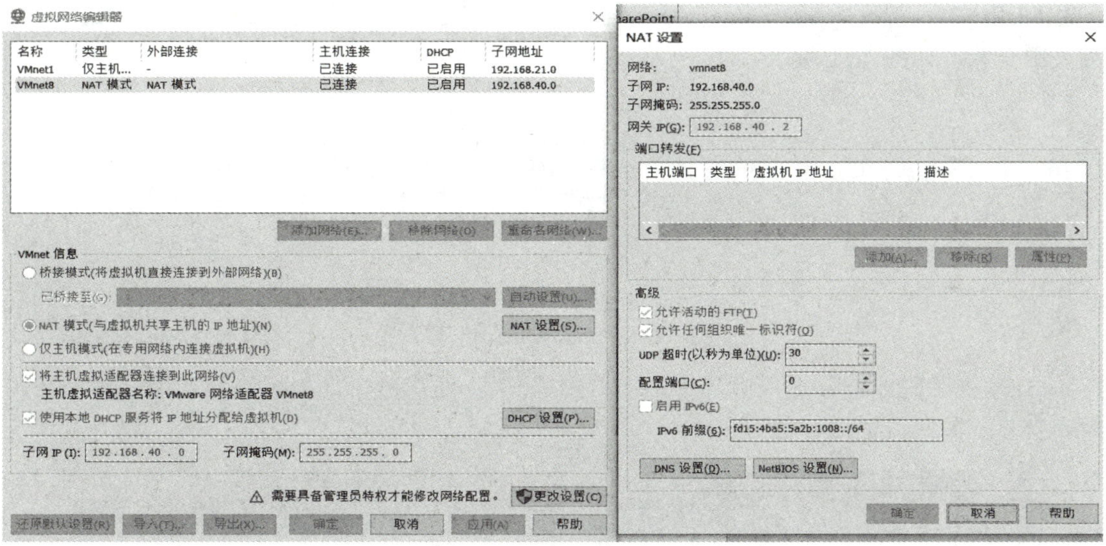

(a)

(b)

图 4.8　修改虚拟机网络设置

(3) 打开 MobaXterm，单击上方导航栏中的"Session"按钮，如图 4.9 所示。在出现的"Session settings"界面中单击"SSH"按钮，在"Remote host"中输入"192.168.40.80"，在"Specify username"中输入"hadoop"，单击"OK"按钮，如图 4.10 所示。

图 4.9　导航栏

图 4.10　"Session settings"界面

(4) 建立三个 Session，其中"Remote host"分别设置为 192.168.40.80、192.168.40.81、192.168.40.82，"Specify username"均为 hadoop，完成建立后，可以在左侧"User sessions"列表中查看，如图 4.11 所示。

图 4.11　"User sessions"列表

(5) 输入密码以连接虚拟机，密码为"123456"，注意三台虚拟机都要连接，输入密码时不会显示密码，如图 4.12 所示。

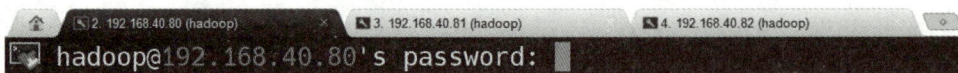

图 4.12　输入密码

(6) 确认后弹出提示对话框，询问是否保存密码，单击"No"按钮即不保存密码，如图 4.13 所示。

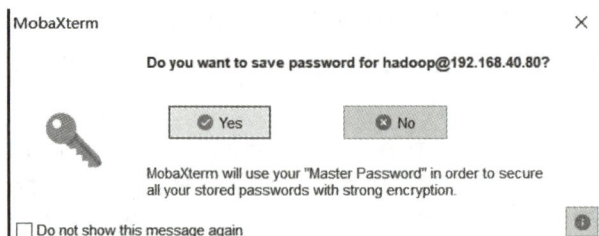

图 4.13　提示对话框

(7) 登录成功界面如图 4.14 所示。

```
        ? MobaXterm Personal Edition v21.3 ?
       (SSH client, X server and network tools)

 ➤ SSH session to hadoop@192.168.40.80
   ? Direct SSH       :  ✔
   ? SSH compression  :  ✔
   ? SSH-browser      :  ✔
   ? X11-forwarding   :  ✘  (disabled or not supported by server)

 ➤ For more info, ctrl+click on help or visit our website.

Last login: Thu Oct  7 15:12:04 2021 from 192.168.40.1
[hadoop@node1 ~]$
```

图 4.14　登录成功界面

至此，成功连接虚拟机，在这里，输入命令进行操作与在 VMware Workstation 中操作效果是一样的。

## ▶▶▶ 4.7.3　启动集群

启动集群的具体步骤如下：

(1) 在 node1 中输入集群启动命令“start-all.sh”，如图 4.15 所示。

```
[hadoop@node1 ~]$ start-all.sh
```

图 4.15　输入集群启动命令

(2) 集群启动过程如图 4.16 所示。

```
This script is Deprecated. Instead use start-dfs.sh and start-yarn.sh
Starting namenodes on [node1]
node1: starting namenode, logging to /opt/hadoop-2.7.1/logs/hadoop-hadoop-namenode-node1.out
node2: starting datanode, logging to /opt/hadoop-2.7.1/logs/hadoop-hadoop-datanode-node2.out
node3: starting datanode, logging to /opt/hadoop-2.7.1/logs/hadoop-hadoop-datanode-node3.out
node1: starting datanode, logging to /opt/hadoop-2.7.1/logs/hadoop-hadoop-datanode-node1.out
Starting secondary namenodes [node3]
node3: starting secondarynamenode, logging to /opt/hadoop-2.7.1/logs/hadoop-hadoop-secondarynamenode-n
ode3.out
starting yarn daemons
starting resourcemanager, logging to /opt/hadoop-2.7.1/logs/yarn-hadoop-resourcemanager-node1.out
node3: starting nodemanager, logging to /opt/hadoop-2.7.1/logs/yarn-hadoop-nodemanager-node3.out
node2: starting nodemanager, logging to /opt/hadoop-2.7.1/logs/yarn-hadoop-nodemanager-node2.out
node1: starting nodemanager, logging to /opt/hadoop-2.7.1/logs/yarn-hadoop-nodemanager-node1.out
```

图 4.16　集群启动过程

(3) 在 node1、node2、node3 中分别输入命令“jps”，即可查看相关启动进程，如图 4.17～图 4.19 所示。

```
[hadoop@node1 ~]$ jps
2564 Jps
1862 DataNode
2280 NodeManager
2122 ResourceManager
1724 NameNode
```

图 4.17　查看 node1 启动进程

```
[hadoop@node2 ~]$ jps
1911 Jps
1755 NodeManager
1630 DataNode
```

图 4.18　查看 node2 启动进程

```
[hadoop@node3 ~]$ jps
1634 DataNode
1747 SecondaryNameNode
2003 Jps
1834 NodeManager
```

图 4.19　查看 node3 启动进程

至此，成功启动集群。

### ▶▶▶ 4.7.4　通过浏览器访问 Hadoop

浏览器访问 Hadoop 的操作步骤如下：

(1) 打开浏览器，在地址栏中输入"192.168.40.80:50070"，进入 Hadoop 界面，如图 4.20 所示。

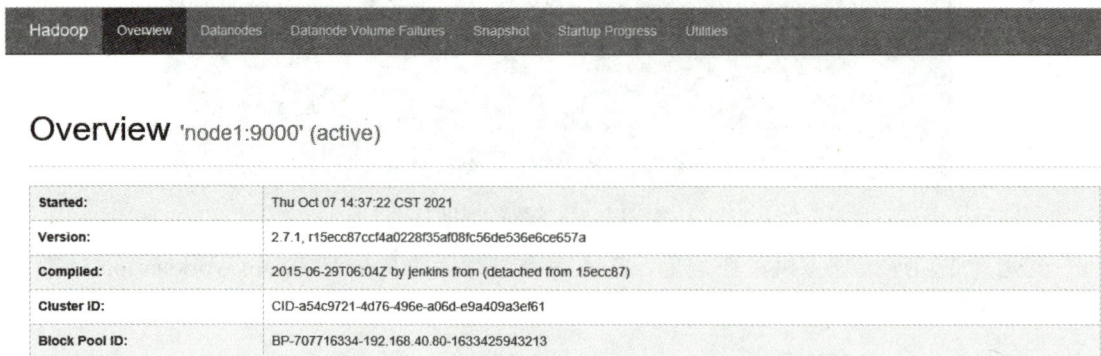

图 4.20　Hadoop 界面

(2) 浏览已存在的文件夹，如图 4.21 所示。

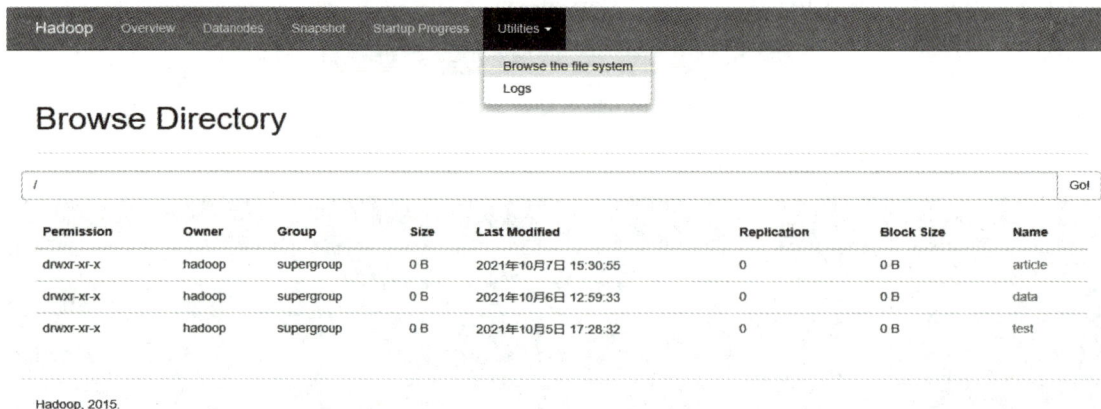

图 4.21　已存在的文件夹

### ▶▶▶ 4.7.5　系统检查

Hadoop 提供的文件系统检查工具叫作 fsck。如果其参数为文件路径，则检查该路径下所有文件的状态，如果其参数为"/"，则检查整个系统文件。

示例一：检查整个文件系统，具体过程如下：

(1) 在 node1 中输入检查整个文件系统命令"hadoop fsck /"，如图 4.22 所示。

```
[hadoop@node1 ~]$ hadoop fsck /
```

图 4.22　输入检查整个文件系统命令

(2) 检查整个文件系统，其状态如图 4.23 所示。

```
Connecting to namenode via http://node1:50070/fsck?ugi=hadoop&path=%2F
FSCK started by hadoop (auth:SIMPLE) from /192.168.40.128 for path / at Thu Oct 07 18:55:11 CST 2021
....Status: HEALTHY
 Total size:    4787 B
 Total dirs:    4
 Total files:   4
 Total symlinks:            0
 Total blocks (validated):  4 (avg. block size 1196 B)
 Minimally replicated blocks:   4 (100.0 %)
 Over-replicated blocks:        0 (0.0 %)
 Under-replicated blocks:       0 (0.0 %)
 Mis-replicated blocks:         0 (0.0 %)
 Default replication factor:    2
 Average block replication:     2.0
 Corrupt blocks:                0
 Missing replicas:              0 (0.0 %)
 Number of data-nodes:          3
 Number of racks:               1
FSCK ended at Thu Oct 07 18:55:11 CST 2021 in 11 milliseconds


The filesystem under path '/' is HEALTHY
```

图 4.23　整个文件系统状态

示例二：检查 article 文件夹，具体过程如下：

(1) 在 node1 中输入检查 article 文件夹命令 "hadoop fsck /article"，如图 4.24 所示。

```
[hadoop@node1 ~]$ hadoop fsck /article
```

图 4.24　输入检查 article 文件夹命令

(2) 检查 article 文件夹，其状态如图 4.25 所示。

```
Connecting to namenode via http://node1:50070/fsck?ugi=hadoop&path=%2Farticle
FSCK started by hadoop (auth:SIMPLE) from /192.168.40.128 for path /article at Thu Oct 07 18:56:39 CST
 2021
...Status: HEALTHY
 Total size:    3217 B
 Total dirs:    1
 Total files:   3
 Total symlinks:            0
 Total blocks (validated):  3 (avg. block size 1072 B)
 Minimally replicated blocks:   3 (100.0 %)
 Over-replicated blocks:        0 (0.0 %)
 Under-replicated blocks:       0 (0.0 %)
 Mis-replicated blocks:         0 (0.0 %)
 Default replication factor:    2
 Average block replication:     2.0
 Corrupt blocks:                0
 Missing replicas:              0 (0.0 %)
 Number of data-nodes:          3
 Number of racks:               1
FSCK ended at Thu Oct 07 18:56:39 CST 2021 in 1 milliseconds


The filesystem under path '/article' is HEALTHY
```

图 4.25　article 文件夹状态

#### ▶▶▶ 4.7.6　HDFS 基本功能实践

在使用 HDFS 进行操作演示之前，需要先将所使用的 jar 包及演示文件上传到虚拟机
中，jar 包是对实现相关功能的代码封装。示例中使用的 jar 包为 FileTest.jar，可以实现上传
文件，浏览文件和目录，打开文件、下载文件和删除文件的功能；演示文件名为 article2.txt
和 article3.txt，如图 4.26 所示。值得注意的是，需要在 jar 包所处位置输入命令。

图 4.26　jar 包和演示文件

示例一：使用 HDFS 上传文件。

将 article2.txt 和 article3.txt 上传至文件系统的 article 文件夹中，具体过程如下：

(1) 输入上传 article2.txt 命令 "hadoop jar FileTest.jar HDFSFileUpload /home/hadoop/article2.
txt/article/article2.txt"，如图 4.27 所示。

```
[hadoop@node1 ~]$ hadoop jar FileTest.jar HDFSFileUpload /home/hadoop/article2.txt /article/article2.t
xt
```

图 4.27　输入上传 article2.txt 命令

(2) 输入上传 article3.txt 命令 "hadoop jar FileTest.jar HDFSFileUpload /home/hadoop/article3.
txt/article/article3.txt"，如图 4.28 所示。

```
[hadoop@node1 ~]$ hadoop jar FileTest.jar HDFSFileUpload /home/hadoop/article3.txt /article/article3.t
xt
```

图 4.28　输入上传 article3.txt 命令

(3) 在 Hadoop 的 article 文件夹中查看上传文件结果，如图 4.29 所示。

# Browse Directory

| /article | | | | | | | | Go! |
|---|---|---|---|---|---|---|---|---|
| Permission | Owner | Group | Size | Last Modified | Replication | Block Size | Name | |
| -rw-r--r-- | hadoop | supergroup | 2.67 KB | 2021年10月6日 13:17:48 | 2 | 128 MB | article1.txt | |
| -rw-r--r-- | hadoop | supergroup | 427 B | 2021年10月7日 19:08:46 | 2 | 64 MB | article2.txt | |
| -rw-r--r-- | hadoop | supergroup | 51 B | 2021年10月7日 19:11:40 | 2 | 64 MB | article3.txt | |

图 4.29　上传文件结果

示例二：使用 HDFS 浏览文件。

使用 HDFS 浏览文件系统的 article 文件夹中的 article3.txt 文件，具体过程如下：

(1) 输入浏览 article3.txt 文件命令 "hadoop jar FileTest.jar HDFSFileShow/article/article3.
txt"，如图 4.30 所示。

```
[hadoop@node1 ~]$ hadoop jar FileTest.jar HDFSFileShow /article/article3.txt
```

图 4.30　输入浏览 article3.txt 文件命令

(2) 查看 article3.txt 文件属性，如图 4.31 所示。

```
文件路径:/article/article3.txt
是否是目录:false
文件大小:51
修改日期:2021-10-07 19: 11: 40
文件副本个数:2
文件拥有者:hadoop
文件用户组:supergroup
文件权限:rw-r--r--
```

图 4.31 article3.txt 文件属性

示例三：使用 HDFS 浏览文件夹。

使用 HDFS 浏览文件系统的 article 文件夹，具体过程如下：

(1) 输入浏览 article 文件夹命令"hadoop jar FileTest.jar HDFSFolderShow/article"，如图 4.32 所示。

```
[hadoop@node1 ~]$ hadoop jar FileTest.jar HDFSFolderShow /article
```

图 4.32 输入浏览 article 文件夹命令

(2) 查看浏览 article 文件夹结果，图 4.33 所示为 article 文件夹中的所有文件属性。

```
文件路径:/article/article1.txt
是否是目录:false
文件大小:2739
修改日期:2021-10-06 13: 17: 48
文件副本个数:2
文件拥有者:hadoop
文件用户组:supergroup
文件权限:rw-r--r--
-------------------------------
文件路径:/article/article2.txt
是否是目录:false
文件大小:427
修改日期:2021-10-07 19: 08: 46
文件副本个数:2
文件拥有者:hadoop
文件用户组:supergroup
文件权限:rw-r--r--
-------------------------------
文件路径:/article/article3.txt
是否是目录:false
文件大小:51
修改日期:2021-10-07 19: 11: 40
文件副本个数:2
文件拥有者:hadoop
文件用户组:supergroup
```

图 4.33 article 文件夹中的所有文件属性

示例四：使用 HDFS 打开文件。

使用 HDFS 打开 article 文件夹中的 article3.txt 文件，具体过程如下：

(1) 输入打开 article3.txt 文件命令"hadoop jar FileTest.jar HDFSFileCat/article/article3.txt"，如图 4.34 所示。

```
[hadoop@node1 ~]$ hadoop jar FileTest.jar HDFSFileCat /article/article3.txt
```

图 4.34 输入打开 article3.txt 文件命令

(2) 查看 article3.txt 中的文本内容，如图 4.35 所示。

```
这是一段关于打开article3.txt的文本内容
```

图 4.35 article3.txt 中的文本内容

示例五：使用 HDFS 下载文件。

使用 HDFS 下载 article 文件夹中的 article3.txt 文件至虚拟机 /home/hadoop/download/，具体过程如下：

(1) 虚拟机目标文件夹即 download 文件夹中没有任何文件，如图 4.36 所示。

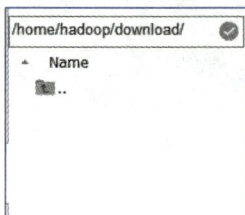

图 4.36 download 文件夹

(2) 输入下载 article3.txt 文件命令 "hadoop jar FileTest.jar HDFSFileDownload/article/article3.txt/home/hadoop/download/article3.txt"，如图 4.37 所示。

```
[hadoop@node1 ~]$ hadoop jar FileTest.jar HDFSFileDownload /article/article3.txt /home/hadoop/download
/article3.txt
```

图 4.37 输入下载 article3.txt 文件命令

(3) 刷新页面，可以看到 article3.txt 文件下载成功，其已下载到 download 文件夹中，如图 4.38 所示。

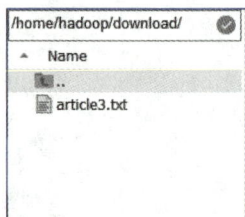

图 4.38 article3.txt 文件下载成功

(4) 打开该文件，查看其文本内容是否正确，如图 4.39 所示。

```
[hadoop@node1 ~]$ cd /home/hadoop/download
[hadoop@node1 download]$ ls
article3.txt
[hadoop@node1 download]$ cat article3.txt
这是一段关于打开article3.txt的文本内容[hadoop@node1 download]$
```

图 4.39 article3.txt 文本内容

示例六：使用 HDFS 删除文件。

使用 HDFS 删除 article 文件夹中的 article3.txt 文件，具体过程如下：

(1) 查看 article 文件夹，发现 article3.txt 文件已在 article 文件夹中，如图 4.40 所示。

## Browse Directory

| Permission | Owner | Group | Size | Last Modified | Replication | Block Size | Name |
|---|---|---|---|---|---|---|---|
| -rw-r--r-- | hadoop | supergroup | 2.67 KB | 2021年10月6日 13:17:48 | 2 | 128 MB | article1.txt |
| -rw-r--r-- | hadoop | supergroup | 427 B | 2021年10月7日 19:08:46 | 2 | 64 MB | article2.txt |
| -rw-r--r-- | hadoop | supergroup | 51 B | 2021年10月7日 19:11:40 | 2 | 64 MB | article3.txt |

图 4.40 article 文件夹

(2) 输入删除 article3.txt 文件命令 "hadoop jar FileTest.jar HDFSFileDelete /article/ article3. txt"，如图 4.41 所示。

```
[hadoop@node1 ~]$ hadoop jar FileTest.jar HDFSFileDelete /article/article3.txt
```

图 4.41　输入删除 article3.txt 文件命令

(3) 单击该文件，提示该文件不存在，如图 4.42 所示。

```
Path does not exist on HDFS or WebHDFS is disabled. Please check your path or enable WebHDFS                                                    ✕
```

图 4.42　文件不存在提示

(4) 刷新页面，发现该文件已删除，图 4.43 所示为删除 article3.txt 后的 article 文件夹。

## Browse Directory

| /article | | | | | | | | Go! |
|---|---|---|---|---|---|---|---|---|
| Permission | Owner | Group | Size | Last Modified | Replication | Block Size | Name | |
| -rw-r--r-- | hadoop | supergroup | 2.67 KB | 2021年10月6日 13:17:48 | 2 | 128 MB | article1.txt | |
| -rw-r--r-- | hadoop | supergroup | 427 B | 2021年10月7日 19:08:46 | 2 | 64 MB | article2.txt | |

图 4.43　删除 article3.txt 后的 article 文件夹

示例七：关闭集群。

如果不对文件进行操作，则可关闭集群，具体过程如下：

(1) 输入关闭集群命令 "stop-all.sh"，如图 4.44 所示。

```
[hadoop@node1 ~]$ stop-all.sh
```

图 4.44　输入关闭集群命令

(2) 集群关闭过程如图 4.45 所示。

```
This script is Deprecated. Instead use stop-dfs.sh and stop-yarn.sh
Stopping namenodes on [node1]
node1: stopping namenode
node2: stopping datanode
node1: stopping datanode
node3: stopping datanode
Stopping secondary namenodes [node3]
node3: stopping secondarynamenode
stopping yarn daemons
stopping resourcemanager
node3: stopping nodemanager
node2: stopping nodemanager.
node1: stopping nodemanager
no proxyserver to stop
```

图 4.45　集群关闭过程

(3) 在 node1、node2、node3 中分别输入命令 "jps"，即可查看相关进程，如图 4.46～图 4.48 所示。

```
[hadoop@node1 ~]$ jps
6375 Jps
```
```
[hadoop@node2 ~]$ jps
4804 Jps
```

图 4.46　node1 关闭集群后存在的进程　　　　图 4.47　node2 关闭集群后存在的进程

```
[hadoop@node3 ~]$ jps
5043 Jps
```

图 4.48    node3 关闭集群后存在的进程

(4) 至此，成功关闭集群。

# 本 章 习 题

## 一、选择题

1. 云计算是对 (    ) 技术的发展与运用。

A. 并行计算                      B. 网格计算

C. 分布式计算                    D. 三个选项都是

2. 将平台作为服务的云计算服务类型是 (    )。

A. IaaS                          B. PaaS

C. SaaS                          D. 三个选项都不是

3. 将基础设施作为服务的云计算服务类型是 IaaS，其中的基础设施包括 (    )。

A. CPU 资源                      B. 内存资源

C. 应用程序                      D. 存储资源

E. 网络资源

4. 下列关于虚拟化的描述，不正确的是 (    )。

A. 虚拟化是指计算机元件在虚拟的基础上而不是在真实的基础上运行

B. 虚拟化技术可以扩展硬件的容量，简化软件的重新配置过程

C. 虚拟化技术不能将多个物理服务器虚拟成一个服务器

D. CPU 的虚拟化技术可以单 CPU 模拟多 CPU 运行，允许一个平台同时运行多个操作系统

5. (    ) 公司是最大的云计算使用者。

A. Salesforce                    B. Microsoft

C. Giwell                        D. Google

## 二、判断题

1. 云计算就是一种计算平台或应用模式。                                    (    )

2. 云计算可以有效地进行资源整合，解决资源闲置问题，提高资源利用率。      (    )

3. 云计算服务可信性依赖于计算平台的安全性。                              (    )

4. 互联网就是一个超大云。                                                (    )

5. PaaS 未来将会逐渐成为主流平台交付模式。                               (    )

## 三、思考题

1. 简述云计算的三种服务类型，并对每种类型进行举例说明。

2. 什么是虚拟化技术？

3. 列举至少三种云计算平台，并比较它们的优缺点。

# 第5章 大数据技术

## 技能目标

◎ 掌握大数据的基本概念。
◎ 掌握大数据分析的基本方法。
◎ 掌握大数据分析的基本算法。
◎ 熟悉常用的大数据分析工具。

## 素养目标

◎ 提高数据敏感性与洞察力。
◎ 强化数据伦理与隐私保护意识。
◎ 激发创新思维与跨界融合能力。

## 星火引航

　　大数据目前已经渗透到多个行业和业务职能领域，逐渐成为重要的生产要素。LinkedIn对全球超过 3.3 亿用户的工作经历和技能进行分析后得出结论：在目前炙手可热的 25 项技能中，大数据分析技能需求排名第一。本章通过介绍大数据的基本概念及大数据分析的基本建模过程，让读者在真实的大数据分析学习与实践环境中积累大数据技术的相关知识与经验。

## 5.1    大数据的基础知识

### 1. 大数据的概念

大数据是指无法在一定时间范围内用常规软件工具进行捕捉、管理和处理的数据集合，是需要新处理模式才能具有更强的决策力、洞察力和流程优化能力的海量、高增长率和多样化的信息资产。

大数据的基础知识

### 2. 大数据的核心特征

与传统数据信息相比，大数据具有以下 5 个核心特征。

(1) Volume：数据体量巨大。

体量大是大数据区分于传统数据的显著特征。一般关系型数据库处理的数据量在 TB 级，大数据所处理的数据量通常在 PB 级以上。

(2) Variety：数据类型多。

大数据不只是单一的文本形式或结构化数据库中的表，其包括订单、日志、BLOG、微博、音频、视频等在内的复杂结构的数据。

(3) Velocity：数据的高速性和实时性。

数据的高速性和实时性是大数据区分于传统数据的重要特征。在海量数据面前，大数据技术能够实时分析并获取需要的信息，其处理数据的效率能够提升竞争力和创新能力。

(4) Value：数据价值。

虽然大数据本身可能包含海量信息，但并非所有的数据都具有价值，也就是说其数据价值密度相对较低。随着互联网以及物联网的广泛应用，信息感知无处不在，信息体量巨大，但价值密度较低，如何结合业务逻辑并通过强大的机器算法来挖掘数据价值，是大数据时代最需要解决的问题。

(5) Veracity：数据的准确性和可信赖度，即数据的质量。

在研究和技术开发领域，上述特征已经足够表征大数据的特点，但在商业应用领域，大数据的 Value 特征和 Veracity 特征就显得非常关键。对大数据的研究和技术开发投入如此巨大，就是因为大数据潜在的巨大价值。如何通过强大的机器学习和高级分析更迅速地完成数据的价值"提纯"，挖掘出大数据的潜在价值，是目前大数据应用背景下亟待解决的难题。

## 5.2    大数据系统架构

### ▶▶▶ 5.2.1    大数据计算系统的组成

通常将与数据查询、统计、分析、预测、图谱处理、商业智能等有关的技术统称为数据计算技术。数据计算技术涵盖数据处理的方方面面，是大数据技术的核心。因此，大数据的分析计算过程涵盖了对海量数据的采集、进行分布式的大数据分析、分析处理以及价值获取。但这种分布式的大数据处理，必须依托计算机系统的分布式数据库。分布式数据库或云存储以及计算机中的虚拟化技术对大数据相关技术的处理能力具有支撑作用。

大数据系统架构　　　hadoop

大数据计算系统涉及软件的分层化，借鉴计算机网络体系结构的分层理念，可将大数据计算系统归纳和划分为三个基本系统，即大数据存储系统、大数据处理系统和大数据应用系统，如图 5.1 所示。系统结构的每层由提供不同服务功能的子系统或模块组成，各子系统或模块包含不同技术架构与技术标准。

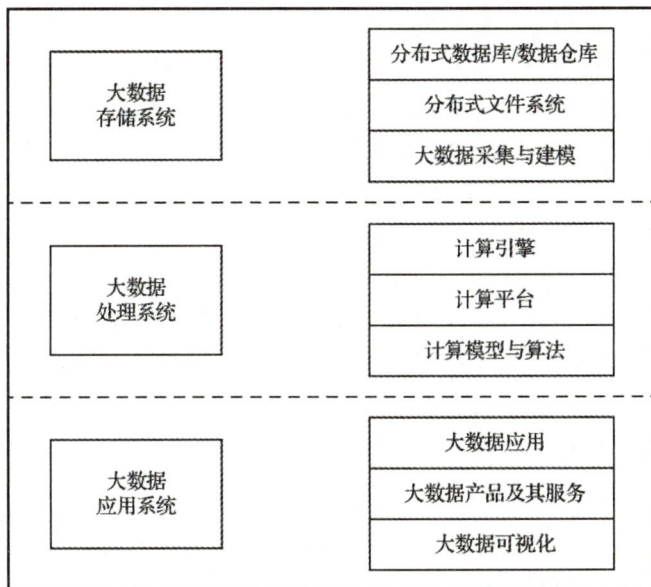

图 5.1　大数据计算系统的组成

### 1. 大数据存储系统

大数据存储系统主要提供数据集、数据清洗、大规模数据存储管理、数据操作(添加、删除、查询、更新及数据同步)等功能。目前，大数据存储系统架构主要由大数据采集与建模、分布式文件系统、分布式数据库(非关系数据库)及统一数据访问接口等子层组成，有些设计还会在非关系数据库上附加一个提供大数据分析功能的数据仓库。

大数据采集与建模子层主要有两项任务：一项任务是数据采集(系统日志、网络爬虫、无传感器网络、物联网，以及其他数据源)；另一项任务是数据清洗、抽取与建模，将各种类型的结构化数据、半结构化数据、非结构化数据转换为标准格式的数据，并定义数据属性及值域。

分布式文件系统子层主要用于提供大数据物理存储架构。目前，大数据计算架构中主要采用两种文件系统：一种是开源社区的 Apache HDFS；另一种是 Google 的 GFS，目前已经演化成 Colossus 系统。

分布式数据库/数据仓库子层不但能实现数据的存储管理，更重要的是可以向上层计算引擎和应用软件提供数据快读查询、大数据分析服务支持。目前，支持大数据应用的数据库产品众多,其存储结构与所用的技术各不相同,代表性产品是基于分布式文件系统的非关系型数据库 (NoSQL)。

大数据存储系统是大数据计算的基础,各种分析算法、计算模型及计算性能都依赖于大数据存储系统,因此,大数据存储系统是大数据研究的一个重要组成部分。

### 2. 大数据处理系统

大数据处理系统主要包括计算模型与算法、计算平台和计算引擎三个模块。

针对不同类型的数据有不同的计算模型,如针对非结构化数据的 Map reduce 批处理模型、针对动态数据流的流计算模型、针对结构化数据的大规模并发处理 (MPP) 模型、基于物理大内存的高性能计算模型。

计算平台为大数据计算分析提供技术标准、计算架构,以及一系列开发技术和开发工具集成环境。目前,提供数据计算处理的各种开发工具包和运行环境比较多,典型的计算平台有 Hadoop、Spark、Storm、Cloudera,以及 Google 基于其一系列大数据计算技术的商业平台。许多商业公司 (如 Google、IBM Oracle、Microsoft 等) 都提供各自的大数据计算平台和相关技术;开源社区则提供基于 Hadoop 平台的一整套支持大数据计算应用的开放式架构和技术标准。

计算引擎是基于计算平台、特定计算模型而设计和封装的服务器端程序,用于支撑特定计算模式下后端的大数据处理、计算和分析。例如,MapReduce 计算引擎提供大数据的划分、节点分配、作业调度以及计算结果的融汇等功能,直接支持上层大数据的应用开发;图并行计算引擎提供对网络图数据 (社交网络、电信网络、神经网络等可用有向图来表征的一些数据) 的高效计算处理服务。

### 3. 大数据应用系统

大数据应用系统是指能够集成多种技术和工具,以实现对海量数据进行高效采集、存储、处理、分析和可视化的软件系统。它不仅是一个数据存储库,更是一个集成了数据处理、分析和决策支持功能的综合平台,包括大数据的可视化、大数据服务产品及其应用。目前,互联网、电子商务、电子政务、金融、电信、教育、医疗卫生等都是大数据应用的热门领域。

### ▶▶▶ 5.2.2  大数据分析的概念和任务

#### 1. 大数据分析的概念

从严格的科学定义角度分析,大数据分析是从大量的、有噪声的、不完全的、模糊和随机的数据中,提取出隐含在其中的、人们事先不知道的、具有潜在利用价值的信息和知识的过程。

从技术角度分析,大数据分析就是利用一系列相关算法和技术,从大数据中提取出行业或公司所需要的、有实际应用价值的知识的过程。这些有价值的潜在知识与信息就隐藏在大数据中,之前并不被人所知。从大数据中提取到的知识表示形式可以是概念、规律、规则与模式等。

值得注意的是,大数据分析是一个多学科交叉领域,涉及数据库技术、人工智能、高性能计算、机器学习、模式识别、知识库工程、神经网络、数理统计、信息检索、信息的可视化等领域。

与传统统计分析相比，大数据分析有以下几个特征：

(1) 处理大数据的能力更强，且无须太专业的统计背景就可以使用大数据分析工具；

(2) 从使用与需求的角度看，大数据分析工具更符合企业界的需求；

(3) 从理论的基础点来解析，大数据分析的最终目的是方便企业终端用户使用，而不是供统计学家检测使用。

### 2. 大数据分析的任务

大数据分析的基本任务是利用分类与预测、聚类分析、关联规则、时序模式偏差检测、智能推荐等方法，帮助企业提取数据中蕴含的商业价值，提高企业的竞争力。

对企业而言，大数据分析的具体任务是采集企业各类商品销量、成本单价、会员消费、促销活动等内部数据，以及天气、节假日、竞争对手及周边商业氛围等外部数据，之后利用大数据分析手段，实现商品智能推荐、促销效果分析、客户价值分析、新店选址优化、热销/滞销商品分析和销量趋势预测，最后将这些分析结果推送给企业管理者以及有关工作人员，为企业降低运营成本、增加盈利能力、实现精准营销、策划促销活动等提供智能服务支持。

## ▶▶▶ 5.2.3　大数据分析的建模流程

大数据分析的建模流程如图 5.2 所示，具体分为以下几个方面。

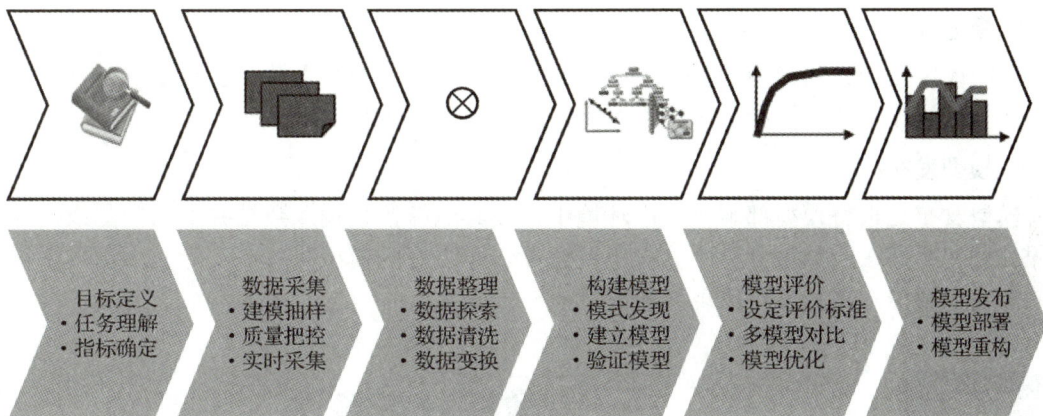

| 目标定义<br>• 任务理解<br>• 指标确定 | 数据采集<br>• 建模抽样<br>• 质量把控<br>• 实时采集 | 数据整理<br>• 数据探索<br>• 数据清洗<br>• 数据变换 | 构建模型<br>• 模式发现<br>• 建立模型<br>• 验证模型 | 模型评价<br>• 设定评价标准<br>• 多模型对比<br>• 模型优化 | 模型发布<br>• 模型部署<br>• 模型重构 |

图 5.2　大数据分析的建模流程

### 1. 目标定义

针对具体的大数据分析应用需求，首先要明确分析目标是什么，系统完成后能达到什么效果。因此，我们必须分析应用领域，包括应用中的各种知识和应用目标，了解相关领域的情况，熟悉背景知识，弄清用户需求。要想充分发挥大数据分析的价值，必须对目标有一个清晰明确的定义。

### 2. 数据采集

在明确需要进行大数据分析的目标后，接下来就需要从业务系统中抽取一个与分析目标相关的样本数据子集。采集数据的标准，一是相关性，二是可靠性，三是有效性，且不使用企业的全部数据。通过精选数据样本，不但能减小数据处理量，节省系统资源，还能使我们想要寻找的规律性更加突显。

进行数据采集一定要严把质量关。在任何时候都不能忽视数据质量，即使是从一个数据仓库中进行数据取样，也不能忘记检查其质量。因为大数据分析是要探索企业运作的内在规律性，原始数据有误，就很难从中探索出规律性；如果从中探索出规律性，并据此指导工作，则很可能会造成误导。如果从正在运行的系统中对数据进行取样，则要注意数据的完整性和有效性。

### 3. 数据整理

对所抽取的样本数据进行整理、审核和必要的加工处理，是保证最终的分析模型的质量所必需的。可以说，分析模型的质量不会超过抽取样本的质量。

数据整理主要包括数据探索、数据清洗、数据变换。

### 4. 构建模型

样本抽取完并经预处理后，接下来要考虑的问题是本次建模属于大数据分析应用中的哪类问题(分类、聚类、关联规则、时序模式或智能推荐)，选用哪种算法进行模型构建。构建模型包括模型发现、建立模型、验证模型等环节。

这一步是数据分析工作的核心环节。根据分析目标和数据形式可以建立分类与预测、聚类分析、关联规则、时序模式、离群点检测等模型，以帮助企业提取数据中蕴含的商业价值，提高企业竞争力。

### 5. 模型评价

模型评价是指评估模型的性能和有效性，用于确定模型是否达到了预期的目标。模型评价具体包括设定评价标准、多模型对比、模型优化等环节。

### 6. 模型发布

模型发布是指将模型部署到生产环境中，使其能够接收输入数据并给出预测或结果的过程，模型发布在大数据分析中具有重要意义。一个好的模型只有在实际应用场景中得到有效部署和利用，才能真正体现其价值。

## 5.3    大数据分析算法

大数据分析在发展过程中，不断融入多学科领域的知识与技术，目前大数据分析算法已呈现多种形式。

从使用的广义角度看，大数据分析的常用算法主要有分类算法、聚类算法、估值算法、预测算法、关联规则算法、可视化算法等。

从大数据分析算法所依托的数理基础角度分类，目前大数据分析算法主要分为三大类，即机器学习算法、统计分析算法与神经网络算法。

其中，机器学习算法分为决策树算法、基于范例学习算法、规则归纳算法与遗传算法等；统计分析算法分为回归分析算法、时间序列分析算法、关联分析算法、聚类分析算法、模糊集算法、粗糙集算法、探索性分析算法、支持向量机与最近邻分析算法等；神经网络算法分为前向神经网络算法、自组织神经网络算法、感知机算法、多层神经网络算法、深度学习算法等。

在具体的项目应用场景中通过使用上述这些特定算法，可以从大数据中整理并分析出有价值的数据，经过针对性的数学或统计模型进一步解释与分析，提取隐含在这些大数据中的潜在规律、规则、知识与模式。

#### ▶▶▶ 5.3.1  常用的大数据分析算法

下面介绍大数据分析中经常使用的分类、聚类、关联规则与时间序列预测等相关概念。

大数据分类算法

##### 1. 分类

大数据分析方法中的一种重要方法就是分类，即在给定数据基础上构建分类函数或分类模型，并利用该函数或模型把数据归类为给定类别中的某种类别。在分类的过程中，通常通过构建分类器来实现具体分类，分类器是对样本进行分类的方法的统称。

一般情况下，构建分类器需要经过以下 4 个步骤：

(1) 选定包含正、负样本在内的初始样本集，所有初始样本分为训练样本与测试样本；

(2) 通过训练样本生成分类模型；

(3) 在测试样本上执行分类模型，并产生具体的分类结果；

(4) 依据分类结果评估分类模型的性能。

通常用以下两种方法来对分类器的错误率进行评估。

(1) 保留评估方法。通常用所有样本集中的三分之二样本作为训练集，其余样本作为测试样本，即使用所有样本集中的三分之二样本的数据来构造分类器，并采用该分类器对测试样本进行分类，评估错误率就是该分类器的分类错误率。这种评估方法具有处理速度快的特点，然而仅用三分之二样本构造分类器，并未充分利用所有样本进行训练。

(2) 交叉纠错评估方法。该方法将所有样本集分为 $N$ 个没有交叉数据的子集，并训练与测试 $N$ 次。在每次训练与测试的过程中，训练集都会去除某个子集中的剩余样本，然后在该子集中进行 $N$ 次测试，评估错误率为所有分类错误率的平均值。

一般情况下，保留评估方法用于最初试验性场景，交叉纠错评估方法用于建立最终分类器。

##### 2. 聚类

随着科技的进步，数据收集变得相对容易，从而导致数据库规模越来越庞大，存在大量的数据聚类问题。聚类就是将抽象对象的集合分为相似对象组成的多个类的过程，聚类过程中生成的簇称为一组数据对象的集合。聚类源于分类，聚类又称群分析，是研究分类问题的另一种统计计算方法，但聚类不完全等同于分类。

大数据聚类算法

聚类与分类的不同点是，聚类要求归类的类通常是未知的，而分类则要求事先已知多个类。对于聚类问题，传统聚类方法已经较为成功地解决了低维数据的聚类，但由于大数据处理中的数据具有高维、多样与复杂性特点，现有的聚类算法对于大数据或高维数据经常面临失效的窘境。

在对高维数据进行聚类时，传统聚类方法主要面临以下两个问题：

(1) 相对低维空间中的数据，高维空间中的数据分布稀疏，传统聚类方法通常基于数据间的距离进行聚类，因此，在高维空间中采用传统聚类方法难以基于数据间的距离来有效构建簇。

(2) 高维数据中存在大量不相关的属性，使得在所有维中存在簇的可能性几乎为零。目前，高维聚类分析已成为聚类分析的一个重要研究方向，也是聚类技术的难点。

### 3. 关联规则

所谓关联就是反映一个事件与其他事件间关联的知识。关联规则属于大数据分析算法中的一类重要方法，关联规则就是支持度与置信度分别满足用户给定值的规则。支持度揭示了 A 和 B 同时出现的频率；置信度揭示了 B 出现时，A 有多大可能出现。关联规则最初是针对购物篮分析问题提出的，销售分店经理想更多了解顾客的购物习惯，想知道顾客在购物时会购买哪些商品，通过发现放入购物篮中不同商品间的关联，可分析出顾客的购物习惯。

大数据关联
规则算法

关联规则的发现可以帮助销售商掌握顾客同时会频繁购买哪些商品，从而有效帮助销售商开发良好的营销手段。在工作机制上，关联规则包含两个主要阶段：第 1 个阶段，从资料集合中找出所有高频项目组；第 2 个阶段，从高频项目组中产生关联规则。

随着关联规则的不断发展，目前关联规则可以处理的数据分为单维数据和多维数据。在针对单维数据的关联规则中，只涉及数据的一个维度，如客户购买的商品；在针对多维数据的关联规则中，处理的数据涉及多个维度。

总体而言，单维关联规则处理单个属性中的关系，多维关联规则处理各属性间的关系。

### 4. 时间序列预测

通常将统计指标的数值按时间顺序排列所形成的数列称为时间序列。时间序列预测法是一种历史引申预测法，即将时间序列所反映的事件发展过程进行引申外推，以预测发展趋势的一种方法。

大数据时间
预测算法

时间序列分析是动态数据处理的统计方法，主要基于数理统计与随机过程方法，用于研究随机数列所服从的统计学规律，常用于企业经营、气象预报、市场预测、污染源监控、地震预测、农林病虫灾害预报、天文学等方面。

时间序列预测及其分析是指将系统观测所得的实时数据，通过参数估计与曲线拟合来建立合理数学模型的方法，包含谱分析与自相关分析在内的一系列统计分析理论，涉及时间序列模型的建立、推断、最优预测、非线性控制等原理。

时间序列预测法可用于短期、中期和长期预测。依据所采用的分析方法，时间序列预测又可以分为简单序时平均数法、移动平均法、季节性预测法、趋势预测法、指数平滑法等。

## ▶▶▶▶ 5.3.2　常用的大数据分析工具

大数据分析是一个反复探索的过程，只有将大数据分析工具提供的技术和实施经验与企业的业务逻辑和需求紧密结合，并在实施的过程中不断磨合，才能取得好的效果。下面简单介绍几种常用的大数据分析建模工具。

### 1. SAS Enterprise Miner

Enterprise Miner(EM) 是 SAS 公司推出的一个集成的大数据分析系统，允许使用和比较不同技术，同时还集成了复杂的数据库管理软件。它的运行方式是通过在一个工作空间 (workspace) 中按照一定顺序添加各种可以实现不同功能的节点，然后对不同节点进行相应设置，进而运行整个工作流程 (workflow)，最终可以得到相应的结果。

### 2. IBM SPSS Modeler

IBM SPSS Modeler 原名 Clementine，2009 年 IBM 公司将其收购后对产品的性能和功能进行了大幅度改进和提升。它封装了先进的统计学和大数据分析技术，来预测知识并将相应的决策方案部署到现有的业务系统和业务过程中，从而提高企业的效益。IBM SPSS Modeler 拥有直观的操作界面、自动化的数据准备能力和成熟的预测分析模型，其结合商业技术可以快速建立预测性模型。

### 3. SQL Server

Microsoft 公司的 SQL Server 中集成了大数据分析组件 Analysis Servers，借助 SQL Server 的数据库管理功能，可以无缝地集成在 SQL Server 数据库中。SQL Server 2022 中提供了决策树算法、聚类分析算法、Naive Bayes 算法、关联规则算法、时序算法、神经网络算法、线性回归算法等常用的大数据分析算法，但是其预测建模的实现是基于 SQL Sever 平台的，平台移植性相对较差。

### 4. MATLAB

MATLAB(Matrix Laboratory，矩阵实验室 ) 是美国 Mathworks 公司开发的一款应用软件，具备强大的科学及工程计算能力，它不但具有以矩阵计算为基础的强大数学计算能力和分析功能，还具有丰富的可视化图形表现功能和方便的程序设计能力。MATLAB 并不提供一个专门的大数据分析环境，但它提供了非常多的相关算法实现函数，是学习和开发大数据分析算法的较好选择。

### 5. WEKA

WEKA(Waikato Environment for Knowledge Analysis) 是一款知名度较高的开源机器学习和大数据分析软件。高级用户可以通过 Java 编程和命令行来调用其分析组件。同时，WEKA 也为普通用户提供了图形化界面，称为 WEKA Knowledge Flow Environment 和 WEKA Explorer，可以实现预处理、分类、聚类、关联规则、文本分析、可视化等功能。

### 6. KNIME

KNIME(Konstanz Information Miner) 是基于 Java 开发的，可以扩展使用 WEKA 中的分析算法。KNIME 采用类似数据流 (Data Flow) 的方式来建立分析流程。分析流程由一系列功能节点组成，每个节点都有输入 / 输出端口，用于接收数据或模型、导出结果。

### 7. RapidMiner

RapidMiner 也叫 YALE(Yet Another Learning Enviromnent)，它提供图形化界面，采用类似 Windows 资源管理器中的树状结构来组织分析组件，"树"上的每个节点表示不同运算符 (Operator)。YALE 中提供了大量运算符，包括数据处理、变换、探索、建模、评估等环节。YALE 是用 Java 开发的，基于 WEKA 来构建，可以调用 WEKA 中的各种分析组件。

YALE 有拓展的套件 Radoop，可以和 Hadoop 集成，在 Hadoop 集群上运行任务。

## 5.4　大数据的应用及发展趋势

### ▶▶▶ 5.4.1　大数据的应用场景

大数据的应用场景包括各行各业对大数据处理和分析的应用，其中最核心的是用户个性需求。下面通过对相关行业如何使用大数据进行梳理来展现大数据的应用场景。

大数据的应用
及发展趋势

#### 1. 零售行业大数据应用

零售行业大数据应用有两个层面。一个层面是零售企业可以了解消费者的消费喜好和消费趋势，进行商品的精准营销，降低营销成本。例如，记录消费者的购买习惯，将一些日常必备生活用品在消费者即将用完之前通过推送精准广告的方式提醒其进行购买，或者定期通过网上商城进行送货，既能帮助消费者解决问题，又能提升消费者的消费体验。

另一个层面是依据消费者购买的产品，为消费者提供可能购买的其他产品，扩大销售额，这属于精准营销范畴。例如，通过消费者购买洗衣液的记录，了解其对关联产品的购买喜好，将与洗衣服相关的产品如洗衣粉、消毒液、衣领净等放到一起进行销售，提高相关产品的销售额。另外，零售行业可以通过大数据掌握消费者未来的消费趋势，有利于对热销商品进行进货管理和处理过季商品。

电商是最早利用大数据进行精准营销的行业，电商网站内的推荐引擎会依据消费者以往购买行为和同类人群购买行为，进行产品推荐，推荐的产品转化率一般为 6%～8%。电商的数据量足够大，数据较为集中，数据种类较多，其商业应用具有较大想象空间，包括预测流行趋势、消费趋势、地域消费特点、消费习惯、消费行为的相关度、消费热点等。依托大数据分析，电商可以帮助企业进行产品设计、库存管理、计划生产、资源配置等，有利于精细化大生产，提高生产效率，优化资源配置。

#### 2. 金融行业大数据应用

金融行业拥有丰富的数据，并且数据维度和数据质量都较好，因此，大数据应用场景较为广泛。典型的应用场景有银行数据应用场景、保险数据应用场景、证券数据应用场景等。

(1) 银行数据应用场景。

银行数据应用场景比较丰富，基本上集中在用户经营、风险控制、产品设计和决策支持等方面。其数据可以分为交易数据、客户数据、信用数据、资产数据等，大部分数据都集中在数据仓库中，属于结构化数据，可以利用大数据分析来挖掘交易数据背后的商业价值。

(2) 保险数据应用场景。

保险数据应用场景主要是围绕产品和客户进行的，典型的有利用客户行为数据来制定车险价格，利用客户外部行为数据来了解客户需求，向目标客户推荐产品。例如，依据个人数据及养车 APP 数据，为保险公司找到车险客户；依据家庭数据、个人数据、人生阶段信息，为客户推荐财产险和寿险等，用数据来提升保险产品的精算水平，提高利润水平和投资收益。

(3) 证券数据应用场景。

证券行业拥有的数据包括个人属性数据、资产数据、交易数据、收益数据等，证券公司可以利用这些数据建立业务场景，筛选目标客户，为客户提供适合的产品，以提高证券公司单个客户收益。例如，借助大数据分析，如果客户平均年收益低于 59%，交易频率很低，可建议其购买证券公司提供的理财产品；如果客户交易频繁，收益又较高，可以主动为其推送融资服务；如果客户交易不频繁，但资金量较大，可以为客户提供投资咨询等。对客户交易习惯和行为进行分析可以帮助证券公司获得更多收益。

### 3. 医疗行业大数据应用

医疗行业拥有大量病例、病理报告、治愈方案、药物报告等，通过对这些数据进行整理和分析可极大地辅助医生提出治疗方案，帮助病人早日康复。通过构建大数据平台来收集不同病例和治疗方案，以及病人的基本特征，建立针对疾病特点的数据库，可以帮助医生进行疾病诊断。

特别是随着基因技术的发展，可以根据病人的基因序列特点进行分类，建立医疗行业的病人分类数据库。医生在诊断病人时可以参考病人的疾病特征、化验报告和检测报告，以及疾病数据库来快速确诊病人病情。在制定治疗方案时，医生可以依据病人的基因特点，调取相似基因，以及年龄、人种、身体情况相似的有效治疗方案，制定适合的治疗方案，帮助更多的人及时进行治疗。同时，这些数据也有利于医药行业开发出更加有效的药物和医疗器械。

## ▶▶▶ 5.4.2　大数据的发展趋势

### 1. 物联网

物联网是新一代信息技术的重要组成部分，也是信息化时代的重要发展阶段。它是把相关物品通过信息传感设备与互联网连接起来，进行信息交换，可以实现智能化识别和管理。物联网的核心和基础是互联网，是在互联网基础上延伸和扩展的网络；其用户端延伸和扩展到了物品与物品之间，进行信息交换，也就是"物物相息"。

### 2. 智慧城市

智慧城市是指运用信息和通信技术手段，感测、分析、整合城市运行核心系统的各项关键信息，对包括民生、环保、公共安全、城市服务、工商业活动在内的各种需求做出智能响应。智慧城市的实质是利用先进的信息技术，实现城市智慧式管理和运行，进而为城市中的人创造更美好的生活，促进城市和谐、可持续发展。这项趋势的成败取决于数据量是否足够，这有赖于政府部门与民营企业的合作。此外，5G 网络的规格全世界通用，如果某个产品被一个智慧城市采用，则可以应用在全世界的智慧城市中。

### 3. 区块链

区块链是分布式数据存储、点对点传输、共识机制、加密算法等计算机技术的新型应用模式。所谓共识机制是指区块链系统中实现不同节点之间建立信任、获取权益的数学算法。所有系统背后都有一个数据库，可以把数据库看成一个大账本，区块链技术就是一种全民参与记账的方式。区块链有很多不同应用方式，最常见的应用是比特币与其他加密货币的交易。

## 5.5　基于关联规则的网站智能推荐服务实践

### ▶▶▶ 5.5.1　背景与分析目标

假设 ×× 网是某集团旗下 TOB 企业服务品牌，致力于帮助用户搭建无绑定、高兼容、自主可控的创新基础平台架构，快速应对新一代信息技术下数字化转型的需求，其业务覆盖云原生基础软件、数据智能全链路产品、人工智能算法应用三大领域。

基于关联规则的
网站智能推荐服务

用户在该网站主页查找资源一般是按不同类别的栏目进入的，然后从细分栏目下找到目标资源，但用户感兴趣的资源可能是跨类别的，用户自行寻找相对困难，此时，需要网站提供推荐功能，推荐用户可能感兴趣的页面，以便用户快速找到目标资源。

表 5.1 所示为节选的注册用户信息表，记录了网站用户的注册信息，包括用户 ID、用户名、注册邮箱和注册日期。节选的页面标签内容表如表 5.2 所示。表 5.3 和表 5.4 分别给出了节选的用户表和访问数据表，记录了用户 ID、sessionID、访问 IP、访问时间、访问页面，以及关键词、一级标签、二级标签、来源网站、来源网页等。其中，关键词为访问页面的标题；一级标签为访问页面所属的主栏目；二级标签为访问页面所属栏目的子栏目。

表 5.1　注册用户信息表（节选）

| 用户 ID | 用户名 | 注册邮箱 | 注册日期 |
|---|---|---|---|
| 200006 | Statistics | ***558@qq.com | 1/21/2015 13:44:19 |
| 200007 | yangmixi | ***719@qq.com | 1/26/2015 22:06:29 |
| 200008 | bojone | ***one@spaces.ac.cn | 1/27/2015 09:07:26 |
| 200009 | lichang | ***954@qq.com | 1/27/2015 11:02:00 |
| 200010 | BoostWu | ***twg@163.com | 1/27/2015 15:16:45 |
| 200011 | py_531_1 | ***ice@tipdm.org | 1/27/2015 15:21:01 |
| 200012 | tangbo00 | ***650@qq.com | 1/28/2015 16:13:12 |
| 200013 | SRYZB2424 | ***777@qq.com | 1/29/2015 15:49:53 |
| 200014 | fainy 茨 | ***832@qq.com | 1/29/2015 17:59:08 |
| 200015 | chloe0521 | ***422@qq.com | 1/31/2015 11:59:50 |
| 200016 | dave_nj | *** nj@163.com | 2/2/2015 22:00:27 |
| 200017 | teeko | ***206@qq.com | 2/17/2015 11:37:00 |
| 200018 | kanaso | ***592@qq.com | 2/28/2015 09:46:07 |
| 200019 | abner | ***969@qq.com | 2/28/2015 18:54:26 |
| 200020 | waveletz | ***586@qq.com | 3/1/2015 14:39:19 |

表 5.2 页面标签内容表（节选）

| G | H |
|---|---|
| 一级标签 | 二级标签 |
| 主页 | |
| 项目与招聘 | 项目需求 |
| 新闻与通知 | 新闻与动态 |
| 教育资源 | 案例教程 |
| 教育资源 | 教学资源 |
| 教育资源 | 教学资源 |
| 教育资源 | 培训信息 |
| 教育资源 | 建模工具 |
| 教育资源 | 建模工具 |
| 教育资源 | 建模工具 |
| 教育资源 | 案例教程 |
| 教育资源 | 培训信息 |
| 教育资源 | 培训信息 |
| 教育资源 | 教学资源 |
| 教育资源 | 历年赛题 |
| 项目与招聘 | |
| 成功案例 | 创新科技 |
| 教育资源 | 教学资源 |
| 教育资源 | 案例教程 |
| 教育资源 | 历年赛题 |
| 教育资源 | 历年赛题 |
| 教育资源 | 培训信息 |
| 教育资源 | 培训信息 |

表 5.3 用户表（节选）

| A | B | C | D | E |
|---|---|---|---|---|
| 用户ID | sessionID | 访问IP | 访问时间 | 访问页面 |
| 200083 | 5bcec0a6-5a39-489a-8cab-8edadf96bbb2 | 113.96.8.218 | 1/29/2015 17:47:09 | http://www.＊＊＊.com/ |
| 200085 | cf810661-a08f-4592-b5fb-7b08ac55143c | 223.73.196.99 | 1/29/2015 17:47:13 | http://www.＊＊＊.com/ |
| 200085 | cf810661-a08f-4592-b5fb-7b08ac55143c | 223.73.196.99 | 1/29/2015 17:53:48 | http://www.＊＊＊.com/ |
| 200085 | cf810661-a08f-4592-b5fb-7b08ac55143c | 223.73.196.99 | 1/29/2015 17:55:48 | http://www.＊＊＊.com/i |
| 200001 | c60237cd-fb82-492c-8f43-9b16f5bf5f07 | 103.3.98.175 | 1/29/2015 21:46:22 | http://www.＊＊＊.com/ |
| 200001 | c60237cd-fb82-492c-8f43-9b16f5bf5f07 | 103.3.98.175 | 1/29/2015 21:50:02 | http://www.＊＊＊.com/ |
| 200001 | c60237cd-fb82-492c-8f43-9b16f5bf5f07 | 103.3.98.175 | 1/29/2015 22:04:05 | http://www.＊＊＊.com/ |
| 200001 | c60237cd-fb82-492c-8f43-9b16f5bf5f07 | 103.3.98.175 | 1/29/2015 22:14:23 | http://www.＊＊＊.com/j |
| 200085 | fe0ccf04-f7ac-4824-aa2f-6a524d4b787b | 183.61.160.21 | 1/29/2015 22:14:06 | http://www.＊＊＊.com/j |
| 200085 | fe0ccf04-f7ac-4824-aa2f-6a524d4b787b | 183.61.160.21 | 1/29/2015 22:14:28 | http://www.＊＊＊.com/j |
| 200085 | fe0ccf04-f7ac-4824-aa2f-6a524d4b787b | 183.61.160.21 | 1/29/2015 22:14:55 | http://www.＊＊＊.com/i |
| 200021 | ba5f034a-3572-4405-8107-6bbec7c17886 | 223.73.64.205 | 1/29/2015 22:24:35 | http://www.＊＊＊.com/s |
| 200093 | 90ed3aa6-2f03-40ed-a590-e612c50feffb | 113.96.8.166 | 1/29/2015 22:31:02 | http://www.＊＊＊.com/s |
| 200097 | 8d8516be-aa06-4c03-8774-c00354f00f78 | 223.73.65.182 | 1/29/2015 22:30:05 | http://www.＊＊＊.com/t |
| 200097 | 8d8516be-aa06-4c03-8774-c00354f00f78 | 223.73.65.182 | 1/29/2015 22:32:22 | http://www.＊＊＊.com/d |
| 200097 | 8d8516be-aa06-4c03-8774-c00354f00f78 | 223.73.65.182 | 1/29/2015 22:34:08 | http://www.＊＊＊.com/ |
| 200097 | 8d8516be-aa06-4c03-8774-c00354f00f78 | 223.73.65.182 | 1/29/2015 22:34:18 | http://www.＊＊＊.com/ |
| 200089 | 6fabd534-d6da-457a-8d36-062262bda952 | 36.250.89.84 | 1/29/2015 22:34:13 | http://www.＊＊＊.com/ |
| 200094 | e271c447-8bf7-4035-a702-1c7053e93dd2 | 222.129.31.10 | 1/29/2015 22:33:50 | http://www.＊＊＊.com/ |
| 200084 | 390e8ab3-abbd-4f69-b7f2-ce960bc923d3 | 14.218.181.92 | 1/29/2015 22:37:07 | http://www.＊＊＊.com/ |
| 200084 | 390e8ab3-abbd-4f69-b7f2-ce960bc923d3 | 14.218.181.92 | 1/29/2015 22:37:12 | http://www.＊＊＊.com/ |
| 200084 | 390e8ab3-abbd-4f69-b7f2-ce960bc923d3 | 14.218.181.92 | 1/29/2015 22:41:02 | http://www.＊＊＊.com/ |
| 200073 | 98e44481-0bef-44ad-9b54-609d0a234da0 | 14.21.171.104 | 1/29/2015 22:40:51 | http://www.＊＊＊.com/ |
| 200073 | 98e44481-0bef-44ad-9b54-609d0a234da0 | 14.21.171.104 | 1/29/2015 22:44:18 | http://www.＊＊＊.com/s |
| 200058 | ce44efd9-5766-43c6-8e6b-66adaf8f9954 | 113.44.40.57 | 1/29/2015 22:50:22 | http://www.＊＊＊.com/ |
| 200058 | ce44efd9-5766-43c6-8e6b-66adaf8f9954 | 113.44.40.57 | 1/29/2015 22:54:51 | http://www.＊＊＊.com/j |
| 200058 | ce44efd9-5766-43c6-8e6b-66adaf8f9954 | 113.44.40.57 | 1/29/2015 22:55:25 | http://www.＊＊＊.com/j |
| 200093 | 66084ba9-50b9-4fad-bbfb-5cf081090fa9 | 223.104.1.246 | 1/29/2015 23:02:54 | http://www.＊＊＊.com/s |

表 5.4　访问数据表（节选）

| 关键词 | 一级标签 | 二级标签 | 来源网站 | 来源网页 | |
|---|---|---|---|---|---|
| /www.***.com/ | 主页 | | http://www.16 | http://www.***.com/login.j | |
| 非侵入式用电监测和负荷识别研究 | 项目与招聘 | 项目需求 | http://www.16 | http://www.***.com/?local | |
| 2014年最吃香工作技能：统计分析和数据挖 | 新闻与通知 | 新闻与动态 | http://www.16 | http://www.***.com/comm | |
| 改进K-均值聚类——网络入侵检测 | 教育资源 | 案例教程 | http://www.ba | http://www.***.com/link?url= | |
| 神经网络实用教程及配套视频 | 教育资源 | 教学资源 | http://www.16 | http://www.***.com | |
| 数据挖掘：实用案例分析 | 教育资源 | 教学资源 | http://www.16 | http://www.***.com | |
| CDA数据分析师培训深圳开班 | 教育资源 | 培训信息 | http://www.16 | http://www.***.com | |
| ww.***.com/jmgj/index_2.jhtml | 教育资源 | 建模工具 | http://www.16 | http://www.***.com/jmgj/in | |
| ww.***.com/jmgj/index.jhtml | 教育资源 | 建模工具 | http://www.16 | http://www.***.com/zytj/in | |
| IBM SPSS Modeler数据挖掘建模工具 | 教育资源 | 建模工具 | http://www.16 | http://www.***.com/jmgj/in | |
| RBF神经网络时序预测——外汇储备进行预 | 教育资源 | 案例教程 | http://www.16 | http://www.***.com/jmgj/5 | |
| ww.***.com/sj/index.jhtml | 教育资源 | 培训信息 | http://www.16 | http://www.***.com/zytj/in | |
| ww.***.com/sj/index.jhtml | 教育资源 | 培训信息 | http://www.16 | http://www.***.com/zytj/in | |
| ww.***.com/ts/index.jhtml | 教育资源 | 教学资源 | http://www.16 | http://www.***.com/zytj/in | |
| ww.***.com/qk/index.jhtml | 教育资源 | 历年赛题 | http://www.16 | http://www.***.com/zytj/in | |
| ww.***.com/xtxm/index.jhtml　l | 项目与招聘 | | http://www.16 | http://www.***.com/zytj/in | |
| ww.***.com/kjxm/index.jhtml | 成功案例 | 创新科技 | http://www.16 | http://www.***.com/cgal/in | |
| 神经网络实用教程及配套视频 | 教育资源 | 教学资源 | http://www.16 | http://www.***.com/xtxm/i | |
| ww.***.com/information/index.jhtml　l | 教育资源 | 案例教程 | http://www.16 | http://www.***.com/zytj/in | |
| ww.***.com/qk/index.jhtml | 教育资源 | 历年赛题 | http://www.16 | http://www.***.com/zytj/in | |
| 第二届泰迪华南杯数据挖掘竞赛赛题 | 教育资源 | 历年赛题 | http://www.16 | http://www.***.com/qk/ind | |
| 海量数据挖掘技术及工程实践培训广州开课 | 教育资源 | 培训信息 | http://www.16 | http://www.***.com/sj/inde | |
| 海量数据挖掘技术及工程实践培训佛山开课 | 教育资源 | 培训信息 | http://www.16 | http://www.***.com/sj/inde | |
| ww.163yun.com/sj/index.jhtml | 教育资源 | 培训信息 | http://www.16 | http://www.***.com/zyym | |
| 大数据挖掘技术及工程实践培训深圳开课 | 教育资源 | 培训信息 | http://www.16 | http://www.***.com/sj/inde | |
| TipDM数据挖掘建模工具 | 教育资源 | 建模工具 | http://www.16 | http://www.***.com/sj/inde | |

如何利用用户的访问数据分析出页面之间的联系，从而对用户进行资源推荐呢？

本次大数据分析建模目标为：根据用户访问的数据，分析用户的访问行为习惯，识别出用户在访问某些页面资源时可能感兴趣的其他资源，并进行智能推荐。

## ▶▶▶▶ 5.5.2　分析方法与过程

关联分析能寻找数据集中大量数据的相关联系。用户访问网站时会浏览不同页面，这些页面的日志会记录在用户的访问日志中，用户每次访问网站的目的可能不一样，有必要在用户访问日志中区分每次浏览的页面路径，以一次访问的所有页面作为一次关联规则分析记录，以所有记录作为关联规则分析数据集，分析其中的强关联规则，当用户访问某些页面时，根据规则推荐用户可能继续浏览的页面。

如图 5.3 所示为基于关联规则的网站智能推荐服务流程图，主要包括以下步骤。

(1) 从数据库中选择性地抽取用户访问数据，用于关联规则建模，实时抽取推荐样本数据，用于后续关联规则推荐。

(2) 对用户访问数据进行预处理，将相同的 sessionID 划分为一次访问，将一次访问的所有页面归为一次访问事件。

(3) 构建关联规则建模样本数据。

(4) 利用关联规则样本数据构建关联规则模型，输出页面间的关联规则结果。

(5) 利用步骤 (4) 得到的关联规则结果并结合实时样本数据进行页面推荐。

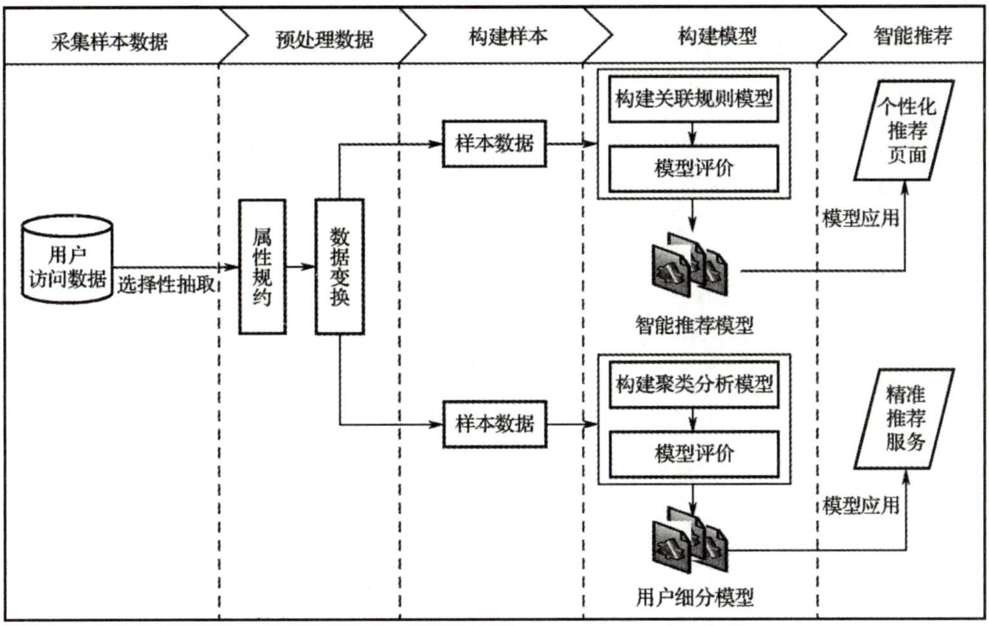

图 5.3 基于关联规则的网站智能推荐服务流程图

### ▶▶▶▶ 5.5.3 数据抽取

根据任务的需要，选取最近半年的时间段作为观测窗口，抽取窗口内用户的所有详细记录，形成所需的数据样本集。数据包括用户 ID、sessionID、访问 IP、访问时间、访问页面、关键词、一级标签、二级标签、来源网站、来源网页等，参见表 5.3 和表 5.4。

### ▶▶▶▶ 5.5.4 数据预处理

#### 1. 属性规约

为减少大数据分析花费的时间，提高大数据分析算法的效果，本任务删除了与建模不相关的属性。本任务研究的是用户的访问页面推荐，针对的是单次访问事件的所有页面，其与访问 IP、访问时间、关键词、来源网站和来源网页无关，故规约掉这些属性。

用户 ID 能唯一标识用户，访问页面是分析的对象，sessionID 能唯一标识用户的单次访问，一级标签和二级标签能统计每个用户访问不同类别网页的次数，所以这些属性需要保留。节选的属性规约后的数据如表 5.5 所示。

#### 2. 数据变换

用户访问网站时，系统自动生成一个 sessionID 标识用户的访问，用户在关闭浏览器前所访问过的网站记录均关联同一个 sessionID。用户重新开启浏览器访问网站或长时间不对访问页面进行操作，原来的 sessionID 失效，系统会以新的 sessionID 标识用户的访问。所以将相同的 sessionID 划分为一次访问，将一次访问的所有访问页面归为一次记录，即将表 5.6 处理成表 5.7 所示的形式。其处理的 MATLAB 代码如图 5.4 所示。

表 5.5　属性规约后的数据表（节选）

| | 用户ID | sessionID | 访问页面 | 一级标签 | 二级标签 |
| | A | B | C | D | E |
|---|---|---|---|---|---|
| | 200083 | 5bcec0a6-5a39-489a-8cab-8edadf96bbb2 | http://www.＊＊＊.com/ | 主页 | |
| | 200085 | cf810661-a08f-4592-b5fb-7b08ac55143c | http://www.＊＊＊.com/wjx | 项目与招聘 | 项目需求 |
| | 200085 | cf810661-a08f-4592-b5fb-7b08ac55143c | http://www.＊＊＊.com/new | 新闻与通知 | 新闻与动态 |
| | 200085 | cf810661-a08f-4592-b5fb-7b08ac55143c | http://www.＊＊＊.com/info | 教育资源 | 案例教程 |
| | 200001 | c60237cd-fb82-492c-8f43-9b16f5bf5f07 | http://www.＊＊＊.com/ts/5 | 教育资源 | 教学资源 |
| | 200001 | c60237cd-fb82-492c-8f43-9b16f5bf5f07 | http://www.＊＊＊.com/ts/5 | 教育资源 | 教学资源 |
| | 200001 | c60237cd-fb82-492c-8f43-9b16f5bf5f07 | http://www.＊＊＊.com/sj/5 | 教育资源 | 培训信息 |
| | 200001 | c60237cd-fb82-492c-8f43-9b16f5bf5f07 | http://www.＊＊＊.com/jmg | 教育资源 | 建模工具 |
| | 200085 | fe0ccf04-f7ac-4824-aa2f-6a524d4b787b | http://www.＊＊＊.com/jmg | 教育资源 | 建模工具 |
| | 200085 | fe0ccf04-f7ac-4824-aa2f-6a524d4b787b | http://www.＊＊＊.com/jmg | 教育资源 | 建模工具 |
| | 200085 | fe0ccf04-f7ac-4824-aa2f-6a524d4b787b | http://www.＊＊＊.com/info | 教育资源 | 案例教程 |
| | 200021 | ba5f034a-3572-4405-8107-6bbec7c17886 | http://www.＊＊＊.com/sj/i | 教育资源 | 培训信息 |
| | 200093 | 90ed3aa6-2f03-40ed-a590-e612c50feffb | http://www.＊＊＊.com/sj/i | 教育资源 | 培训信息 |
| | 200097 | 8d8516be-aa06-4c03-8774-c00354f00f78 | http://www.＊＊＊.com/ts/i | 教育资源 | 教学资源 |
| | 200097 | 8d8516be-aa06-4c03-8774-c00354f00f78 | http://www.＊＊＊.com/qk/ | 教育资源 | 历年赛题 |
| | 200097 | 8d8516be-aa06-4c03-8774-c00354f00f78 | http://www.＊＊＊.com/xtx | 项目与招聘 | |
| | 200097 | 8d8516be-aa06-4c03-8774-c00354f00f78 | http://www.＊＊＊.com/kjx | 成功案例 | 创新科技 |
| | 200089 | 6fabd534-d6da-457a-8d36-062262bda952 | http://www.＊＊＊.com/ts/5 | 教育资源 | 教学资源 |
| | 200094 | e271c447-8bf7-4035-a702-1c7053e93dd2 | http://www.＊＊＊.com/info | 教育资源 | 案例教程 |
| | 200084 | 390e8ab3-abbd-4f69-b7f2-ce960bc923d3 | http://www.＊＊＊.com/qk/ | 教育资源 | 历年赛题 |
| | 200084 | 390e8ab3-abbd-4f69-b7f2-ce960bc923d3 | http://www.＊＊＊.com/qk/ | 教育资源 | 历年赛题 |
| | 200084 | 390e8ab3-abbd-4f69-b7f2-ce960bc923d3 | http://www.＊＊＊.com/sj/ | 教育资源 | 培训信息 |
| | 200073 | 98e44481-0bef-44ad-9b54-609d0a234da0 | http://www.＊＊＊.com/sj/ | 教育资源 | 培训信息 |

表 5.6　访问页面数据表（节选）

| | 访问事件序号 | sessionID | 访问页面 |
| | A | B | C |
|---|---|---|---|
| | 1 | 5bcec0a6-5a39-48 | http://www.＊＊＊.org/ |
| | 2 | cf810661-a08f-459 | http://www.＊＊＊.org/wjxq/516.jhtml |
| | 2 | cf810661-a08f-459 | http://www.＊＊＊.org/news/530.jhtml |
| | 2 | cf810661-a08f-459 | http://www.＊＊＊.org/information/454.jhtml |
| | 3 | c60237cd-fb82-49 | http://www.＊＊＊.org/ts/579.jhtml |
| | 3 | c60237cd-fb82-49 | http://www.＊＊＊.org/ts/535.jhtml |
| | 3 | c60237cd-fb82-49 | http://www.＊＊＊.org/sj/560.jhtml |
| | 3 | c60237cd-fb82-49 | http://www.＊＊＊.org/jmgj/index_2.jhtml |
| | 4 | fe0ccf04-f7ac-482 | http://www.＊＊＊.org/jmgj/index.jhtml |
| | 4 | fe0ccf04-f7ac-482 | http://www.＊＊＊.org/jmgj/568.jhtml |

表 5.7　记录数据表（节选）

| | 访问事件序号 | 访问页面 |
| | A | B |
|---|---|---|
| | 1 | http://www.＊＊＊.org/ |
| | 2 | http://www.＊＊＊.org/wjxq/516.jhtml |
| | 2 | http://www.＊＊＊.org/news/530.jhtml |
| | 2 | http://www.＊＊＊.org/information/454.jhtml |
| | 3 | http://www.＊＊＊.org/ts/579.jhtml |
| | 3 | http://www.＊＊＊.org/ts/535.jhtml |
| | 3 | http://www.＊＊＊.org/sj/560.jhtml |
| | 3 | http://www.＊＊＊.org/jmgj/index_2.jhtml |
| | 4 | http://www.＊＊＊.org/jmgj/index.jhtml |
| | 4 | http://www.＊＊＊.org/jmgj/568.jhtml |

```
%% 提取访问数据，把同一个ID的数据进行聚合
clear;
% 参数初始化
inputfile = '../data/visit data.xls'; % sessionID访问数据
outputfile = '../tmp/visit data.txt'; % 聚合后的数据文件
separator = ','; % 聚合后的访问数据的分隔符

%% 读取数据
[num,txt] = xlsread(inputfile);
txt = txt(2:end,2);

%% 检查文件是否存在，存在则删除
if exist(outputfile,'file')==2 % 避免多次运行影响
    disp(['文件' outputfile '存在，正在被删除...']);
    delete(outputfile);
end

%% 构造输出
rows = size(num,1);
fid = fopen(outputfile, 'w');
firstid = num(1,1);
fprintf(fid,'%s\t%s',num2str(firstid),txt{1,1});
for i=2:rows
    secondid = num(i,1);
    if firstid~=secondid % 需要换行
        fprintf(fid,'%s\n%s\t','',num2str(secondid));

    else % 需要添加separator,
        fprintf(fid,'%s',separator);
    end
    % 写入数据,并重新赋值id
    fprintf(fid,'%s',txt{i,1});
    firstid = secondid;
end
fclose(fid);

%% 打印结果
disp(['数据已经按照sessionID进行聚合,聚合后的数据存储在 "' outputfile '" 文件中！']);
```

图 5.4　MATLAB 代码

▶▶▶ **5.5.5　构建模型**

### 1. 构建关联规则模型

访问数据经过预处理后，形成关联规则建模数据。采用 Apriori 关联规则算法对建模的样本数据进行分析，需要设置最小支持度、最小置信度。经过多次调整并结合实际应用分析，选取模型的输入参数为：最小支持度 1%、最小置信度 70%。Apriori 关联规则算法代码如图 5.5 所示。

```
%% | Apriori关联规则挖掘
clear;
% 参数初始化
inputfile = '../data/visit_data.xls';
preprocessedfile = '../tmp/visit_data.txt';
outputfile='../tmp/as.txt';% 输出转换后0,1矩阵文件
rulefile = '../tmp/rules.txt'; % 规则输出文件
minSup = 0.01; % 最小支持度
minConf = 0.70;% 最小置信度
nRules = 1000;% 输出最大规则数
sortFlag = 1;% 按照支持度排序
separator = ','; % 分隔符

%% 数据预处理，根据sessionID对访问数据进行聚合
preprocess_apriori(inputfile,preprocessedfile,separator);

%% 数据编码
[transactions,code] = trans2matrix(preprocessedfile,outputfile,separator);

%% 调用Apriori关联规则算法
[Rules,FreqItemsets] = findRules(transactions, minSup, minConf, nRules, sortFlag, code, rulefile);
disp('Apriori关联规则算法测试完成！');
```

图 5.5　Apriori 关联规则算法代码

### 2. 模型分析

关联规则模型的输出结果如图 5.6 所示。

```
Rule   (Support, Confidence)
1.http://www.＊＊＊.org/ts/535.jhtml -> http://www.＊＊＊.org/sj/560.jhtml (2.6275%, 73.913%)
2.http://www.＊＊＊.org/sj/560.jhtml,http://www.＊＊＊.org/ts/535.jhtml -> http://www.＊＊＊.org/ts/579.jhtml (1.8547%, 70.5882%)
3.http://www.＊＊＊.org/sj/560.jhtml,http://www.＊＊＊.org/ts/579.jhtml -> http://www.＊＊＊.org/ts/535.jhtml (1.8547%, 80%)
4.http://www.＊＊＊.org/ts/535.jhtml,http://www.＊＊＊.org/ts/579.jhtml -> http://www.＊＊＊.org/sj/560.jhtml (1.8547%, 92.3077%)
5.http://www.＊＊＊.org/sj/560.jhtml,http://www.＊＊＊.org/ts/579.jhtml -> http://www.＊＊＊.org/ts/535.jhtml (1.8547%, 80%)
6.http://www.＊＊＊.org/ts/578.jhtml,http://www.＊＊＊.org/ts/579.jhtml -> http://www.＊＊＊.org/sj/560.jhtml (1.8547%, 100%)
7.http://www.＊＊＊.org/ts/535.jhtml,http://www.＊＊＊.org/ts/578.jhtml -> http://www.＊＊＊.org/sj/560.jhtml (1.7002%, 100%)
8.http://www.＊＊＊.org/ts/535.jhtml,http://www.＊＊＊.org/ts/578.jhtml -> http://www.＊＊＊.org/ts/579.jhtml (1.391%, 81.8182%)
9.http://www.＊＊＊.org/ts/578.jhtml,http://www.＊＊＊.org/ts/579.jhtml -> http://www.＊＊＊.org/ts/535.jhtml (1.391%, 75%)
10.http://www.＊＊＊.org/ts/535.jhtml,http://www.＊＊＊.org/ts/578.jhtml -> http://www.＊＊＊.org/sj/560.jhtml,http://www.tipdm.org/ts/579.jhtml (1.391%, 81.8182%)
```

图 5.6　关联规则模型的输出结果

下面对关联规则输出结果进行解释：

对于序号 1 的规则，模型输出的支持度为 2.63%，说明用户同时访问"大数据分析·实用案例分析"和"CDA 大数据分析师培训深圳开班"的可能性为 2.63%，置信度为 73.91%，说明用户访问"大数据分析·实用案例分析"后，又访问"CDA 大数据分析师培训深圳开班"的可能性为 73.91%。

对于序号 2 的规则，模型输出的支持度为 1.85%，说明用户同时访问"CDA 大数据分析师培训深圳开班""大数据分析·实用案例分析"和"神经网络实用教程及配套视频"的可能性为 1.85%，置信度为 70.59%，说明用户在访问"CDA 大数据分析师培训深圳开班"和"大数据分析·实用案例分析"后，又访问"神经网络实用教程及配套视频"的可能性为 70.59%。

### 3. 模型应用

根据关联规则输出的规则，结合企业业务需求筛选出合适的规则，输入数据库，当用户访问某些页面时，如果满足规则中的前项，则根据规则智能推荐后项关联的页面。例如，根据序号 1 的规则，如果用户访问了"大数据分析·实用案例分析"页面，则推荐用户访问"CDA 大数据分析师培训深圳开班"页面，推荐的页面列在图 5.7 左侧"看了又看"栏目下。

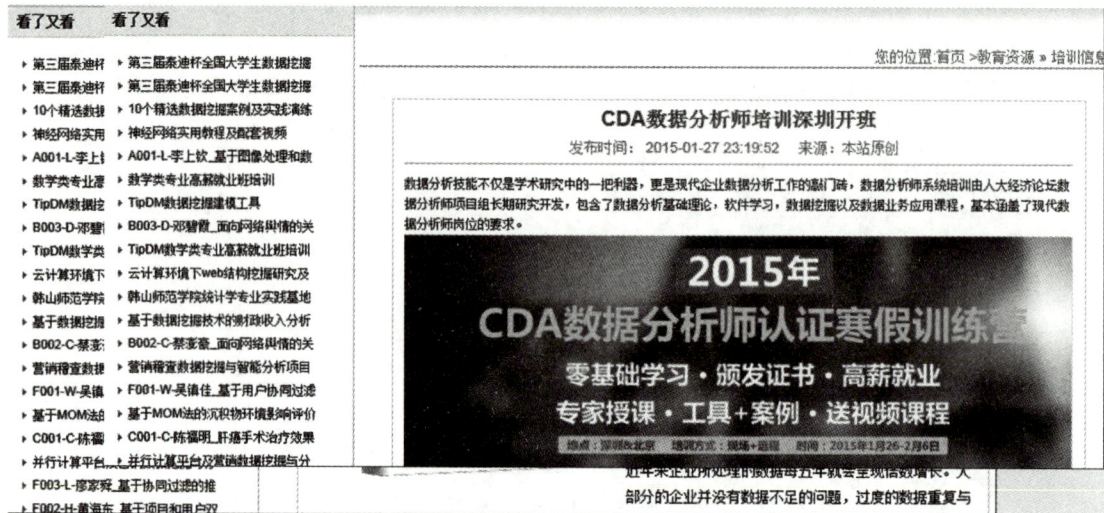

图 5.7　模型应用实例

# 本 章 习 题

## 一、填空题

1. 大数据分析的基本任务包括 _____、聚类分析、_____、_____、_____。
2. 大数据分析的建模过程包括 _____、_____、_____、模型评估等。
3. 数据探索主要包括异常值分析及 _____、_____、_____ 等。
4. 数据预处理主要包括数据清洗、_____、_____、属性规约等。
5. 分析建模常见的模型分类方式包括分类与预测、聚类分析、_____、_____、_____ 等。

## 二、名词解释

1. 数据预处理。
2. 数据探索。
3. 大数据存储系统。

## 三、思考题

1. 什么是大数据分析？
2. 数据挖掘的主要任务有哪些？
3. 数据挖掘的步骤有哪些？
4. 数据挖掘中常用的算法有哪些？

# 第6章 数字媒体

## 技能目标

◎ 理解数字媒体和数字媒体技术的概念。

◎ 掌握常见的数字媒体工具的基本操作方法。

## 素养目标

◎ 能够利用数字媒体宣传中国传统文化。

◎ 培养严谨求实的工作和学习态度。

## 星火引航

　　我国的字节跳动公司旗下有多款数字媒体应用软件，其中 TikTok 在海外市场的成功，不仅展现了其独特的创新能力，更体现了中国互联网企业"走出去"战略的显著成效。TikTok 通过精准捕捉年轻用户的需求，结合智能推荐算法，为用户提供了丰富的内容体验，赢得了全球用户的喜爱。这一成就不仅彰显了中华文化的魅力，也为中国互联网企业树立了良好的国际形象。TikTok 的海外发展之路，为我国文化产业"走出去"提供了有益的经验和启示。本章根据近年来数字媒体的发展，介绍了数字媒体的基础知识、数字图像、数字声音和数字视频等内容。

## 6.1　数字媒体的基础知识

#### ▶▶▶ 6.1.1　数字媒体简述

数字媒体是指通过计算机存储、处理和传播的信息媒体。

数字媒体是一个应用领域很广的新兴学科，是以信息科学和数字技术为主导，以大众传播理论为依据，将信息传播技术应用到文化、艺术、商业、教育和管理等领域的科学与艺术高度融合的综合交叉学科。

数字媒体包括文字、图形、图像、音频、视频及计算机动画等形式，其传播形式和传播内容都采用数字化过程，即信息的采集、存取、加工和分发的数字化过程。数字媒体是信息社会非常广泛的信息载体，已渗透到人们工作、学习和生活的方方面面。图 6.1 所示为数字媒体的部分应用。

数字媒体基础知识 1

图 6.1　数字媒体的部分应用

#### ▶▶▶ 6.1.2　数字媒体的特性

数字媒体的应用不局限于媒体行业，它已广泛应用于零售业的市场推广、医疗行业的诊断图像管理、制造业的资料管理、政府机构的视频监督管理、教育行业的多媒体教学和远程教学、电信行业中无线内容的分发、金融行业的客户服务，以及家庭生活中的娱乐和游戏等领域。

数字媒体技术是实现媒体的记录、处理、存储、传输、显示、管理等环节的硬件和软件技术。数字媒体具有数字化、交互性、集成性、艺术性和趣味性等特性，如图 6.2 所示。

图 6.2 数字媒体的特性

### 1. 数字化

数字媒体技术相对于传统媒体技术，其信息的采集、制作、传播、存储和管理是以数字化的形式进行的，其载体是以数字化的形式存在的。信息模拟和数字转换的时间大大缩减，效率提高，弥补了传统媒体技术信息处理困难和效率低下的问题。

### 2. 交互性

在传统媒体中，人们获取信息资源时是单方向的，即受众无法有效地传达自己对信息资源的意见和感受。在数字媒体技术中，人们在接收信息的同时可以通过评论、留言、弹幕等形式对所接收的信息进行实时反馈，信息的传播者可以第一时间了解受众的意见。

交互性的特点使人们有了使用和控制数字媒体信息的手段，并借助这种交互式的沟通达到交流、咨询和学习的目的，这也为数字媒体的应用开辟了广阔领域。

### 3. 集成性

数字媒体的集成性主要表现在两个方面，即数字媒体信息载体的集成和处理这些数字媒体信息设备的集成。数字媒体信息载体的集成是指将文字、图像、图形、声音、影视、动画等信息集成在一起综合处理；数字媒体信息设备的集成包括计算机系统、存储设备、音响设备、影视设备等的集成，是指将各种媒体在各种设备上有机地组织在一起，形成数字媒体系统，从而实现声、文、图、像的一体化处理。

### 4. 艺术性

数字媒体融合了技术与创意，集动态、交互、虚拟现实于一体，展现了跨媒介的复合表现力，在艺术上突破了时空的限制，观众参与其中，享受沉浸式体验，呈现个性化与多元化的艺术风格。

### 5. 趣味性

数字媒体技术的数字化和交互性特征决定了它的趣味性。开发者利用数字媒体技术对信息进行处理，使信息更加形象、直观和便捷。数字游戏、数字视频、数字动画等娱乐形式，给人们的日常生活增加了很多趣味。

## ▶▶▶ 6.1.3 数字媒体的分类

数字媒体的分类形式多样，可以从不同角度对数字媒体进行种类

数字媒体基础知识 2

划分。

从实体角度看，数字媒体包括文字、数字图片、数字音频、数字视频、数字动画；从载体角度看，数字媒体包括数字图书及报刊、数字广播、数字电视、数字电影、计算机及网络；从传播要素看，数字媒体包括数字媒体内容、数字媒体机构、数字存储媒体、数字传输媒体、数字接收媒体。一般将数字存储媒体、数字传输媒体、数字接收媒体统称为数字媒介，数字媒体机构称为数字传媒，数字媒体内容称为数字信息。

如果从数字媒体定义的角度来看，可以按时间、来源、组成元素 3 个维度对其进行分类，如图 6.3 所示。

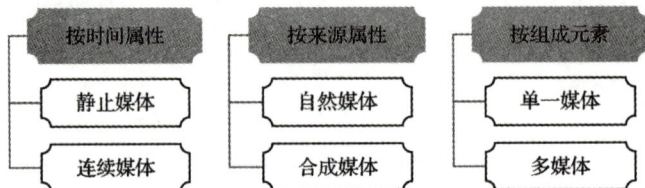

图 6.3　数字媒体的分类

### 1. 按时间属性

数字媒体按时间属性可分成静止媒体 (Still Media) 和连续媒体 (Continues Media)。静止媒体是指内容不会随时间而变化的数字媒体，如文本和图片；连续媒体是指内容随时间而变化的数字媒体，如音频、视频、虚拟图像等。

### 2. 按来源属性

数字媒体按来源属性可分成自然媒体 (Natural Media) 和合成媒体 (Synthetic Media)。自然媒体是指客观世界存在的景物和声音等，经过专门的设备进行数字化和编码处理后得到的数字媒体，如数码相机拍的照片、数字摄像机拍的影像、MP3 数字音乐、数字电影、数字电视等；合成媒体是指以计算机为工具，采用特定符号、语言或算法表示的，由计算机生成 ( 合成 ) 的文本、音乐、语音、图像和动画等，如用 3D 制作软件制作出来的动画角色。

### 3. 按组成元素

数字媒体按组成元素可以分成单一媒体 (Single Media) 和多媒体 (Multi-Media)。顾名思义，单一媒体就是指采用单一的信息载体或表现形式和传递内容的媒体类型；多媒体是指采用多种信息载体或表现形式和传递内容的媒体类型。简单来讲，数字媒体一般就是指多媒体，是由数字技术支持的信息传输载体，其表现形式更复杂，更具视觉冲击力，更具有互动特性。

▶▶▶ **6.1.4　数字媒体的关键技术**

数字媒体是多个学科和多个技术的交叉。其关键技术包括以下几个方面。

数字媒体基础知识 3

### 1. 数字媒体信息获取与输出技术

数字媒体信息的获取是数字媒体信息处理的基础，其关键技术主要包括声音和图像等信息获取技术、人机交互技术等，其技术基础是现代传感技术。目前，传感技术发展的趋势是应用微电子技术等，使新型传感器具有集成化、多功能化和智能化的特点。

输出技术是将数字媒体信息转化为人们所能感知的信息技术，其应用目的主要是利用更人性化、更丰富甚至可交互的界面将数字媒体的内容进行展示。涉及的主要技术包括声音系统技术、显示技术、硬复制技术及三维显示技术等。

### 2. 数字媒体存储技术

数字媒体存储技术对存储容量、传输速度等性能指标的高标准要求，促进了数字媒体存储媒介及相关控制技术、接口标准、机械结构等的飞速发展。高存储容量和高速存储产品不断涌现，进一步促进了数字媒体技术及其应用的发展。目前，在数字媒体领域中占主流地位的存储技术主要是磁存储技术、光存储技术和半导体存储技术。

### 3. 数字媒体信息处理技术

数字媒体信息处理技术是数字媒体应用的关键，主要包括模拟信息的数字化、高效的压缩编码技术，以及数字信息的特征提取、分类与识别等技术。在数字媒体中，最具代表性和复杂性的是声音与图像信息，相关的数字媒体信息处理技术的研发也以数字音频处理技术和数字图像处理技术为主体。

### 4. 数字媒体传播技术

数字媒体传播技术为数字媒体传播与信息交流提供了高速、高效的网络平台，这也是数字媒体所具备的最显著特征。数字媒体传播技术全面应用和综合了现代通信技术与计算机网络技术，在数字媒体传播中，信息按比特存放在数字仓库中（计算机硬盘或光盘内），传播者和受众之间能通过计算机网络进行实时通信和交换。这种实时的互动性使反馈变得轻而易举，同时信源和信宿的角色可以随时转换。

## 6.2 数字图像处理

#### ▶▶▶ 6.2.1 Photoshop 软件

Adobe Photoshop 简称 PS，是由 Adobe 公司开发和发行的图像处理软件，如图 6.4 所示。Photoshop 主要处理由像素构成的数字图像。使用其众多的编修与绘图工具，可以有效地进行图片编辑工作。Photoshop 有很多功能，在图像、图形、文字、视频等方面都有涉及，是目前市面上主流的数字图像处理软件。

数字图像 1

图 6.4　Adobe Photoshop

▶▶▶ **6.2.2　图像文件的基本操作**

### 1. 新建图像文档

打开 Photoshop 软件,可以直接单击左侧的"新建"按钮,也可以在"文件"菜单中选择"新建"命令,打开新建文档窗口,如图 6.5 所示。在新建文档窗口的右侧,可以对文件的信息进行预设。第一行是文件名预设,在其中输入"案例 1",将其宽度设置为"1920",高度设置为"1080",宽度旁边是单位预设,选择"像素"单位。将分辨率设置为"72",分辨率单位为"像素/英寸",将颜色模式设置为"RGB 颜色""8 位",最后单击"创建"按钮。

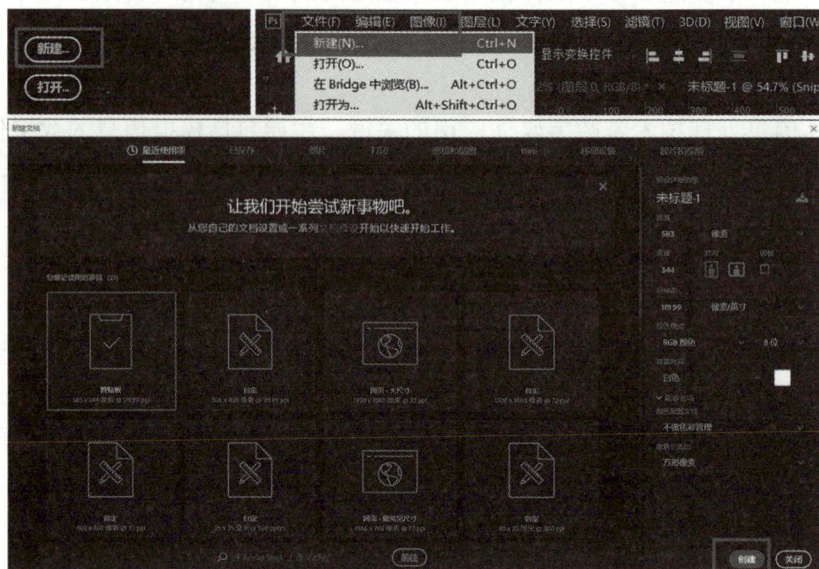

图 6.5　新建文档窗口

### 2. Photoshop 界面介绍

如图 6.6 所示,Photoshop 界面分为以下几部分。

图 6.6　Photoshop 界面

(1) 菜单栏：许多属性和窗口可以从菜单栏调出。

(2) 属性栏：给出针对每种工具的属性。

(3) 工具栏：显示常用工具，如移动工具、裁剪工具。

(4) 控制面板：包括图层面板、颜色面板等。

### 3. 导出图片

导出图片的步骤如下：

(1) 选择"文件"菜单中的"导出"→"快速导出为 PNG"命令。

(2) 在弹出的对话框中，可以设置文件的格式、图像大小、画布大小等。

(3) 单击"全部导出"按钮，在弹出的"存储为"对话框中选择图片导出位置，修改图片名称，单击"保存"按钮，如图 6.7 所示，即可导出图片。

图 6.7 导出图片

### 4. 保存工程文件

工程文件的保存步骤如下：

(1) 选择"文件"菜单中的"存储"命令。

(2) 在弹出的对话框中选择文件的保存位置，修改文件名称，单击"保存"按钮，如图 6.8 所示，即可保存文件。

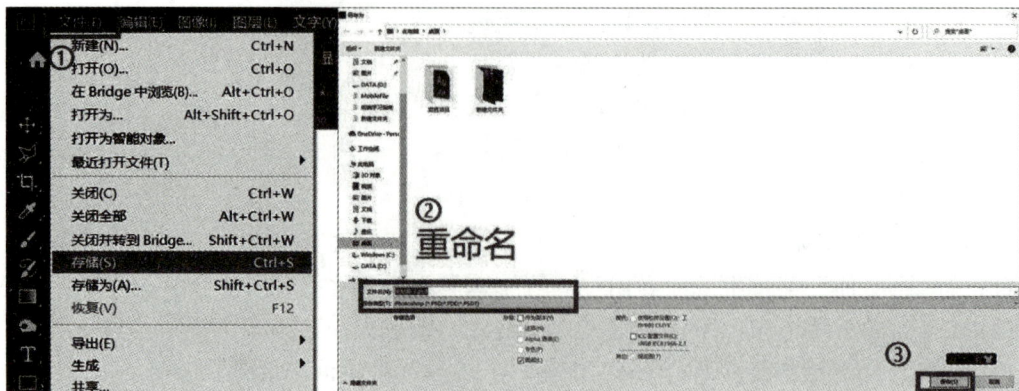

图 6.8　保存工程文件

#### ▶▶▶ 6.2.3　选区的编辑

##### 1. 选框工具

鼠标右击工具栏中的第二个工具处，在弹出的快捷菜单中选择"矩形选框工具"，如图 6.9 所示。

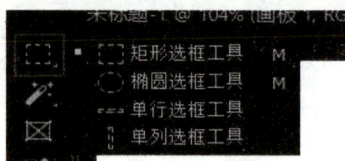

图 6.9　选择"矩形选框工具"

##### 2. 选择区域

使用矩形选框工具在画布上拖拽，可以形成虚线围成的选区，如图 6.10 所示。

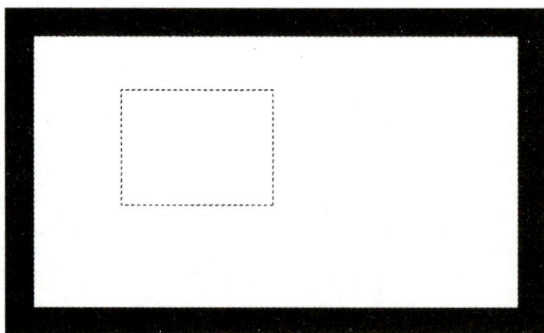

图 6.10　虚线围成的选区

##### 3. 填充颜色

给选区填充颜色的步骤如下：

(1) 确定选区后，选择"编辑"菜单中的"填充"命令。

(2) 在弹出的"填充"对话框中，选择内容下拉框中的"颜色"。

(3) 在弹出的"拾色器 ( 填充颜色 )"对话框中，选择左侧颜色区域中的颜色，然后单击右侧的"确定"按钮,返回"填充"对话框,单击"确定"按钮,如图6.11所示。

此时,选区被选取的颜色所填充。

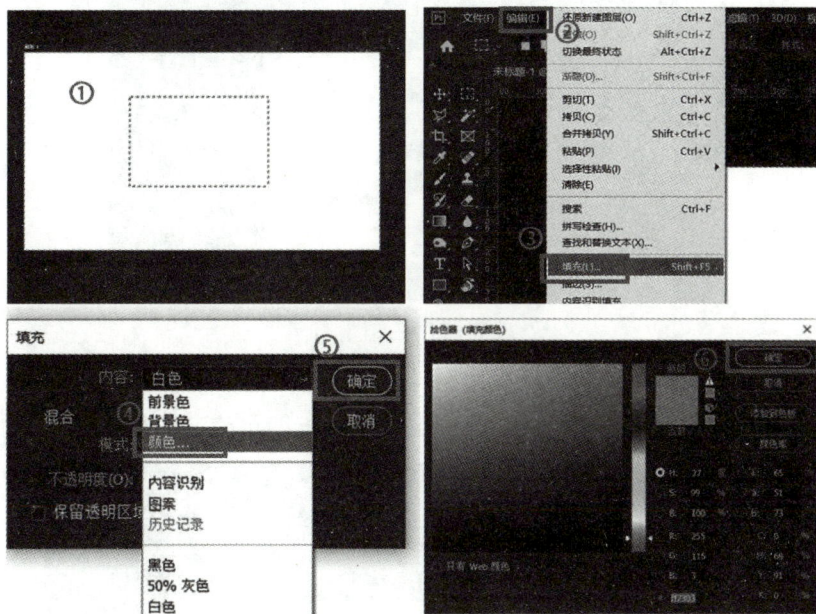

图 6.11 填充颜色

## ▶▶▶ 6.2.4 图层的使用

### 1. 新建图层

新建图层的步骤如下:

(1) 找到 Photoshop 右侧控制面板中的图层面板。

(2) 单击图层面板下方的"新建图层"按钮,新建图层1,如图6.12所示。

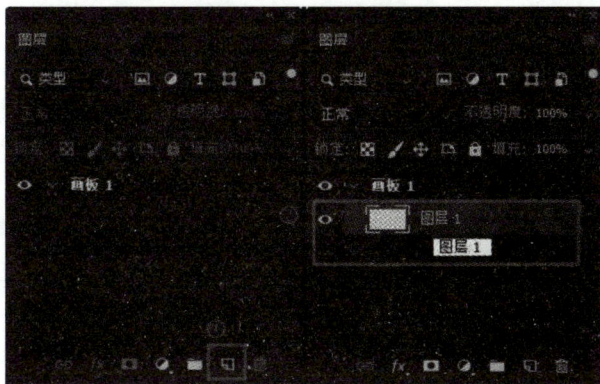

图 6.12 新建图层

### 2. 编辑图层

编辑图层的步骤如下:

(1) 在工具栏中单击"画笔工具"按钮。

(2) 选择新建的图层 1，在该图层上进行绘制，如图 6.13 所示。

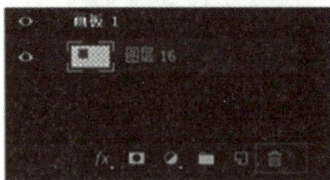

图 6.13　编辑图层

### 3. 隐藏图层

在每个图层的左侧有眼睛样式的图标，单击该图标即可隐藏图层，如图 6.14 所示。

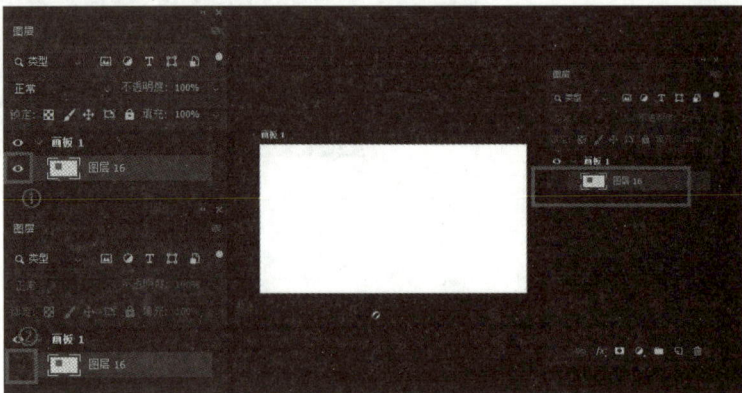

图 6.14　隐藏图层

### 4. 删除图层

选中图层，单击右下角垃圾桶样式的图标，如图 6.15(a) 所示，在弹出的对话框中单击"是"按钮，如图 6.15(b) 所示。

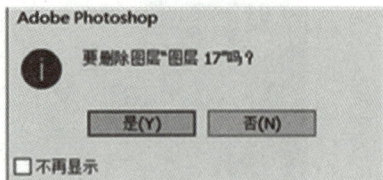

(a)　　　　　　　　　　　(b)

图 6.15　删除图层

## ▶▶▶▶ 6.2.5　图像的色彩调整

对图像进行色彩调整，可按以下步骤操作：

(1) 导入图片。直接将选中的图片拖入 Photoshop 界面，即可完成图片的导入，如图 6.16 所示。

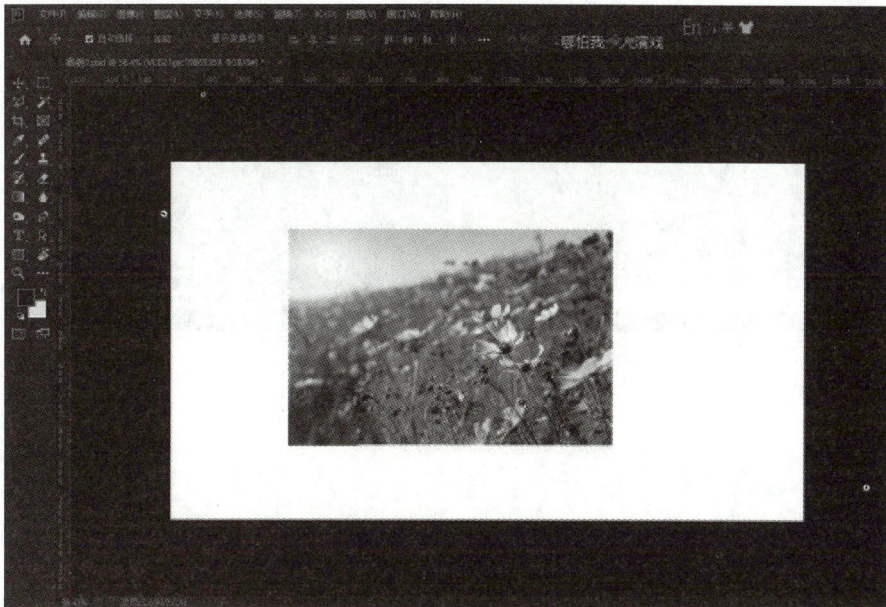

图 6.16　导入图片

(2) 选中图层，选择"图像"菜单中的"调整"→"色相/饱和度"命令，如图 6.17 所示。

(3) 弹出"色相/饱和度"对话框，如图 6.18 所示，此时图片的颜色偏黄，色彩不明亮，应该将色相数值调大，直接在色条上拖动三角块即可，如图 6.19(a) 所示。把"色相"值提高后，就可以看到图片颜色变得更加饱满，如图 6.19(b) 所示。

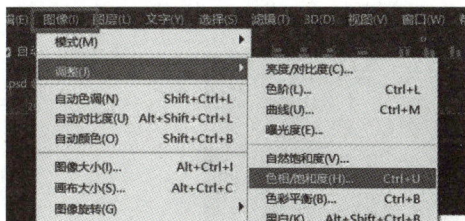

图 6.17　选择"调整"→"色相/饱和度"命令

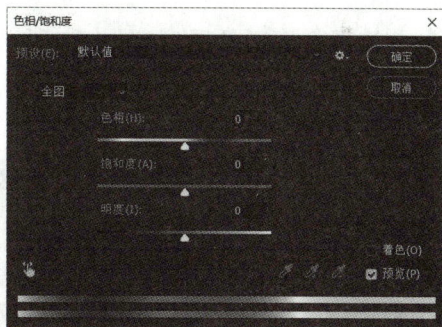

图 6.18　"色相/饱和度"对话框

(a) 调整前

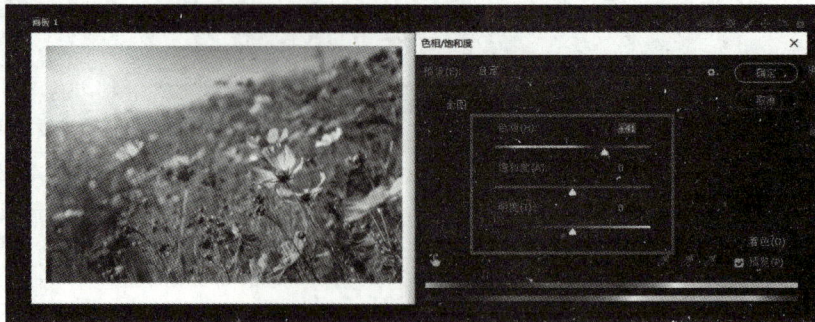

(b) 调整后

图 6.19　调整色相数值

▶▶▶▶ **6.2.6　滤镜功能**

利用滤镜功能将图片变成彩绘效果的操作步骤如下：

(1) 选择图层，然后选择"滤镜"菜单中的"滤镜库"命令，如图 6.20 所示。

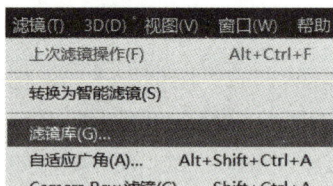

图 6.20　选择"滤镜库"命令

(2) 弹出滤镜库对话框，如图 6.21 所示。在该对话框中选择"艺术效果"→"干画笔"，如图 6.22 所示。将右侧画笔大小调大，将画笔细节调小，如图 6.23 所示，然后单击"确定"按钮。

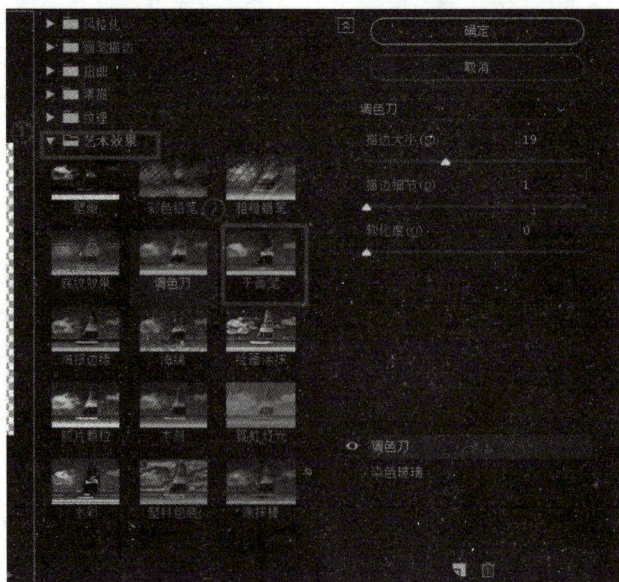

图 6.21　滤镜库对话框

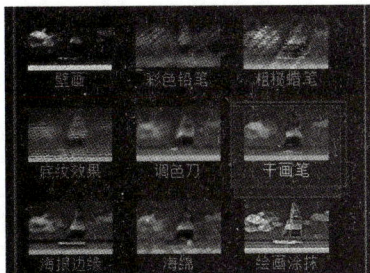

图 6.22　选择画笔

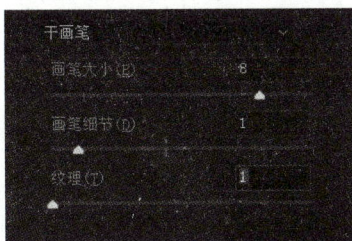

图 6.23　调整画笔

此时照片变成彩绘效果，如图 6.24 所示。

图 6.24　彩绘效果

# 6.3　数字声音处理

## ▶▶▶ 6.3.1　音频处理软件

常见的音频处理软件较多，本节主要介绍 Adobe Audition 和 Audacity 软件。

### 1. Adobe Audition

Adobe Audition 简称 Au，原名为 Cool Edit Pro，是由 Adobe 公司开发的一个专业音频编辑和混合环境处理软件。Adobe Audition 专为用广播设备和后期制作设备处理音频和视频的工作人员设计，它也可以提供先进的音频混合、编辑、控制和效果处理功能。

Adobe Audition 能混合 128 个声道，可编辑单个音频文件，能创建回路并可达到 45 种以上的数字信号处理效果。Adobe Audition 是一个完善的多声道录音室，可提供灵活的工作流程且使用简便。

数字声音

### 2. Audacity

Audacity 是一个跨平台的声音编辑软件，用于录音和编辑音频，是自由、开放源代码

的软件，可在 Mac OS X、Microsoft Windows、GNU/Linux 等操作系统上运行并支持多语种用户界面。

## ▶▶▶ 6.3.2　音频处理

### 1. 导入音频文件

打开 Adobe Audition，如图 6.25 所示，导入音频文件。具体操作步骤如下：

(1) 在 Adobe Audition 的左上角有文件面板，单击该面板中的"文件"图标。

(2) 打开文件窗口，选择两个音频文件，单击"打开"按钮。

(3) Adobe Audition 会将同时打开的两个音频文件导入编辑器。

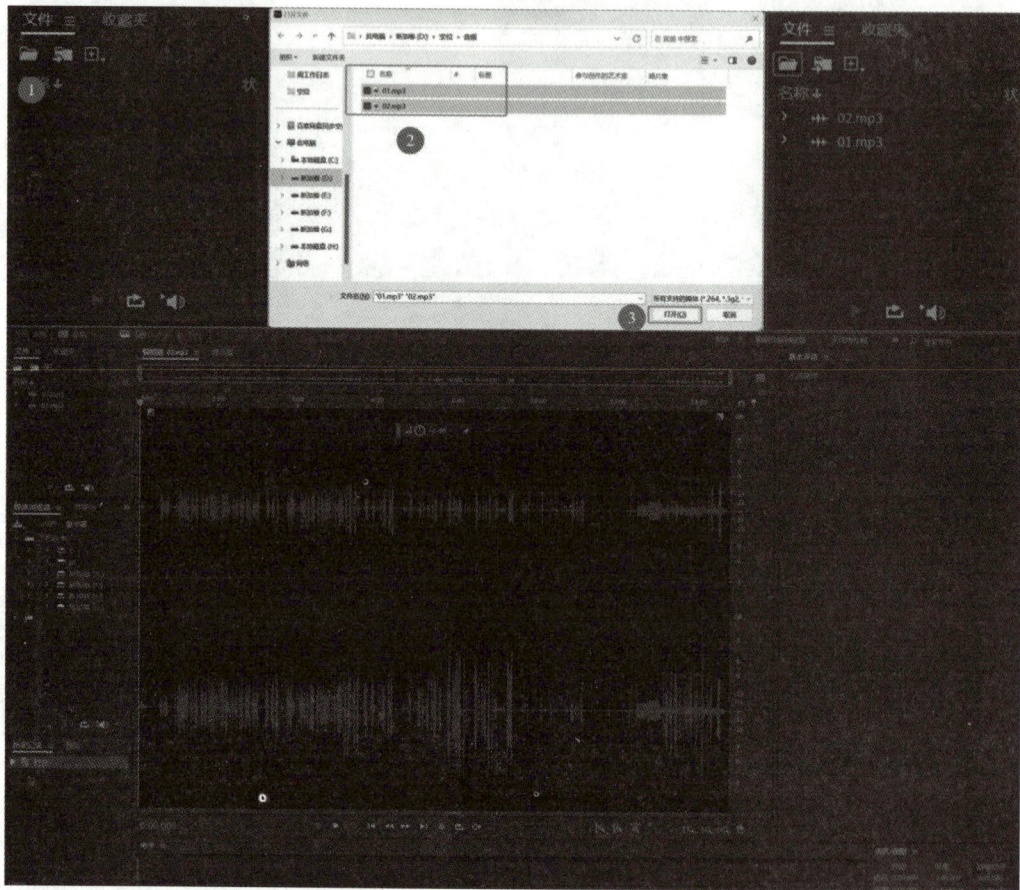

图 6.25　导入音频文件

### 2. 建立多轨会话

如图 6.26 所示，建立多轨会话。具体操作步骤如下：

(1) 选择"文件"菜单中的"新建"→"多轨会话"命令。

(2) 在弹出的对话框中修改多轨会话名称和会话的保存位置。

(3) 单击"确定"按钮，多轨会话建立完毕。

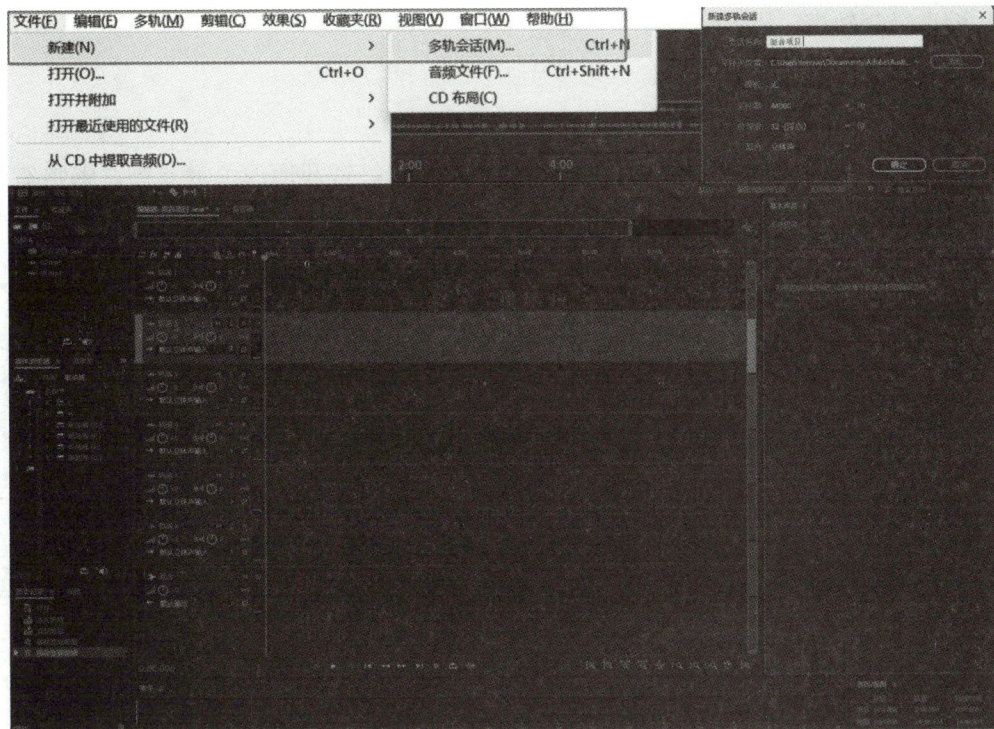

图 6.26　建立多轨会话

### 3. 将音频文件放入轨道

将两个音频文件放入不同的音频轨道，如图 6.27 所示。单击文件面板中的相关音乐并拖拽到音频轨道，弹出警告对话框，单击"确定"按钮。

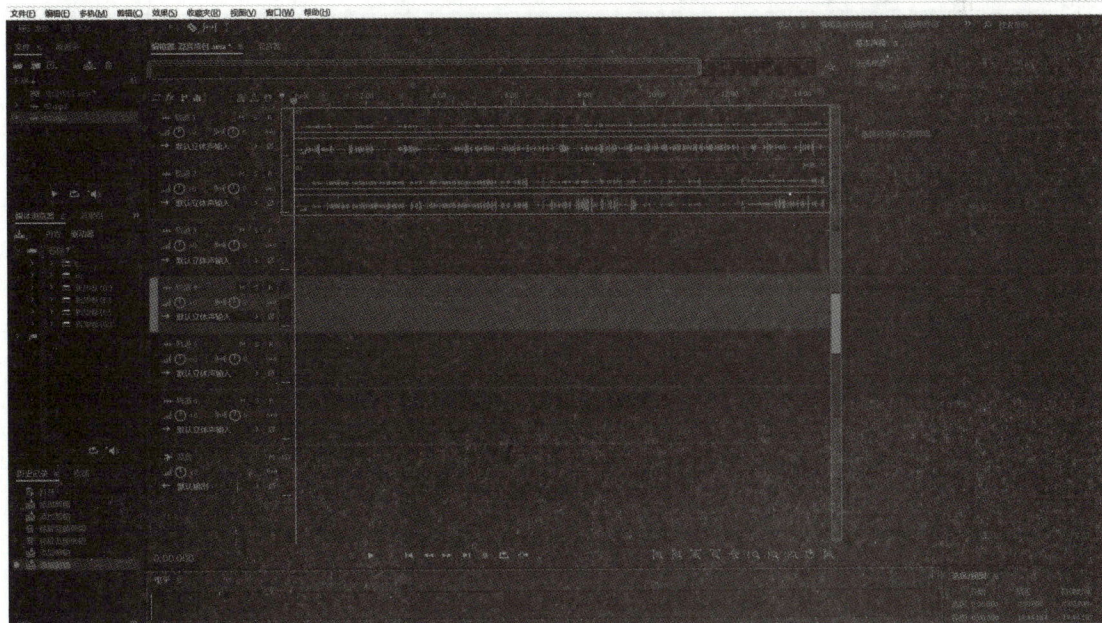

图 6.27　将音频文件放入轨道

#### 4. 缩小音频轨道

使用放大镜缩小音频轨道的具体步骤如下：

(1) 找到工作界面上方的透明音频轨道。

(2) 单击透明音频轨道右侧，鼠标光标变成放大镜，将其拖拽至最右侧，编辑器下方能看见整段音频，使音频轨道缩小，如图 6.28 所示。

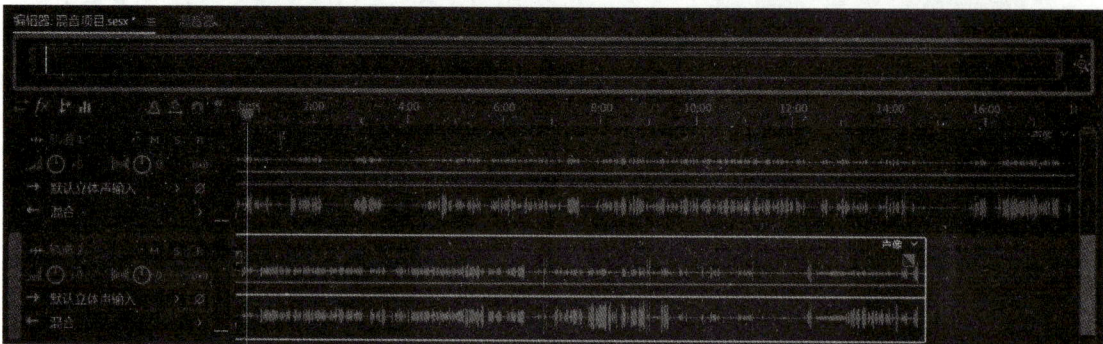

图 6.28　缩小音频轨道

#### 5. 修剪音频文件

如图 6.29 所示，修剪音频文件，具体操作步骤如下：

(1) 单击音乐 1，将其变成白边高亮的选中状态。

(2) 找到界面上方的工具栏，单击刀片样的剪辑工具图标。

(3) 单击需要剪断的地方。

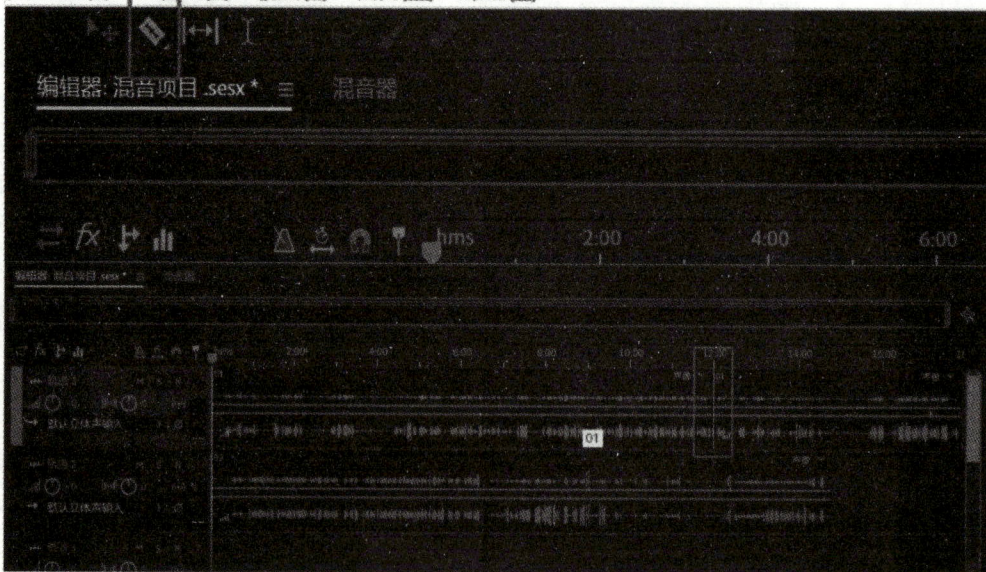

图 6.29　修剪音频文件

(4) 此时，音乐 1 分成两段，单击后半段，按 Delete 键即可将其删除，如图 6.30 所示。

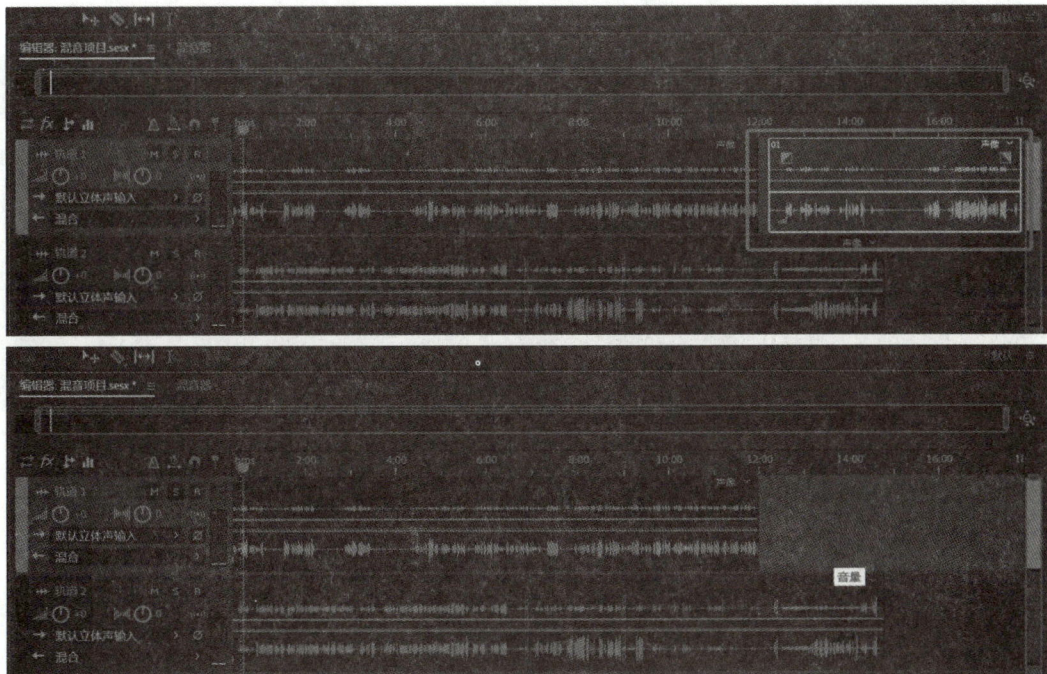

图 6.30  删除音频段落

(5) 使用剪辑工具对音乐 2 进行剪辑，如图 6.31 所示。

图 6.31  剪辑音乐 2

(6) 删除音乐 2 的前半段，如图 6.32 所示。

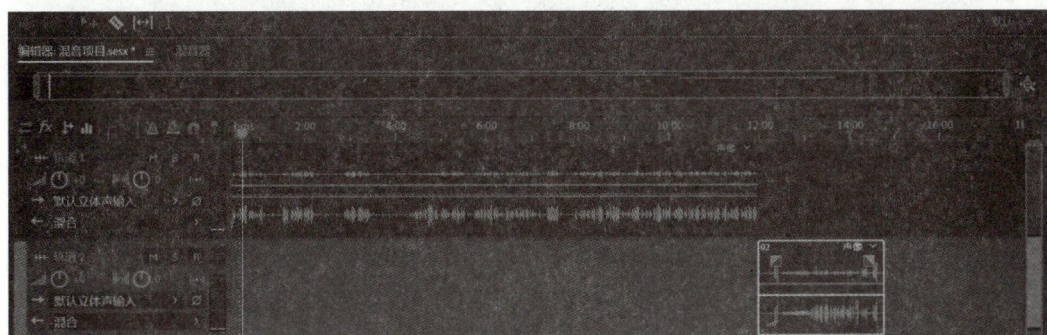

图 6.32  删除音乐 2 的前半段

(7) 将鼠标指针放到音乐 2 上，向左移动，让其与音乐 1 重合，如图 6.33 所示。

图 6.33　调整音频

### 6. 调整过渡渐变效果

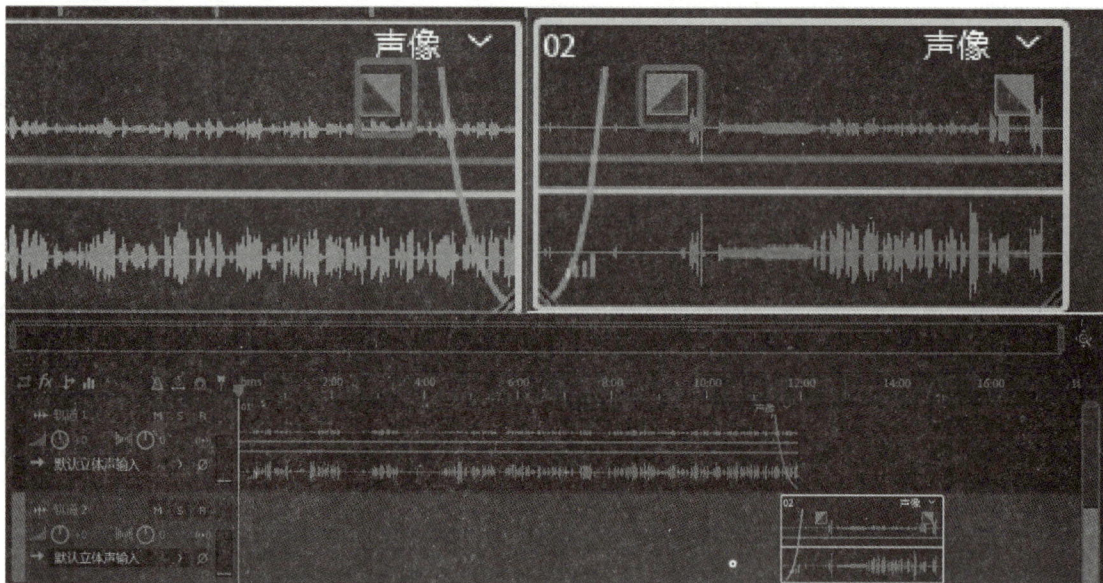

如图 6.34 所示调整过渡渐变效果，具体操作步骤如下：

(1) 将鼠标指针放到音乐 2 左上角的黑白方块上，向下或向右拖拽，根据黄色曲线的变化来调整淡入的线性值。

(2) 选中音乐 1，用同样的方法调整淡出的线性值。

图 6.34　调整过渡渐变效果

### 7. 导出音频

如图 6.35 所示导出音频，具体操作步骤如下：

(1) 选择"文件"菜单中的"导出"→"多轨混音""→整个会话"命令。

(2) 在弹出的对话框中设置导出的文件名、保存位置和导出的音频格式，设置完毕单击"确定"按钮。

图 6.35 导出音频

## 6.4 数字视频处理软件

本节主要介绍 Corel Video Studio、Adobe Premiere Pro 和剪映 3 种视频处理软件。

### 1. Corel Video Studio

Corel Video Studio 是 Corel 公司制作的一款视频编辑软件,具有图像抓取和编辑功能,可以抓取和转换 MV、DV、V8、TV 画面文件,并提供超过 100 种的编辑功能与效果,可导出多种常见的视频格式。

### 2. Adobe Premiere Pro

Adobe Premiere Pro 简称 Pr,是由 Adobe 公司开发的一款视频编辑软件,如图 6.36 所示。它有较好的兼容性,且可以与 Adobe 公司推出的其他软件相互协作。Adobe Premiere Pro 软件广泛应用于广告制作和电视节目制作。

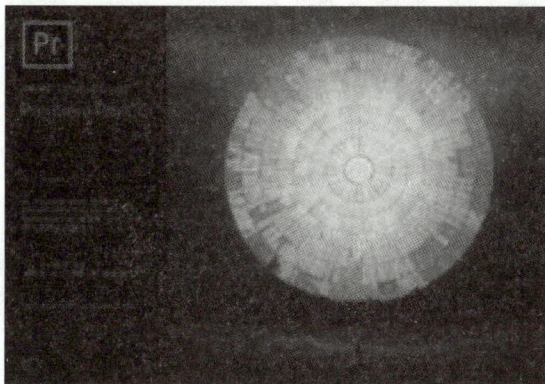

图 6.36 Adobe Premiere Pro

### 3. 剪映

剪映是一款手机视频编辑软件,具有全面的剪辑功能,支持变速,有多种滤镜和美颜效果，并且有丰富的曲库资源。自 2021 年 2 月起，剪映支持在手机移动端、iPad 端、Mac 端、Windows 计算机等全终端使用。

## 6.5　电脑版剪映的使用实践

本实践主要是介绍电脑版剪映软件的使用方法，具体如下：

(1) 打开电脑端剪映软件，单击"开始创作"按钮，如图 6.37 所示，进入照片和视频选择界面，然后选择添加视频或图片，如图 6.38 所示添加了视频。

Windows 版
剪映教程

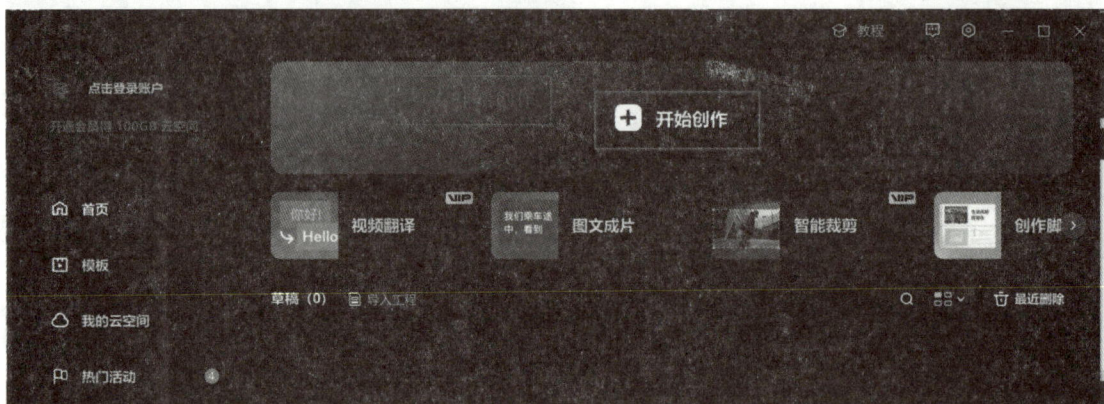

图 6.37　开始创作

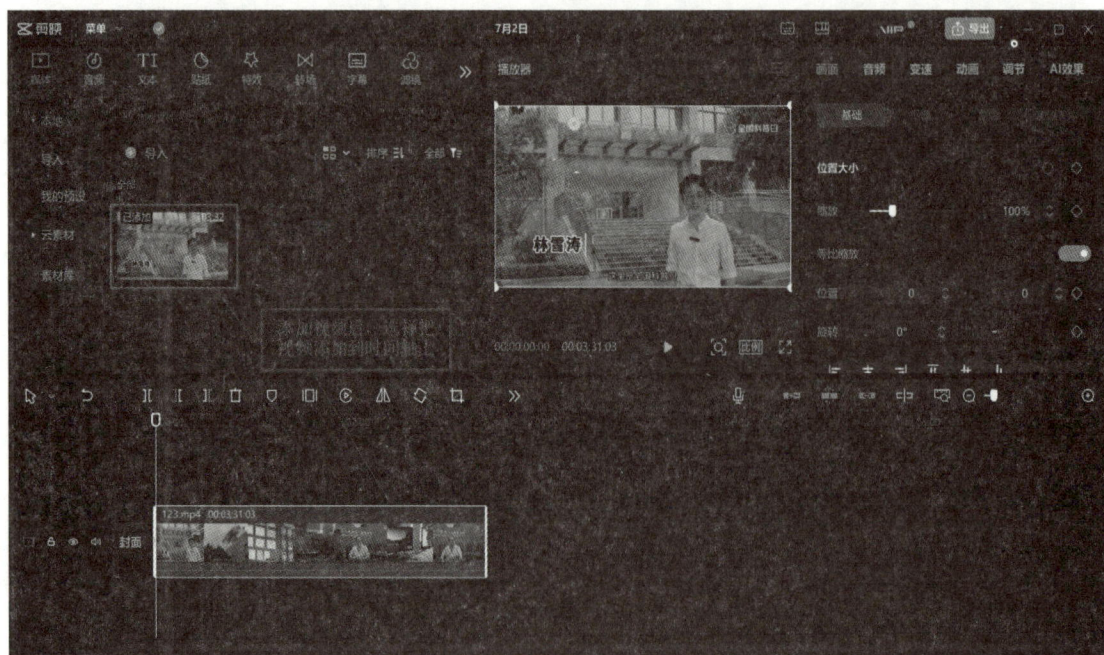

图 6.38　添加视频

(2) 将轴线拖到需要剪辑视频片段的开始位置，单击左上的"分割"按钮，如图 6.39 所示。然后把轴线拖到需要剪去视频片尾的位置，再次单击"分割"按钮，即把视频中间片段部分选中，如图 6.40 所示。

图 6.39 分割视频

图 6.40 分割视频

(3) 单击需要删减的片段，右键选择删除，如图 6.41 所示删除视频多余部分。

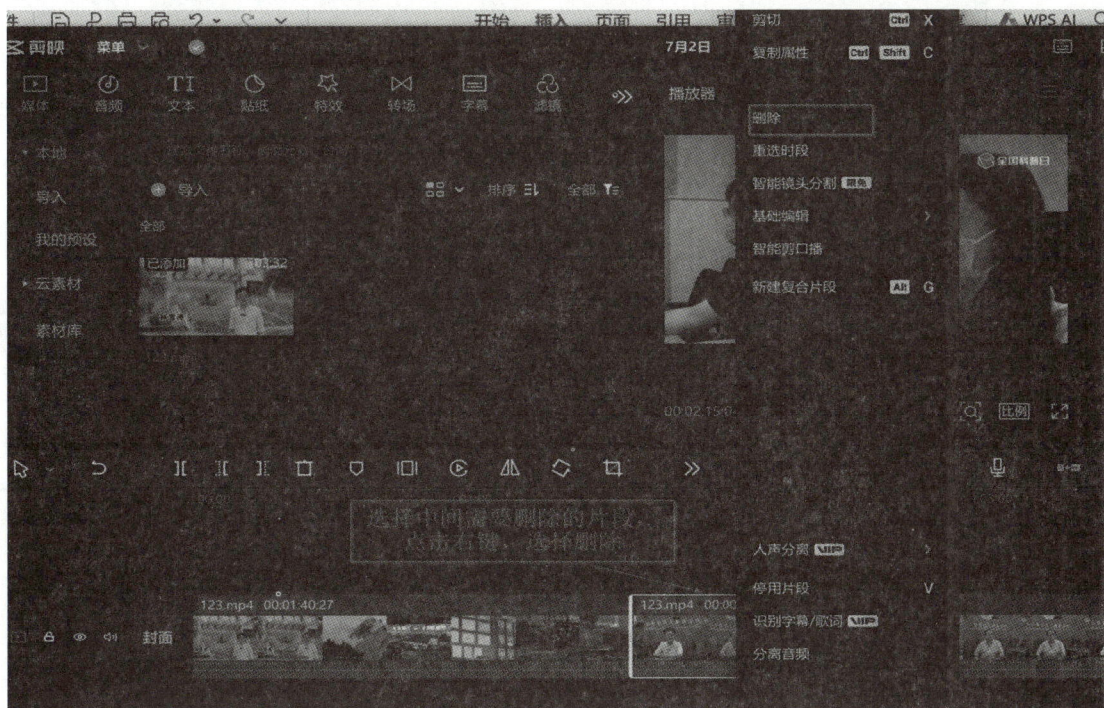

图 6.41 删除多余部分

(4) 将鼠标指针拖到两个视频片段中间，在"转场"特效区选择具体的特效插入，然后把时间轴线拖到视频片段中断前面，可以预览该转场特效。如图 6.42 所示。

图 6.42　增加转场特效

(5) 单击"封面"，弹出封面选择，在封面选择中可以设置封面来自视频的一帧，或者从本地中添加一张图片作为封面，然后单击"去编辑"按钮，如图 6.43 所示。

图 6.43　封面选择

(6) 可以在封面设计中选择模板或者文本添加封面文字，如果选择模板，可直接在模板中编辑文字，如图 6.44 所示。

图 6.44　添加封面文字

(7) 选择音频，可为视频添加其他音乐，如图 6.45 所示。

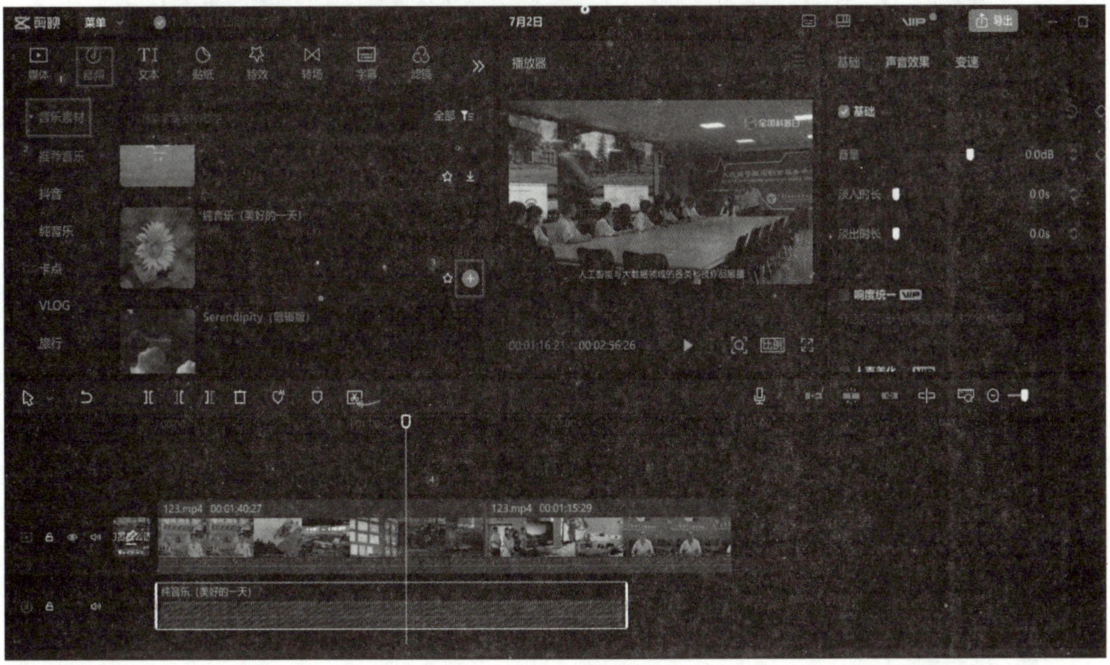

图 6.45　选择音频

(8) 在剪映的左上角，还有其他功能可以使用，如贴纸、特效、转场、字幕等，如图 6.46 所示。

图 6.46    其他功能

(9) 完成视频剪辑之后，单击右上角的导出按钮，输入标题并设置好视频输出参数之后就可以导出视频了，如图 6.47 所示。

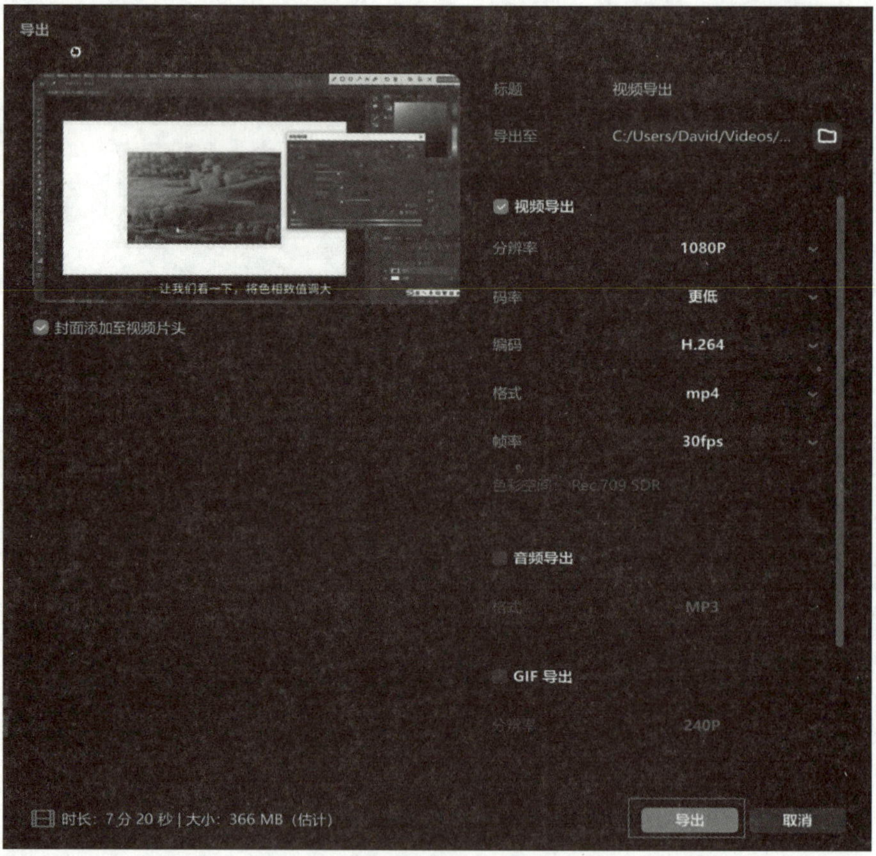

图 6.47    导出视频

# 本 章 习 题

## 一、选择题

1. 下列属于音频剪辑软件的是 (        )。

A. Photoshop                    B. Audition

C. HBuilder X                    D. 三个选项都是

2. 下列属于音频文件格式的是（　　）。

A. mp3　　　　　　　　　　　B. mp4

C. jpg　　　　　　　　　　　D. 三个选项都不是

3. 下列关于 Photoshop 中图层的说法，不正确的是（　　）。

A. 使用文本工具添加文本时，可以自动添加一个图层

B. 拖入图像时，不会自动添加新图层

C. 图层可以隐藏和复制

D. 可以通过图层面板上的"新建"按钮添加新图层

4. 数字媒体可以按（　　）、来源属性与组成元素三个维度进行分类。

A. 时间属性　　　　　　　　　B. 文件属性

C. 自然属性　　　　　　　　　D. 三个选项都不是

5. 数字媒体包括（　　）。

A. 数字音频　　　　　　　　　B. 数字动画

C. 数字视频　　　　　　　　　D. 三个选项都是

## 二、判断题

1. Photoshop 的工程文件是 psd 文件。　　　　　　　　　　　　　　（　　）

2. 滤镜库在菜单栏的"图像"菜单里。　　　　　　　　　　　　　　（　　）

3. 数字媒体按组成元素只有多媒体。　　　　　　　　　　　　　　　（　　）

4. 剪映没有 Linux 应用端。　　　　　　　　　　　　　　　　　　　（　　）

## 三、简答题

1. 什么是数字媒体？

2. 数字媒体的分类方式有哪些？

3. 请描述 Adobe Audition 软件的基本操作过程。

# 第 7 章 虚拟现实技术

## 技能目标

◎ 熟悉虚拟现实应用开发的流程和相关工具。

◎ 熟练使用不同虚拟现实引擎开发工具。

◎ 能使用虚拟现实引擎开发工具完成简单虚拟现实应用程序的开发。

## 素养目标

◎ 了解虚拟现实技术的局限性与缺点。

◎ 具有良好的科学素养和求真务实的精神。

## 星火引航

2023 年 10 月 19 日，世界 VR 产业大会在江西省南昌市开幕。大会期间，工业和信息化部、文化和旅游部、国家广播电视总局、国家体育总局等部门联合发布了"2023 年度虚拟现实先锋应用案例名单"，包含 11 个领域共 70 个案例，涉及文化旅游、融合媒体及演艺娱乐等"大文旅"领域项目占据了半壁江山。从借助 AR 辅助应用让远古文物一键唤醒，到北京中轴线申遗首个数字形象 IP 诞生；从距今 3000 年前的编钟浑厚悠长的古韵在耳畔久久回荡，到杭州亚洲运动会开幕式上超 1 亿人组成的"数字火炬人"震撼全球观众，我国的虚拟现实技术展示了巨大的应用潜力和发展前景。什么是 VR 技术？VR 技术能为我们的生活带来什么？本章将带你了解 21 世纪的关键技术之——虚拟现实 (VR)，走进由计算机创造的虚拟世界。

| 7.1 | 认识虚拟现实 |

▶▶▶▶ **7.1.1　虚拟现实概述**

　　虚拟现实 (Virtual Reality，简称 VR)，是一种由计算机生成的 3D 模拟环境，这种环境允许用户进入并与其进行交互来模拟一种现实环境的体验。用户可以不同程度地沉浸在计算机生成的虚拟世界中，可能是不同形式的现实模拟，也可能是复杂逻辑的数据模拟。虚拟现实是多媒体和 3D 图形技术的更高发展，是一种全新的人机交互接口，一种基于信息的沉浸式交互体验。图 7.1 为 VR 眼镜。

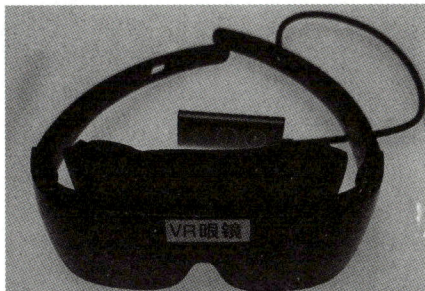

虚拟现实基础知识 1

图 7.1　VR 眼镜

　　与传统的模拟技术不同，虚拟现实技术将模拟环境、视景系统和仿真系统合三为一，并使用头戴式显示器、智能眼镜、运动捕捉数据服、三维立体声耳机、数据手套、力矩球等传感装置，使操作者与虚拟环境联结在一起。操作者通过传感器装置与虚拟环境交互作用，可获得视觉、听觉、触觉等多种感知，并按照自己的意愿去改变"不如意"的虚拟环境。

　　例如，计算机虚拟的环境是一座楼房，内有各种物品，操作者仿佛身临其境，不仅可以通过各种传感装置在虚拟的房屋内行走查看、开门关门、搬运物品；还可随意改动房屋设计的不满意之处。显然，利用虚拟现实技术设计修改建筑、机械、兵器等，进行技术操作训练和军事演习活动要比现实中容易得多，也便宜得多。虚拟现实技术的使用场景如图 7.2 所示。

图 7.2　虚拟现实技术的使用场景

虚拟现实世界最重要的特点就是逼真感与交互性。虽然参与者置身于虚拟世界中，但所处的虚拟环境、人像都犹如在真实环境中，其中的各种物体及现象都在相互作用着。环境中的物体和特性均按照自然规律发展和变化，而人在其中有视觉、听觉、触觉、运动觉、味觉和嗅觉等感觉。此外，虚拟现实技术还可以创造形形色色、神话般的人造现实环境，其形象逼真，令人有身临其境的感觉，甚至可以与虚拟的环境进行交互作用，达到以假乱真的程度。

虚拟现实是近几年来国内外科技界关注的一个热点，其发展也日新月异。在国内科技界，VR 技术正逐渐受到人们的重视。虚拟现实技术经过 20 多年的研究探索，于 20 世纪 80 年代末走出实验室，开始进入实用性阶段。目前已应用在娱乐、医疗、工程、教育、军事模拟、科学和金融可视化等方面，并取得了显著的综合效益。

▶▶▶▶ **7.1.2　虚拟现实技术的特点**

虚拟现实技术是一种可以创建和体验虚拟世界的计算机仿真系统。它通过交互式的三维动态视景和实体行为的系统仿真感知用户的状态和操作，并以某种方式替换或增强用户感官反馈，从而使用户沉浸到计算机生成的模拟环境中。

虚拟现实技术
基础知识 2

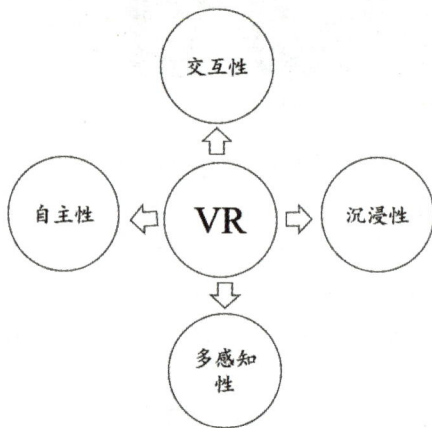

虚拟现实技术主要有四大特性，即沉浸性、交互性、多感知性、自主性，如图 7.3 所示。

图 7.3　虚拟现实技术四大特性

**1. 沉浸性**

沉浸性是虚拟现实技术最主要的特征，它是指让用户成为并感受到自己是计算机系统所创造环境中的一部分。虚拟现实技术的沉浸性取决于用户的感知系统，当使用者感知到虚拟世界的刺激时，包括触觉、味觉、嗅觉、运动感知等，便会产生思维共鸣和心理沉浸的体验，感觉如同进入真实世界。

**2. 交互性**

交互性是指用户对模拟环境内物体的可操作程度和从环境得到反馈的自然程度。当使用者进入虚拟空间，虚拟现实技术让使用者跟环境产生交互作用，当使用者进行某种操作时，周围的环境也会做出某种反应。如使用者接触到虚拟空间中的物体，那么使用者手上应该能够感受到物体的触感,若使用者对物体有所动作,物体的位置和状态也会发生相应的改变。

### 3. 多感知性

多感知性表示计算机技术应该拥有很多种感知方式,比如听觉、触觉、嗅觉等。理想的虚拟现实技术应该具有一切人所具有的感知功能。由于现有技术,特别是传感技术的局限性,目前大多数虚拟现实技术所具有的感知功能仅限于视觉、听觉、触觉等。

### 4. 自主性

自主性是指虚拟环境中物体依据物理定律动作的程度。例如,在虚拟现实应用中,使用者在虚拟现实中推动了一个物体,而这个物体会根据使用者的推力的大小实现真实环境中的力学反馈(如远离、掉落等真实反馈)。

## ▶▶▶ 7.1.3　虚拟现实系统的构成

一套典型的虚拟现实系统通常由输出系统、输入系统和模拟系统组成,同时加上反馈循环,能给予用户更好的体验,如图 7.4 所示。

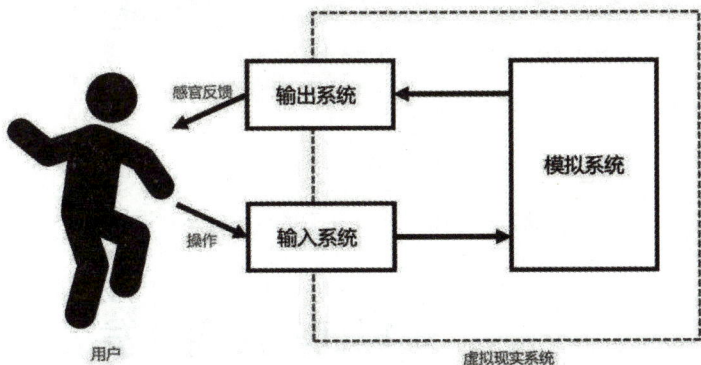

图 7.4　虚拟现实系统的构成

### 1. 输出系统

输出系统对用户而言,是模拟自然界的感官输入系统。换句话说,这个过程就是由计算机系统向用户感官系统传递信息的过程。通常我们通过手机、电视、电脑所接收到的信息大多是视觉和听觉信息。而在理想化的虚拟现实系统中,为了更贴近现实感,我们还可能接触到嗅觉、味觉以及触觉,甚至更深入的嗅觉、味觉以及触觉等。

### 2. 输入系统

在传统的家用计算机中,我们常用的输入设备主要是鼠标和键盘,除此之外可能还有绘图板、游戏手柄等。在虚拟现实中,我们同样需要输入,不同的是我们必须要尽可能地考虑自然界中的身体要素,比如位置测量、手势输入、语音识别等。

### 3. 模拟系统

模拟系统是实现 VR 技术应用的关键,其主要负责完成虚拟世界中对象的几何模型、物理模型、行为模型以及三维场景等部分的计算与绘制。在虚拟现实系统中,尽可能地做到符合现实自然逻辑的系统才是一款优秀的虚拟现实系统。

### 4. 反馈循环

反馈循环是虚拟现实系统中的一个关键要素。一个好的虚拟现实系统应当对用户的行为进行分析计算，并对系统中的物体、环境等元素做出相应的动态修改，模拟真实环境下的变化，最终提供给用户正确的反馈，以提高虚拟世界的真实性。

如图 7.5 所示，系统通过 VR 交互设备捕捉用户的物理行为，使得用户的行为可以直接与虚拟现实系统进行交互。同时，还可以通过测量和分析用户的生理信号对用户的心理情感状态进行计算分析，从而适当地调整虚拟现实系统，给予用户更好的正反馈。

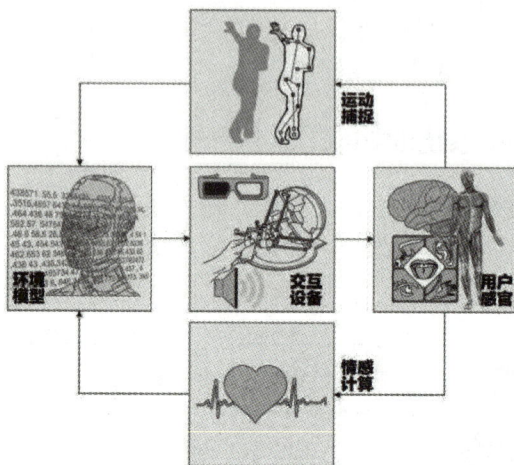

图 7.5 虚拟现实系统中的反馈循环

# 7.2 虚拟现实应用开发

### ▶▶▶ 7.2.1 VR 内容显示设备

#### 1. 移动式头显

移动式头显是最简单、价格较低的一种 VR 头显设备，也是我们平时最容易接触到的 VR 内容显示设备。其核心部件是两个透镜，作用就是放大显示画面，让人有一种身临其境的感觉，如图 7.6 所示。

虚拟现实应用开
发流程和工具 1

图 7.6 移动式头显 -Google cardbo

移动式头显的技术含量低，其原理是将手机屏幕上的内容通过光学透镜投放，设备本身只提供显示功能，所有的运算依旧在手机中进行。虽然目前手机性能有大幅度提高，但是用于实现 VR 中需要的海量三角形渲染和复杂光照效果计算现有手机还是比较吃力，其使用效果具有分辨率低，视场角小，延迟率高等缺点，无论是显示效果还是追踪效果都比较差。虽然可以借助手机自带的陀螺仪、重力感应等传感器实现一定程度的交互，但仍然难以带给用户沉浸式的体验。由于移动式头显的价格低廉，它往往被用户用来观看一些 VR 影片。

### 2. 一体式头显

一体式头显是指本身包含了运行存储的能力、显示能力和定位能力的 VR 设备。正如它的命名一样，一体式头显就是将屏幕整合到移动式头显当中，相当于配备了一款手机在头显设备里，而这款"手机"也只能用于 VR 显示，不能单独作为手机来用，一体式头显如图 7.7 所示。

图 7.7　一体式头显

与移动式头显相比，一体式头显摆脱了手机的限制，针对 VR 而特别设计的显示屏幕的效果可能也要优于品质参差不齐的手机。但是其实际的显示效果和移动式头显并不能拉开差距；部分一体式头显的显示效果和采用顶级屏幕的手机相比，可能还会略逊一筹。

### 3. 外接式头显

外接式头显本身只是显示器，画面由电脑负责提供，追踪主要由基站与头盔内的陀螺仪和重力传感器辅助定位。外接式头显是目前市面上技术含量最高、沉浸感最强、使用体验最佳的产品类型。

单从外观上来看，外接式头显和一体式头显没有太大区别，同样配备了透镜和显示屏。但是，它们的不同之处在于，必须通过外接信号的输入才能完成内容的显示。也就是说，这些设备本身不具有显示内容的功能，必须依靠外界其他主机的配合才能达到效果，如图 7.8 所示。

正是由于这样的特性，使得这一类头显设备价格最为昂贵。除了要花费高额的费用来购买头显设备，还必须有配套的外设主机。具有强大性能支持的主机既可以保证画面的精细度和观看时的流畅度，也能够提供更令用户满意的沉浸感。

但目前无线视频传输和数据传输的效果还不够理想，头盔和 PC 之间大多需要通过数据线连接，这不仅限制了体验者的活动范围，还影响了沉浸感。

图 7.8　外接式头显 - 惠普 Reverb G2 cardboard2

### 4. VR 显示设备参数

影响 VR 显示设备的显示性能差异主要有以下几种因素：

**1) 分辨率**

由于 VR 显示设备屏幕距离眼睛较近，如果屏幕分辨率较低，用户就会清晰地看到屏幕上的像素点，导致"纱窗效应"，纱窗效应的意思就是指屏幕中的图像看起来会有很多小格子，就像隔着纱窗在看东西一样，如图 7.9 所示。

图 7.9　VR 显示中的"纱窗效应"

要使 VR 设备的显示效果达到"视网膜"级别（即肉眼不能感知到像素点的存在），需要双目分辨率达到 12 450×6840 或更高（介于 8 k 和 16 k 之间）。

显示产品分辨率的重要性不言而喻，如果一款 VR 头显产品的画面颗粒感严重，即使沉浸感再强，交互感再好，用户体验也会不佳。

**2) 视场角**

视场角又称 FOV(Field of View)，即视野范围，简单来讲，就是在不转动头部，只转动眼球的情况下能看到的视野范围。人类的正常视场角是 120°（如图 7.10 所示），所以对于外接式头显和一体式头显来讲，最佳的视场角是在 120°，而移动式头显则不存在视场角的概念，用户能看到多少完全是由连接的手机屏幕所决定的。

图 7.10  FOV 视场角

**3) 延迟**

延迟容易导致晕动症的产生，许多人使用 VR 会感到晕眩，就是因为晕动症。虽然晕车晕船的症状因人而异，但对于 VR 设备来说，如果延迟过高，就会产生视觉与动作不同步的问题，从而使人晕眩。

虽然不同个体对于产生晕眩的延迟阈值不一，但普遍认为，20 ms 的整体延迟被认为是 VR 头显眩晕感的及格线。

从技术上看，影响 VR 头显延迟的原因主要有以下三个方面：

(1) VR 头显本身传感器的延迟。好的传感器拥有更高的采样频率和精度，延迟也更低。

(2) VR 头显显示屏材质的延迟。现在的头显屏幕主要分为 LCD 屏和 OLED 屏幕，OLED 的延迟只有 LCD 的十分之一。

(3) VR 连接主体的图像处理速度。电脑、手机或者一体机的机能越强，应用的延迟就越低。

**4) 刷新率**

刷新率是指屏幕每秒画面被刷新的次数。尽管 24 Hz 已经能提供连续的画面，60 Hz 对于日常工作生活来说已经足够流畅，但对于 VR 来说，为了提供足够的沉浸感，这些刷新率远远不够。

理论上，人眼最大可以感知到 1000 Hz 的画面。对于未经训练的人来说，150~240 Hz 的画面已经足够真实。

#### ▶▶▶ 7.2.2  VR 辅助设备

为了解决不同的问题，不同进制之间常常需要进行相互转换。

**1. 动作感应手柄**

在 VR 的虚拟环境中，通常需要捕捉在三维空间中的六个自由度，以提供更好的输入体验。即沿 x、y、z 三个直角坐标轴方向的移动自由

虚拟现实应用开
发流程和工具 2

度和围绕这三个坐标轴的转动自由度。由此，动作感应手柄一般会在传统手柄的基础上通过惯性传感系统加上光学追踪系统或者磁场感应来提供六个自由度的动作跟踪。动感感应手柄如图7.11所示。

图 7.11　动作感应手柄

### 2. 全方位跑步机

全方位跑步机可解决因受场地的局限而无法进行运动的问题，其通过低摩擦力底盘，辅以身体固定器，为用户提供"无限"的活动空间，让使用者可以在固定的位置"走""跑""跳"，如图7.12所示。

图 7.12　全方位跑步机

但因为目前全方位跑步机价格高昂，移动精度不高，且需要用户消耗大量体力，所以仍然难以普及。

### 3. 数据手套

数据手套是一种多模式的虚拟现实硬件，其直接目的在于实时获取人的手部动作姿态，以便在虚拟环境中再现人的手部动作，达到理想的人机交互目的。通过软件编程，可进行虚拟场景中物体的抓取、移动、旋转等动作，也可以利用它的多模式性，用作一种控制场景漫游的工具。数据手套的出现为虚拟现实系统提供了一种全新的交互手段，该产品已经能够检测手指的弯曲度，并利用磁定位传感器来精确地定位出手在三维空间中的位置。这种结合手指弯曲度测试和空间定位测试的数据手套被称为"真实手套"，可以为用户提供一种非常真实自然的三维交互体验，如图 7.13 所示。

图 7.13　数据手套

### 4. 力反馈设备

VR 和其他环境最大的不同是带来了另一个世界，使用户第一次完整地进入了虚拟世界中。在 VR 世界中，当用户进入虚拟世界时，他们就会像置身于真实世界中一样，并用真实的动作去解决问题。而在现实中，人的肢体动作都是通过环境的触觉反馈来实现操作的，无论是趴在桌子上、拿起物品、移动物品，我们都是通过触觉来实现操作的实施过程。

因此，触觉是一种在环境条件约束下实现高效操作的必要手段。在虚拟世界下，若想让用户有像在现实生活中的体验，就必须实现在约束条件下的触觉，那么在虚拟环境下的触觉实现手段就是针对用户行为的力反馈技术。

力反馈技术是一种新型的人机交互技术，它允许用户借助力反馈设备触碰、操纵计算机生成的虚拟环境中的物体，并感知物体的运动和相应的力反馈信息，实现人机力觉交互。力反馈技术结合其他的虚拟现实技术，使用户在交互过程中不仅能够通过视、听觉通道获取信息，还能够通过触觉通道感受模拟现实世界力觉交互的"触感"。因此，力反馈技术的引入使交互体验更加自然、真实，如图 7.14 所示。

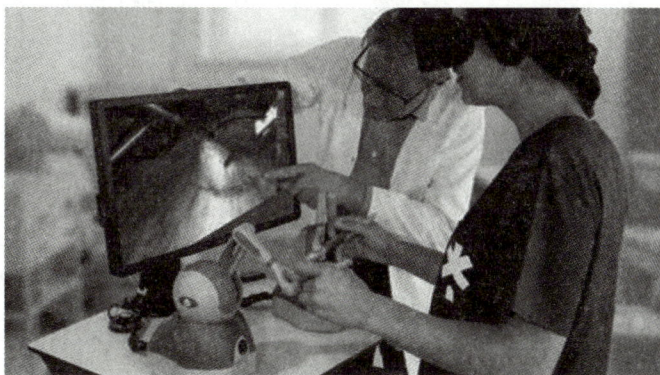

图 7.14　利用力反馈技术进行远程手术

### 5. 动作捕捉仪

动作捕捉仪是指为实现人与虚拟环境及系统的交互，通过确定参与者的头部、手等的位置与方向，准确地跟踪、测量参与者的动作，并将这些动作实时检测出来，以便将这些数据反馈给显示和控制系统，提供更好的交互体验。目前主流的动作捕捉系统分为以下三大主类：

1) 基于计算机视觉的动作捕捉系统

基于计算机视觉的动作捕捉系统的原理是由多个高速相机从不同角度对目标特征点的监视和跟踪来进行动作捕捉。从理论上来说，对于空间中的任意一个点，只要它能同时为两部相机所见，就可以确定这一时刻该点在空间中的位置。当相机以足够高的速率连续拍摄时，从图像序列中就可以得到该点的运动轨迹。这类系统采集传感器通常都是光学相机，它将二维图像特征或三维形状特征提取的关节信息作为探测目标，如图 7.15 所示。

图 7.15　计算机视觉动作捕捉仪

基于计算机视觉的动作捕捉系统在捕捉和识别人体动作时，可以利用少量的摄像机对监测区域的多目标进行监控，精度较高；同时，被监测对象不需要穿戴任何设备，约束性小。

然而，采用视觉进行人体姿态捕捉会受到较大的外界环境影响，比如光照条件、背景、遮挡物和摄像机质量等，在火灾现场、矿井内等非可视环境中，该方法则完全失效。另外，由于视觉域的限制，使用者的运动空间被限制在摄像机的视觉范围内，降低了实用性。

2) 基于马克点的光学动作捕捉系统

基于马克点的光学动作捕捉系统的原理是在运动物体关键部位（如人体的关节处等）粘贴马克点，多个动作捕捉相机从不同角度实时探测马克点，数据实时传输至数据处理工作站，根据三角测量原理精确计算马克点的空间坐标，再从生物运动学原理出发解算出骨骼的自由度运动。根据标记点发光技术的不同，该系统还分为主动式光学动作捕捉系统和被动式光学动作捕捉系统。如图 7.16 所示。

基于马克点的光学动作捕捉系统采集的信号量大，空间解算算法复杂，其实时性与数据处理单元的运算速度和解算算法的复杂度有关。且该系统在捕捉对象运动时，肢体会遮挡标记点，这些因素都导致精度变低，价格也相对昂贵。

基于马克点的光学动作捕捉系统可以实现同时捕捉多个目标。但在捕捉多个目标时，目标间若产生遮挡，将影响捕捉系统精度甚至会丢失捕捉目标。

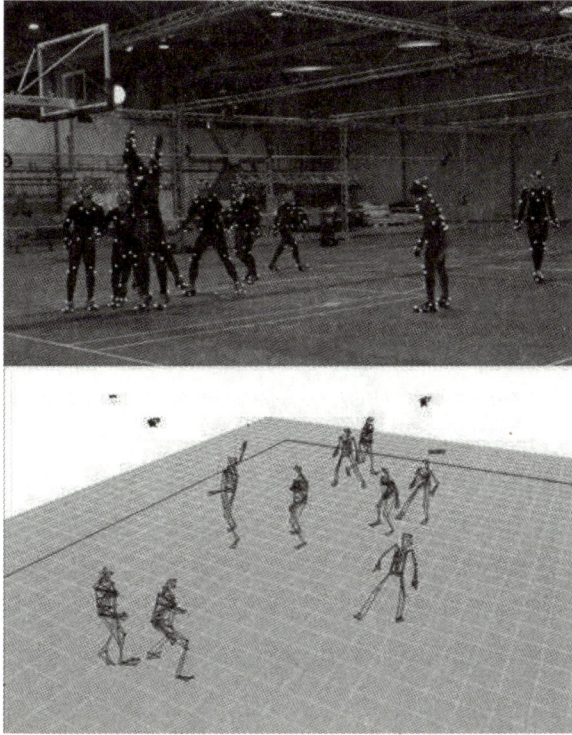

图 7.16　基于马克点的光学动作捕捉系统

**3) 基于惯性传感器的动作捕捉系统**

基于惯性传感器的动作捕捉系统需要在身体的重要节点佩戴集成加速度计、陀螺仪和磁力计等惯性传感器设备，然后通过算法实现动作的捕捉。该系统由惯性器件和数据处理单元组成，数据处理单元利用惯性器件采集到的运动学信息，通过惯性导航原理即可完成运动目标的姿态角度测量。惯性动作捕捉服如图 7.17 所示。

图 7.17　惯性动作捕捉服

基于惯性传感器的动作捕捉系统采集到的信号量少，便于实时完成姿态跟踪任务，解算得到的姿态信息范围大、灵敏度高、动态性能好，且惯性传感器体积小、便于佩戴、价格低廉。相比于上面提到的两种动作捕捉系统，基于惯性传感器的动作捕捉系统既不会受到光照、背景等外界环境的干扰，又克服了摄像机监测区域受限的缺点，还可以实现多目标捕捉。

但是由于测量噪声和游走误差等因素的影响，所以惯性传感器无法长时间地对人体姿态进行精确的跟踪。

### 6. 声音设备

VR声音设备包含三维立体声和语音识别系统。

由于VR系统提供的是一个三维的立体视觉，因此，借助三维立体声可以烘托视觉效果，增强人们对虚拟体验的真实感，使用者即使闭上眼睛，也可以判断出声音来自哪里。三维立体声是由计算机生成的、能由人工设定声源在空间中的三维位置的一种合成声音，是一种非传统意义的立体声。它能够使听者感觉到声音是来自围绕听者双耳的一个球形空间中的任何地方，即声音可能来自于头的上方、后方或者前方。

语音识别系统不仅能让计算机具备人类的听觉功能，还可以让人机以语言这种人类最自然的方式进行信息交换。使用VR系统的目的是模拟真实世界，如果当用户在这个虚拟世界中畅游时，其眼前突然出现一些图形类的指示则会干扰到用户在VR世界中的沉浸式体验。因此，使用语音交互会使体验变得更加自然，并且语言识别系统是无处不在无时不有的，用户不需要移动头部来寻找它们，在任何方位任何角落都能和它们交流。

## ▶▶▶ 7.2.3    VR 应用开发流程

VR应用在开发制作上的差异远远没有人们想象的那么大，其更多的是设计上的思路转变。所以，想要开发VR应用，前提是能够开发一个3D应用，VR只是在体验上的增强。在3D应用的基础之上，考虑VR应用的交互方式，结合成熟的开发工具，便能快速地开发出一款VR应用。

虚拟现实应用开发流程和工具 3

一套完整的VR应用开发流程主要由以下几个步骤组成，如图7.18所示。

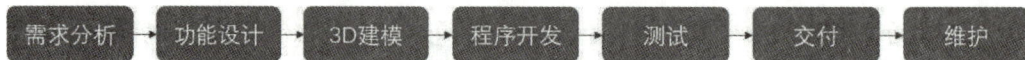

需求分析 → 功能设计 → 3D建模 → 程序开发 → 测试 → 交付 → 维护

图 7.18    VR 应用开发流程

### 1. 需求分析

需求分析是指通过对客户业务的了解和与客户讨论流程及对需求进行基本分析建模，了解客户真正需要的是什么。

### 2. 功能设计

功能设计是指通过分析需求信息，对系统的外部条件和内部业务需求进行抽象建模、详细设计。与传统应用开发流程不同的是，设计者要注意对VR特有的交互模式进行特殊的设计。

### 3. 3D 建模

3D建模是指采用人工建模、全景拍摄、三维扫描等方式，创建应用中所需的三维素材。3D建模同时要考虑三维模型在VR系统的特定条件下的优化。

#### 4. 程序开发

VR 程序开发使用的是 3D 引擎等工具，需遵循前期设计，导入 3D 素材，创建 3D 场景，编写代码逻辑，最终生成应用程序的流程。在此阶段，需要对 VR 应用独有的交互逻辑进行开发。

#### 5. 测试

测试是指对应用程序进行测试，除了传统的软件测试方法，还应当测试应用程序对于不同 VR 设备的适配性。

#### 6. 交付

交付是指对完成测试的系统进行检查、审查和评审，客户通过实际操作确定系统是否达到要求，验收通过的系统可以向客户交付。

#### 7. 维护

维护是指针对系统运营过程中发现的问题进行改正性维护；根据用户出现的新需求，对系统进行改善性维护；针对系统运行环境的改变进行适应性维护。

### ▶▶▶ 7.2.4　VR 应用开发工具

#### 1. 建模软件

1) 3DS MAX

3D Studio Max，简称为 3d Max 或 3DS MAX，是 Discreet 公司开发的 ( 后被 Autodesk 公司合并 ) 基于 PC 系统的三维动画渲染和制作软件，如图 7.19 所示。其前身是基于 DOS 操作系统的 3D Studio 系列软件。3DS MAX 被广泛应用于广告、影视、工业设计、建筑设计、三维动画、多媒体制作、游戏以及工程可视化等领域。

虚拟现实应用开发流程和工具 4

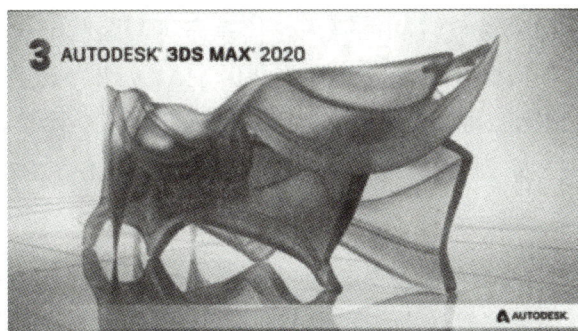

图 7.19　3DS MAX

3DS MAX 具有以下优点：

(1) 性价比高。

3DS MAX 有非常好的性价比，它提供的强大功能远远超过了它自身低廉的价格。3DS MAX 对硬件系统的要求相对来说较低，普通的配置就可以满足学习的需要了。

(2) 入门门槛低，上手容易。

初学者比较关心的问题是 3DS MAX 是否容易上手，3DS MAX 的制作流程十分简洁高效，可以使初学者很快上手，只要操作思路清晰，上手是非常容易的，后续高版本的操作性也十分简便，操作的优化更有利于初学者学习。

(3) 用户广泛，交流便利。

3DS Max 在国内拥有较多的用户数量，便于交流，其线上教程很多，随着互联网的普及，关于 3DS MAX 的论坛在国内也相当火爆。

2) MAYA 软件

MAYA 软件是 Autodesk 旗下的著名三维建模和动画软件，如图 7.20 所示。MAYA 软件不仅可以大幅提高电影、电视、游戏等领域开发、设计、创作的工作流效率，还可以改善多边形建模。同时，MAYA 软件可以充分利用多核心处理器的优势，其新的 HLSL(High Level Shader Language，高级着色器语言) 着色工具和硬件着色 API(Application Programming Interface，应用程序编程接口) 可以大大增强新一代主机游戏的外观。

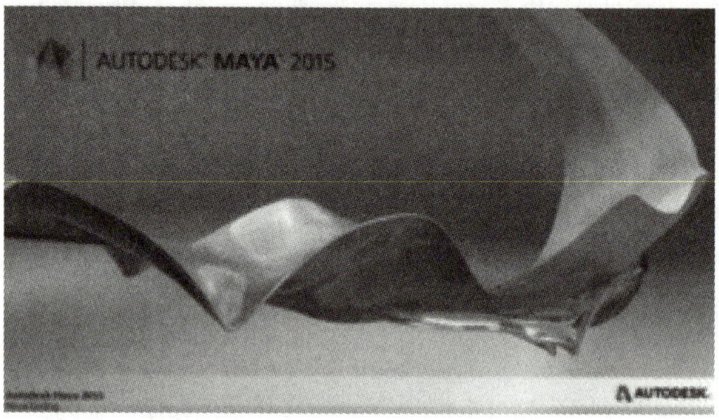

图 7.20　Maya

MAYA 作为顶级三维动画软件，其不仅在国外被绝大多数的视觉设计领域使用，在国内也越来越普及。由于 MAYA 软件功能强大，体系完善，因此国内很多三维动画制作人员都开始转向 MAYA，而且很多公司也都开始利用 MAYA 作为其主要的创作工具。在很多地区，MAYA 软件已成为三维动画软件的主流。MAYA 的应用领域极其广泛，例如《星球大战》系列、《指环王》系列、《蜘蛛侠》系列等都是出自 MAYA 之手。

**2. 3D 引擎**

3D 引擎是指将现实中的物质抽象为多边形或者各种曲线等表现形式，在计算机中进行相关计算并输出最终图像的算法实现的集合。3D 引擎就像是在计算机内建立一个"真实的世界"。

1) Unity

Unity 是实时 3D 互动内容创作和运营平台。Unity 平台提供一整套完善的软件解决方案，可用于创作、运营和变现任何实时互动的 2D 和 3D 内容，支持平台包括手机、平板电脑、PC、游戏主机、增强现实和虚拟现实设备，如图 7.21 所示。游戏开发、美术、建筑、汽车设计、影视等领域的所有创作者都可以借助 Unity 将创意变成现实。

图 7.21　Unity 引擎 LOGO

　　Unity 提供易用实时平台，开发者可以在平台上构建各种 AR 和 VR 互动体验。全平台（包括 PC/主机/移动设备）所有游戏中有超过一半都是使用 Unity 创作的，例如，在 Apple 应用商店和 Google Play 上排名最靠前的 1000 款游戏中，53% 都是用 Unity 创作的。

　　Unity 的作用不只在游戏领域，在影视动画领域、教育领域、工程领域也相当火爆。

　　2) Unreal

　　Unreal 是 UNREAL ENGINE( 虚幻引擎 ) 的简写，由 Epic 开发，是世界知名授权最广的游戏引擎之一，占有全球商用游戏引擎 80% 的市场份额。自 1998 年正式诞生至今，经过不断地发展，虚幻引擎已经成为整个游戏界运用范围最广，整体运用程度最高，当下画面标准最高的一款游戏引擎，如图 7.22 所示。

图 7.22　Unreal 引擎 LOGO

　　Unreal Engine 引擎采用了最新的即时光迹追踪、HDR(High Dynamic Range Imaging，高动态范围成像 ) 光照技术、虚拟位移等新技术，而且能够每秒钟实时运算两亿个多边形运算。基于它开发的大作无数，除《虚幻竞技场 3》外，还包括《战争机器》《质量效应》《生化奇兵》等。在美国和欧洲，虚幻引擎主要用于主机游戏的开发；在亚洲，中韩众多知名游戏开发商购买该引擎主要用于网游的开发。

## 7.3　Unity 建模实践

### ▶▶▶ 7.3.1　Unity 的安装

　　搜索 Unity 官网"https://unity.cn/"，如图 7.23 所示。

　　点击 Unity 官网页面右上角的"下载 Unity"按钮，进入下载页面，挑选版本号，如图 7.24 所示。

虚拟现实应用
程序开发 1

图 7.23　Unity 官网

图 7.24　下载页面

选择最新版本，以 Windows 操作系统为例，光标移动到"下载 (Win)"上，下方弹出选项列表，选择第一个"Unity Editor 64-bit"选项，即 64 位的 Unity 编辑器，如图 7.25 所示。弹出 UnityID 的登录界面，选择下方"创建 Unity ID"链接，通过邮箱注册 ID，如图 7.26 所示。

图 7.25　下载选项

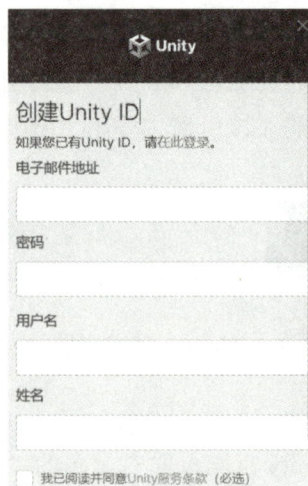

图 7.26　注册页面

点开 Unity 发送的激活邮件，完成激活，如图 7.27 所示。

图 7.27　激活邮件

回到 Unity 官网，在弹出的"更新业务信息"页面，更新相关信息并绑定手机号，如图 7.28 所示。

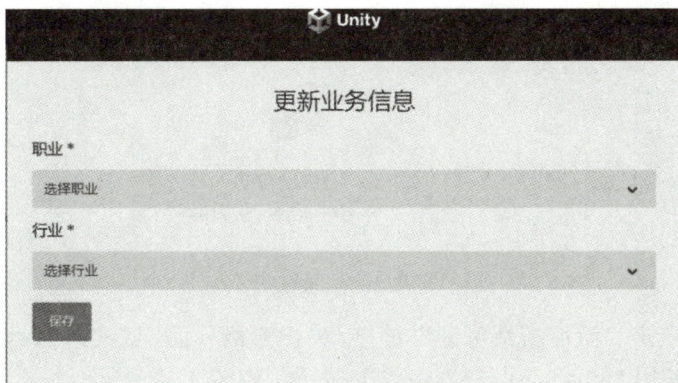

图 7.28　激活邮件

再次点击"下载 (Win)"图标，下载完毕后，双击打开"UnitySetup64.exe"图标进入安装界面，如图 7.29 所示。

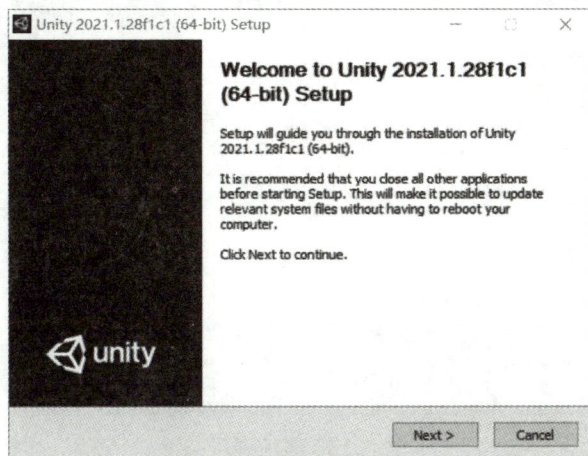

图 7.29　安装界面

安装完毕后在桌面上找到 Unity 图标，双击打开，如图 7.30 所示。

图 7.30　Unity 图标

点击右上角的用户头像图标，登录账户，如图 7.31 所示。

图 7.31　登录账户

登录完成后，点击"激活新许可证"链接，弹出激活界面，依次选择"Unity 个人版"→"我不以专业身份使用 Unity"，点击"完成"按钮，如图 7.32 所示。

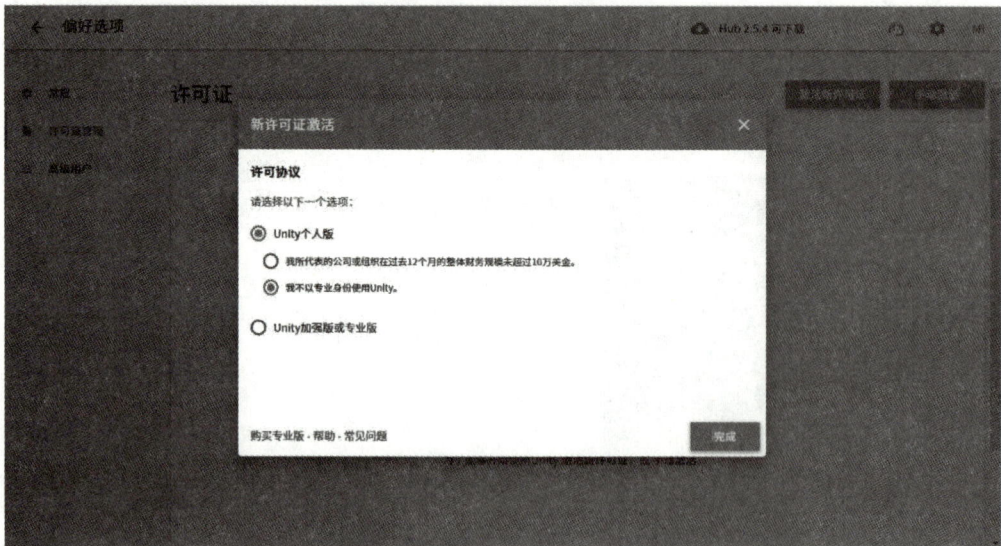

图 7.32　激活许可

激活成功后，点击右上角"新建"按钮，选择"3D"模板后，给项目命名并选择保存文件的位置，如图 7.33 所示。

图 7.33　新建项目

#### ▶▶▶ 7.3.2　Unity 基础

等待加载完毕之后，进入 Unity 编辑器的工作主界面，如图 7.34
所示。

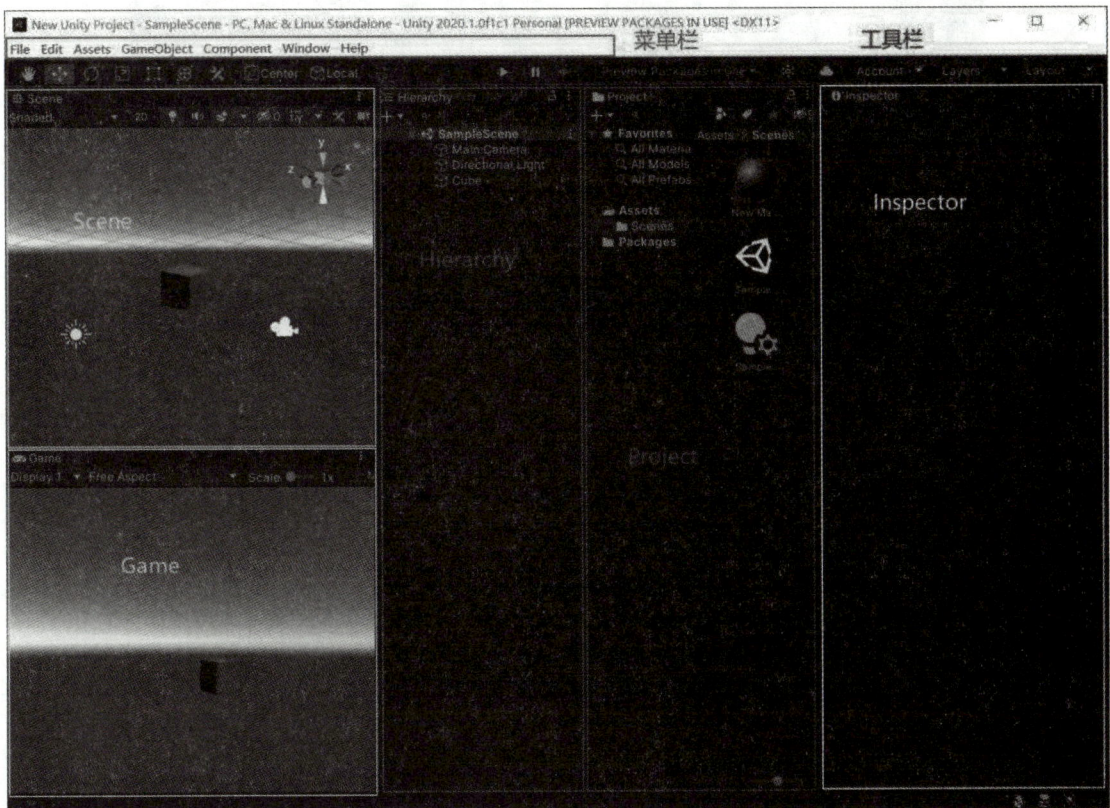

虚拟现实应用
程序开发 2

图 7.34　Unity 界面

Unity 编辑器的工作主界面包括工具栏、Scene 视图、摄像机、Game 视图、Hierarchy 窗口、Project 窗口、Inspector 窗口等，具体如下。

(1) 工具栏：工具栏的左侧主要是对 Scene 视图里模型的控制变换工具；中间是对 Game 视图的播放、暂停和快进按钮；右侧的"Accoutn"按钮可访问账户，Layout 可更改视图排列。

(2) Scene 视图：Scene( 场景 ) 视图用于设置场景以及放置模型。

(3) 摄像机：在 Scene 视图中的摄像机主要用于渲染 Game 视图所呈现的内容。

(4) Game 视图：从摄像机中渲染 Game 视图，这个视图代表最终发布产品中用户所看到的界面。

(5) Hierarchy 窗口：显示 Scene 视图中的每个游戏对象 ( 如模型、摄像机等 )，也可以对每个对象进行分组和删除。

(6) Project 窗口：显示与项目相关的所有文件，比如人物模型、材质球、代码文件等。

(7) Inspector 窗口：可对当前所选对象或材质进行查看和属性编辑。

▶▶▶ **7.3.3　Unity 案例搭建及演示**

在 Hierarchy 窗口中右击，选择"3D Object"→"Cube"，生成一个正方体，生成的 Cube 可以在左侧的 Scene 视图和 Game 视图中看到，如图 7.35 所示。

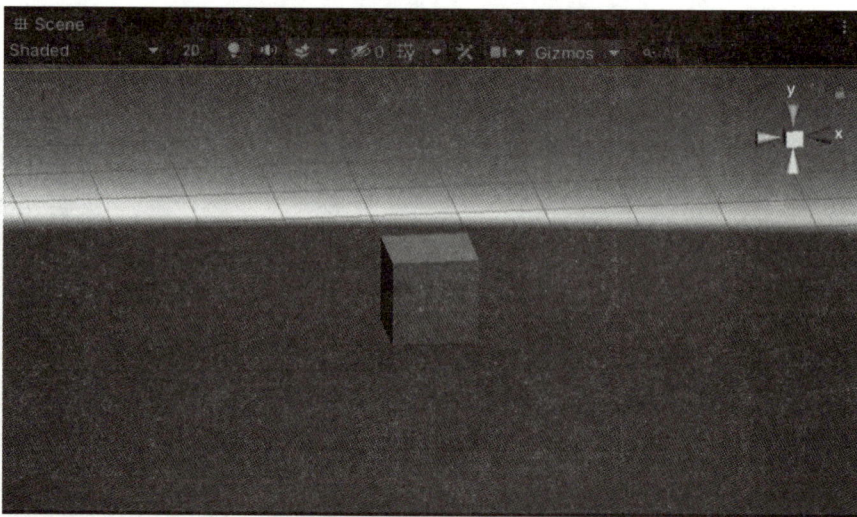

图 7.35　创建 cube

1) *移动 Cube*

(1) 点击工具栏的移动图标 ▦，如图 7.36 所示。

图 7.36　移动图标

(2) 点击 Scene 视图中的 Cube，Cube 出现三个方向的箭头，点击拖动箭头即可移动 Cube。随着用户的拖动，Game 视图也可以看到摄像机角度的变化，如图 7.37 所示。

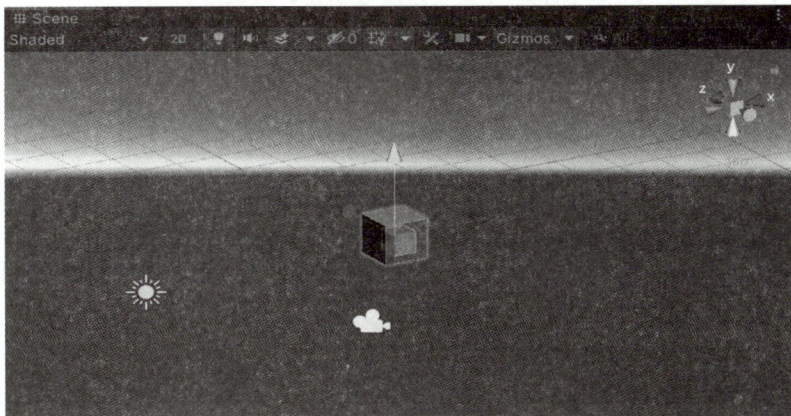

图 7.37 移动 cube

2) 上色

(1) 在"Project"窗口中,点击"Assets"资源文件夹下的"Scenes"文件夹,如图 7.38 所示。

(2) 在右侧的文件夹区域,点击鼠标右键,依次选择"Create"→"Material",创建一个材质球,如图 7.39 所示。

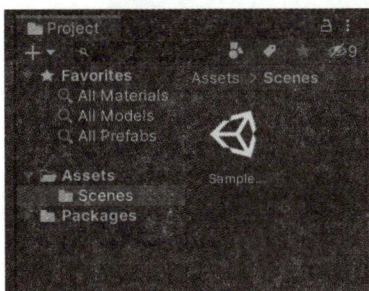

图 7.38 Scenes 文件夹

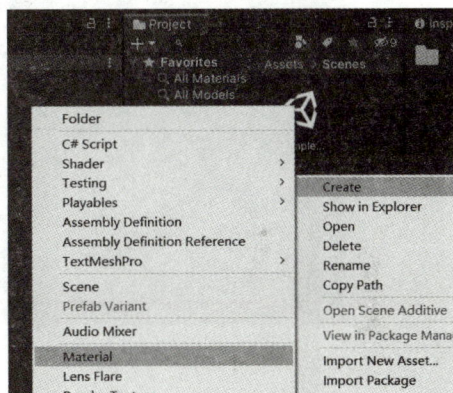

图 7.39 创建材质球

(3) 创建完材质球后,"Inspector"窗口会出现针对材质球的属性设置框,如图 7.40 所示。

(4) 在"Inspector"窗口,找到"Main Maps"选项,在"Albedo"选项中点击右侧的白色选区,如图 7.41 所示。

图 7.40 材质球属性

图 7.41 Albedo 属性

(5) 在弹出的 Color 窗口中，选择绿色，如图 7.42 所示。

图 7.42　选取颜色

(6) 点击 Project 窗口中的绿色材质球，拖动放到 Scenes 视图中的 cube 上，cube 对应变成绿色，如图 7.43 所示。

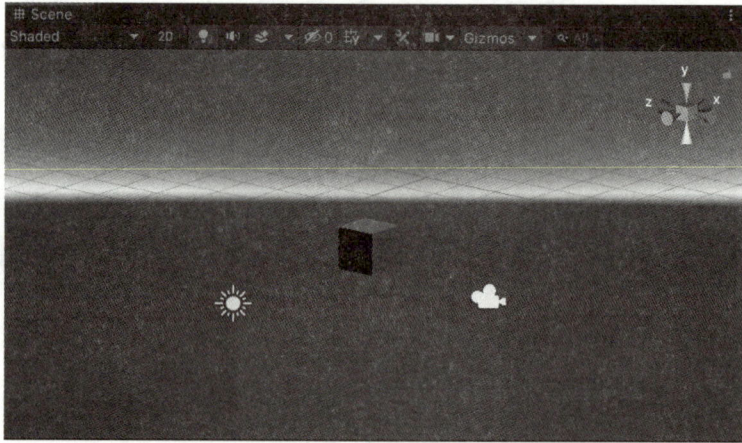

图 7.43　应用材质球

# 本 章 习 题

## 一、选择题

1. 虚拟现实世界中，最重要的是逼真感和 (　　) 性。

A. 真实　　　　　　　　　　　B. 交互

C. 操作　　　　　　　　　　　D. 三个选项都是

2. 世界上第一台 VR 设备的发明者是 (　　)。

A. 丹尼斯·里奇　　　　　　　B. 乔治·史蒂文森

C. 莫顿·海利希　　　　　　　D. 三个选项都不是

3. 第一次 VR 热潮出现在 (　　)。

A. 20 世纪 90 年代　　　　　　B. 20 世纪 80 年代

C. 20 世纪 70 年代　　　　　　D. 20 世纪 60 年代

4. HMD(Head Mounted Display) 即头盔式显示器，其主要组成是 (　　)。

A. 显示元件　　　　　　　　　　B. 光学系统

C. 触觉元件　　　　　　　　　　D. 听觉系统

5. 虚拟现实技术是通过 (　　) 方式实现用户与虚拟环境之间的互动。

A. 视觉和听觉　　　　　　　　　B. 视觉和触觉

C. 视觉和嗅觉　　　　　　　　　D. 视觉和味觉

6. 虚拟现实 (AR) 技术一般使用 (　　) 设备来呈现虚拟信息叠加在真实世界中？

A. 投影仪　　　　　　　　　　　B. 手机或平板电脑

C. 头戴式显示器　　　　　　　　D. 虚拟现实眼镜

## 二、填空题

1. 虚拟现实最早出现于 _____ 领域。

2. 虚拟现实技术可以在 _____、_____、_____、_____ 领域应用。

3. 虚拟现实技术利用计算机生成的虚拟环境，通过 _____ 和 _____ 等感官模拟技术使用户产生身临其境的感觉。

4. 虚拟现实与通常 CAD 系统所产生的模型以及传统三维动画是 _____ 的。

5. 虚拟现实输入设备分为 _____、_____ 两类。

6. 虚拟现实系统分为 _____、_____、_____、_____ 四种典型类型。

## 三、问答题

1. 什么是虚拟现实技术？

2. 常见的 VR 应用开发工具有哪些？

# 第8章 物联网技术

## 技能目标

◎ 理解物联网的定义及特征。
◎ 熟悉物联网的三层体系架构。
◎ 掌握物联网分层的关键技术。
◎ 熟悉物联网的典型应用。

## 素养目标

◎ 关注物联网技术的发展趋势与前沿动态。
◎ 培养跨学科融合能力。
◎ 培养物联网应用创新能力。

## 星火引航

作为一种新兴的信息技术，物联网技术通过智能设备将城市基础设施连接起来，比如智能交通、智能照明、智能电网、智能水务等，实现了数据的实时收集和分析，从而为智慧城市的建设提供了有力支持，也符合我国大力提倡节能减排，推进经济社会发展全面绿色转型，助力实现碳达峰、碳中和的环保要求。本章结合物联网近年的热点和发展趋势来讲解物联网的定义及其三层体系架构，并阐述物联网三层体系架构中每层的关键技术和应用。

# 8.1 物联网基础知识

▶▶▶ **8.1.1 物联网的定义**

2009 年 9 月，欧盟第 7 框架下 RFID 和物联网研究项目组在其发布的研究报告中提出物联网的定义是："物联网是未来互联网的一个组成部分，可以被定义为基于标准的和可互操作的通信协议，且具有自配置能力的、动态的全球网络基础架构。物联网中的'物'都具有标识、物理属性和实质上的个性，使用智能接口可实现与信息网络的无缝整合。"如图 8.1 所示。

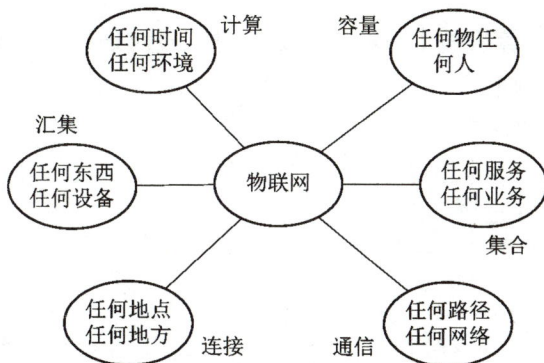

图 8.1 物联网的形成特性

现在较为普遍的理解是，物联网 (Internet of Things) 是将各种信息传感设备，如射频识别 (RFID，Radio Frequency Identification) 装置、红外感应器、全球定位系统、激光扫描器等种种装置与互联网结合起来而形成的一个巨大网络。物联网通过安置在各类物体上的电子标签、传感器、二维码等经过接口与无线网络相连，从而给物体赋予智能，可以实现人与物体的沟通和对话，也可以实现物体与物体间的沟通和对话。

物联网是利用条码、射频识别 (RFID)、传感器、普适计算全球定位系统、激光扫描器等信息传感设备，按约定的协议，实现人与人、人与物、物与物的在任何时间、任何地点的连接，从而进行信息交换和通信，以实现智能化识别、定位、跟踪、监控和管理的庞大网络系统。

▶▶▶ **8.1.2 物联网的特征**

物联网的基本特点集中体现在三方面，即全面感知、可靠传输和智能处理。

**1. 全面感知**

全面感知是指利用 RFID、传感器、二维码等技术手段随时随地采集物体的动态信息。全面感知包括对物体静态数据及属性的感知、对物体固定属性的动态感知和对环境模糊信息的感知。

(1) 对物体静态数据及属性的感知可用到的技术手段包括 RFID、红外感应器、激光扫描、二维码等。

(2) 对物体固定属性的动态感知可用到的技术手段包括传感器网、GPS 等。

(3) 对环境模糊信息的感知可用到的技术手段包括视频探头等。

RFID、无线传感网、视频探头三者均应用于物联网的末端感知环节，具有很强的协作性和互补性，而这种协作性和互补性不仅能实现更为透彻的感知，而且能极大提高信息感知的准确性。

### 2. 可靠传输

可靠传输是指通过互联网、无线网络等通信技术，物联网能够将感知到的物体信息实时、准确地传送出去。这一过程不仅要求数据能够安全地传输，而且要求数据传输具有极高的可靠性，以保证信息的准确无误。

### 3. 智能处理

智能处理是指利用计算机技术对海量的数据进行及时地信息处理与控制，真正达到人与物的沟通、物与物的沟通。

物联网模型如图 8.2 所示。

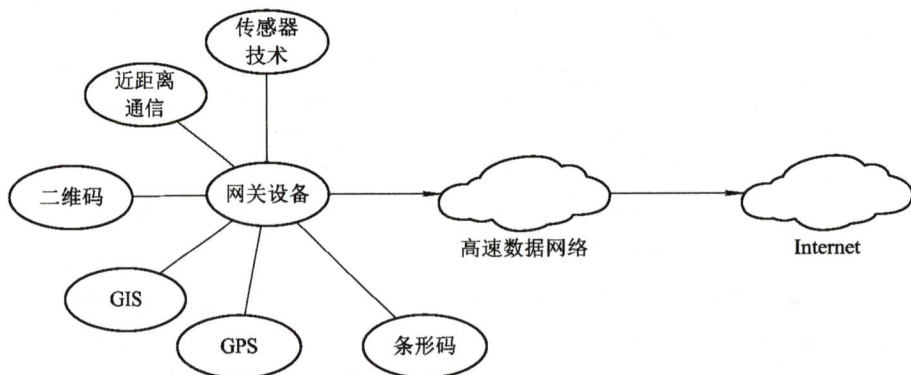

图 8.2　物联网模型示意图

### ▶▶▶ 8.1.3　物联网与互联网、传感网的联系与区别

互联网、无线网、传感网与物联网的关系如图 8.3 所示，厘清它们之间的关系与不同点对理解物联网非常有益。

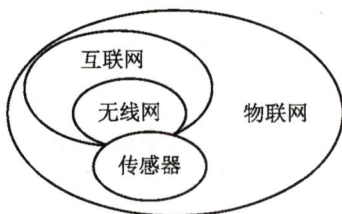

图 8.3　几种网络的关系

### 1. 物联网与互联网

物联网与互联网的对比如表 8.1 所示。

表 8.1 物联网和互联网的对比

| 对比 | 类 型 | |
|---|---|---|
| | 物联网 | 互联网 |
| 区别 | (1) 物联网是互联网连接对象、应用领域的延伸<br>(2) 物联网是人、物、机器的连接<br>(3) 物联网特有的感知层中的传感器和 RFID 技术可以实现"物物相联",目前物联网的网络构建仍然要借助互联网的技术,如 5G、Wi-Fi、蓝牙技术等<br>(4) 物联网的安全性、可靠性要求更高 | (1) 互联网是物联网基础的延伸<br>(2) 互联网强调机器与机器的连接<br>(3) 互联网指的是通过 TCP/IP 将异种计算机连接起来,实现计算机之间资源共享的网络技术;互联网包括基于 IP 数据分组技术和使用 TCP/IP 的全部业务和应用<br>(4) 互联网初始没有考虑安全问题 |
| 相同点 | 技术基础是相同的,即它们都建立在分组数据技术基础之上 | |

#### 2. 物联网和无线网

物联网是一个集成了监测、控制以及无线通信的网络系统,其底层关键技术是 RFID 和传感器网络。其中,传感器网络中各个传感器节点具有的能量、处理能力、存储能力和通信能力等十分有限;节点数目也更为庞大,节点分布更为密集,由于环境影响和能量耗尽等因素影响,节点更容易出现故障;环境干扰和节点故障容易造成网络拓扑结构的变化。由于这些特点的存在,传统无线网络的首要设计目标是提高服务质量和高效率带宽利用,其次才考虑节约资源;而物联网的首要设计目标是资源的高效使用。

#### 3. 物联网与传感网

传感网是包含互联的传感器节点的网络,这些节点通过有线或无线通信交换传感数据。传感器节点是由传感器和可选的能检测处理数据及联网的执行元件组成的设备。传感器网络具有资源受限、自组织结构、动态性强、应用相关、以数据为中心等特点。物联网与传感网的对比如表 8.2 所示。

表 8.2 物联网和传感网的对比

| 网络类型 | 传 感 网 | 物 联 网 |
|---|---|---|
| 定义 | 狭义的物联网就是传感网 | 广义物联网是"泛在网络",无所不在、无所不包 |
| 感知信号 | 传感器节点仅仅感知到信号 | 物联网既有传感器感知信号,又有对物体的标识 |
| 应用体现 | 仅提供小范围内的信号采集和数据传递 | 物品到物品的连接能力 |
| 不同角度 | 从技术角度传感器网络 | 从产业和应用角度谈物联网 |

### 8.2 物联网体系结构和关键技术

目前,物联网体系架构在业界大致被公认为有三个层次,即底层是用来感知数据的感知层，第二层是数据传输的网络层，最上面则是内容应用层。物联网的三层结构如图 8.4 所示。

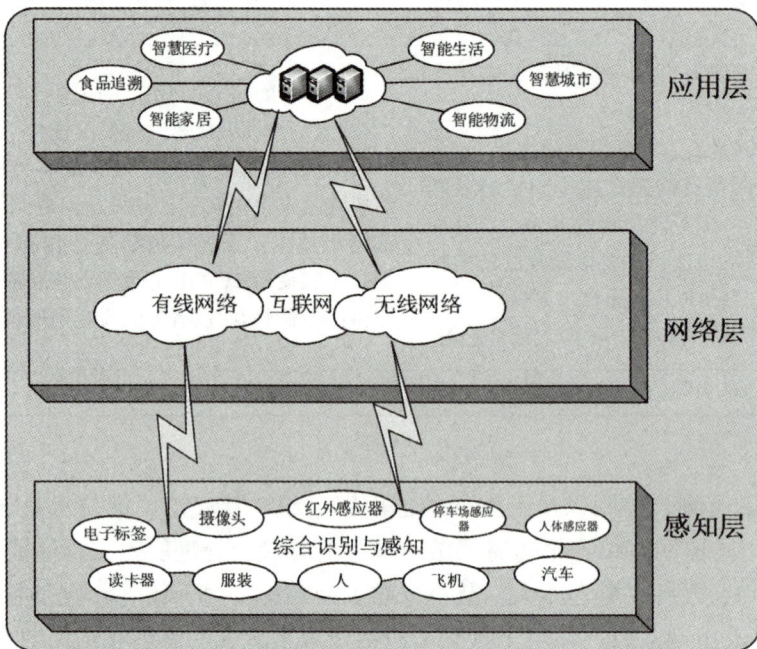

图 8.4　物联网体系架构

物联网体系结构
和关键技术

### 1. 感知层

感知层是物联网的皮肤和五官，用于识别物体、采集信息。感知层包括二维码标签和识读器、RFID 标签和读写器、摄像头、GPS 等。

### 2. 网络层

网络层是物联网的神经中枢和大脑，用于信息传递和处理。网络层包括通信与互联网融合的网络、网络管理中心和信息处理中心等。

### 3. 应用层

应用层是物联网的"社会分工"，与行业需求结合，实现广泛智能化。应用层是物联网与行业专业技术的深度融合，与行业需求结合，实现行业智能化。

### ▶▶▶ 8.2.1　感知层

感知层用于解决对客观世界的数据获取问题，目的是形成对客观世界的全面感知和识别。

物联网感知层
关键技术

感知层处于三层架构的最底层，是物联网发展和应用的基础，具有物联网全面感知的核心能力。作为物联网的基础层，感知层具有十分重要的作用。

感知层一般包括数据采集和数据短距离传输两部分。此处的短距离传输技术尤指像蓝牙、ZigBee 这类传输距离小于 100 m，速率低于 1 Mb/s 的中低速无线短距离传输技术。

### 1. 传感器技术

#### 1) 传感器的概念

传感器是信息采集的核心设备，它不仅是物联网中不可或缺的信息采集设备，也是将微电子技术应用到传统产业，使其发生改变的重要方式之一。目前，传感器技术已经深入国民经济与社会生活的各个领域。

传感器 (Transducer/Sensor) 是一种用于检验和测试的设备，如图 8.5 所示。它能够将感受到的被测量信息按照一定的规律转变成电信号或其他形式的信号，然后加以输出，从而满足对信息的处理、存储、显示、记录、传输和控制等的要求。

图 8.5　传感器

#### 2) 传感器的分类

随着现代自动化技术的发展，传感器的应用越来越广泛。传感器的种类多样，可分为电阻式传感器、激光传感器、霍尔传感器、温度传感器、无线温度传感器、智能传感器、光敏传感器、视觉传感器。

(1) 电阻式传感器。

电阻式传感器是一种能够将被测量，如位移、形变、力、加速度、湿度、温度等物理量转换为电阻值的一种器件，如图 8.6 所示。电阻式传感器主要包括电阻应变式、压阻式、热电阻、热敏、气敏、湿敏等电阻式传感器件。

图 8.6　电阻式传感器

(2) 激光传感器。

激光传感器是一种利用激光技术进行测量的传感器，如图 8.7 所示。它由激光器、激光检测器和测量电路组成。激光传感器是新型测量仪表，其优点是能实现无接触远距离测量，测量速度快，精度高，量程大，抗光、电感能力强。

图 8.7　激光传感器

(3) 霍尔传感器。

霍尔传感器是一种利用霍尔效应制成的磁场传感器,如图 8.8 所示。它被广泛地应用于工业自动化技术、检测技术及信息处理等各个方面。霍尔效应是研究半导体材料性能的基本方法,通过霍尔效应实验测定的霍尔系数能够判断半导体材料的导电类型、载流子浓度等重要参数。

(4) 温度传感器。

温度传感器是一种能够将被测物体温度转换为电信号的传感器,如图 8.9 所示。它主要是根据电阻阻值、热电偶的热电效应等原理进行工作。温度传感器不但种类繁多,而且组合形式多样,应根据不同的场所选用合适的产品。

图 8.8　霍尔传感器　　　　　图 8.9　温度传感器

(5) 无线温度传感器。

无线温度传感器是一种用于测量和监控物体温度的无线设备,如图 8.10 所示。它能够将控制对象的温度参数变成电信号,并对接收终端发送无线信号,从而对系统实行检测、调节和控制。

(6) 智能传感器。

智能传感器是具有信息处理功能的传感器,它是一个相对独立的智能单元,如图 8.11 所示。智能传感器的出现使传感器对硬件性能要求大大降低,在软件系统的帮助下就可以使传感器的性能大幅度提高。

图 8.10　无线温度传感器　　　　　图 8.11　智能传感器

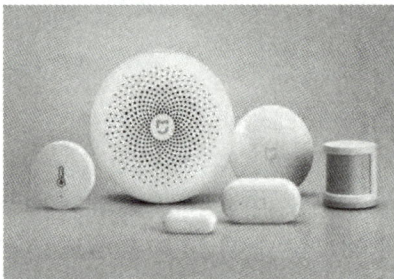

(7) 光敏传感器。

光敏传感器是最常见的传感器之一,如图 8.12 所示。它的种类繁多,主要包括红外线传感器、紫外线传感器、光纤式光电传感器、色彩传感器和 CMOS 图像传感器等。光敏传感器的敏感波长在可见光波长附近,包括红外线波长和紫外线波长。光敏传感器是目前产量最多、应用最广泛的传感器之一。

(8) 视觉传感器。

视觉传感器是整个机器视觉系统信息的直接来源，它主要由一个或者两个图形传感器组成，有时还要配以光投射器及其他辅助设备，如图 8.13 所示。视觉传感器的主要功能是获取足够的机器视觉系统要处理的最原始图像。

图 8.12  光敏传感器

图 8.13  视觉传感器

### 2. 无线传感技术

1) 无线传感技术概述

无线传感网络是由具有通讯能力、感知能力和计算能力的多个传感器节点组成的，借助节点内置的多种不同功能的传感器感知周围环境中的声呐、雷达、红外光、热信号和地震信号，来探测包括温度、湿度、PH 值、压力、物体运动速度和方向等众多我们感兴趣的信息，最终将这些信息通过无线传输技术发送到信息处理终端。

作为无线双向通信的网络，无线传感网络能灵活地将不规则分布的众多传感器节点组网，大大减少了人工精确定位工作量。同时传感器节点还兼具体积小、低功耗、隐蔽性强等特点，在民用和军事上得到越来越广的发展。

2) 无线传感技术组成

一个典型的无线传感器网络结构如图 8.14 所示，应该包括传感器 (Sensor) 节点、汇聚 (Sink) 节点、管理 (Management) 中心、传输介质和传感网络。

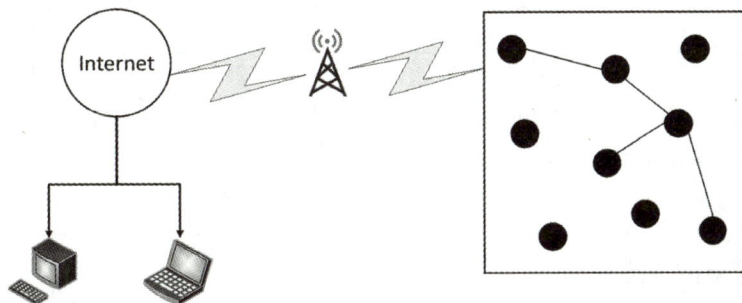

图 8.14  传感器网络结构

3) 无线传感器网络选择

新的无线网络协议随着无线传感网络的发展不断诞生，其中的蓝牙技术、无线 USB 和高速、低速 USB 等技术是新的协议中主要的短距离通信技术。

下面对几种技术做简单讲述，从而选出该设计所需的通信网络协议。

(1) 采用蓝牙技术。

蓝牙技术主要是实现小范围之内的一对一短距离传输，可以两台或者两台以上的设备在该范围之内进行数据、文件的传输等。它们之间的连接属于自动组网的方式，只要搜索到相应的设备就可以进行配对连接。但是它的耗电量相对来说比较大，可靠性不是很高。目前主要用于手机、电脑和其他设备之间的蓝牙传输。

(2) 采用 RFID 技术。

RFID 技术主要是通过读取物体上的标签来识别物体，不需要具有对应的连接，这种技术对于信息的识别更加省时、省力，并且得到的信息很少有错误，所以该技术在商品、服务行业的运用比较广泛，例如，校园里的一卡通系统、超市的商品管理系统等。

(3) 采用 Wi-Fi 技术。

Wi-Fi 技术是现阶段运用得比较多的一项技术，简单来说就是将因特网通过一定的设备设置连接"热点"，拥有支持局域网无线连接的设备，比如智能手机、笔记本电脑等都可以通过搜索"热点"，进行网络的连接就可连接，连接之后就可使用网络。目前该技术主要用于一定区域内的网络连接，比较方便、快速。

(4) 采用 ZigBee 技术。

ZigBee 技术是一种比蓝牙和 Wi-Fi 更简单的短距离无线通信技术。它可以放在一个芯片上嵌入到物体内，具有很大的网络容量，扩展比较方便，主要应用于现阶段的无线传感器技术上。相比其他技术，ZigBee 技术可靠性更强，应用时间也更长，几节干电池就可以使其工作半年甚至更久。除此之外，它对数据的传输距离的约束很小，加上射频技术后，它的传输距离可达 1～3 km。

几种无线传感技术参数如表 8.3 所示。

**表 8.3　无线传感技术参数比较**

| 技术名称 | 蓝牙 | RFID | Wi-Fi | ZigBee |
|---|---|---|---|---|
| 工作频段 | 2.4 GHz | 125 kHz/13.56/860～960 MHz/2.4/8.5 GHz | 2.4 GHz | 868/915 MHz 2.4 GHz |
| 传输距离 | 10+ m | 8.30+ m | 100+ m | 10～100+ m |
| 传输速率 | 1 Mb/s | 26 Kb/s | 54 Mb/s | 20/40/250 Kb/s |
| 网络容量 | 8 个 | 8 个 | 32 个 | 256/65 536 个 |
| 优势 | 速度快、自组织 | 实体对象、唯一标签 | 速度快、灵活性强 | 低成本、低功耗、自组织 |
| 应用重点 | 需代替电缆的移动设备 | 物流管理、智能家居 | 笔记本电脑、智能手机 | 传感器网络 |

### 3. 无线传感器网络应用

在军事方面，无线传感器网络的特性非常适合于军事侦察，可以有效地探测和获取敌军情报。战场环境恶劣，收集情报十分危险，而无线传感器网络由于自身功耗低、体积小、隐蔽性高、抗毁性能好、自组织能力强等特点，所以能为军事侦察实现极大的便利。除了探测情报方面，无线传感器网络还可以加装在士兵、装备及军火上，以供识别，分清敌我，防止误打，或跟踪射击对象的位置，实现精确制导。

在医疗卫生方面，无线传感器网络可以将采集到的信息通过安装特殊用途的传感器节点对病情进行监测，如心率、血压等，这样医生就可在远端随时去了解被监护病人的病情，以便及时处理病情和救护患者。无线传感器网络在医疗卫生领域有着成功的应用实例，例如，监测婴儿、监测与追踪血压、监测消防员身体特征信号等。

在智能家居方面，若采用无线传感器网络在楼体自身安装节点，安装了传感器网络的智能建筑就会自动告知管理部门楼体的状态信息，从而可以使管理部门按照优先级来进行一系列的修复工作。同样的道理，还可以通过无线传感器网络加强对古老建筑和珍贵文物的保护，将具有温度、湿度、压力、加速度、光照等传感器的节点布放在保护对象自身和周围，这样可以有效地监测被保护建筑和文物状态，从而达到保护文物的目的。

### ▶▶▶ 8.2.2　网络层

网络层位于感知控制层和应用服务层的中间，主要负责两层之间的数据传输。感知层采集的数据需要经过通信网络传输到数据中心、控制服务器进行存储或处理。网络传输层就是利用公网或者专网，以无线或有线的通信方式提供信息传输的通路。

物联网网络层
关键技术

物联网网络传输层建立在现有的移动通信网和互联网基础上。物联网通过各种接入设备接入移动通信网，并和互联网相连，比如手机支付系统中由刷卡设备将内置的 RFID 信息采集上传到互联网，网络层传输完成后由应用服务层鉴权认证并从银行网络划账。网络层主要承担着数据传输的功能，此外，也可以进行存储查询信息和管理网络等功能，比如对数据信息安全及传输服务质量进行管理。

#### 1. 互联网

互联网 (Internet)，又称国际网络，有学者将互联网翻译成因特网、英特网。互联网的前身是阿帕网，最早出现于 1969 年。互联网是覆盖全世界的一个庞大网络，它由一组通用协议连接。简单地说，互联网就是将计算机网络互相连接起来形成的一个覆盖全世界的网络。

万维网，简称 WWW，是互联网集文本、声音、图像、视频等多媒体信息于一身的全球信息化网络，如图 8.15 所示。万维网是互联网的重要组成部分。浏览器是用户通往 WWW 的桥梁，通过浏览器，用户可以随意地浏览互联网上的各种信息，搜索自己感兴趣的内容。

图 8.15　万维网

#### 2. 无线局域网技术

1) 无线局域网简介

无线局域网 (Wireless Local Area Networks，WLAN)，如图 8.16 所示。它是一个利用

RFID 技术，使用电磁波作为传输介质的数据通信系统。与传统的通信系统相比，无线局域网没有老式的双绞铜线，所有的信号都在自由空间中传递。正是基于这种特性，无线局域网能够使网络用户达到"信息随身化，便利走天下"的理想境界。

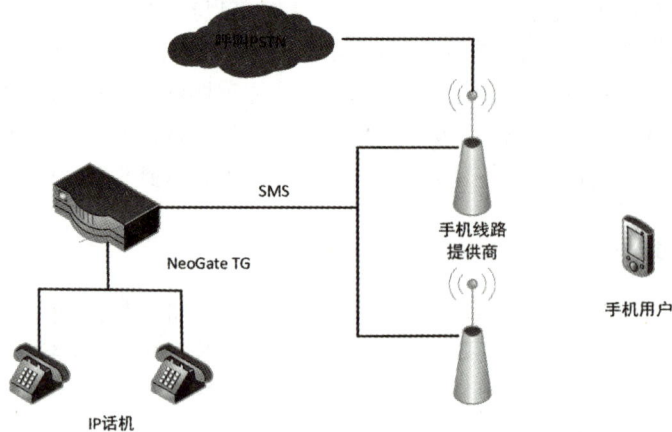

图 8.16　无线局域网

## 2) 无线局域网协议标准

无线局域网技术将是 21 世纪极具发展潜力的重要技术之一。所有的网络都需要由协议来控制，无线局域网也不例外。以电气和电子工程师协会 (IEEE) 为代表的多个研究机构制定了多套协议标准，如表 8.4 所示，这些标准推动了无线局域网的实用化。

表 8.4　无线协议标准对比

| 项目 | 802.11a | 802.11b | 802.11g | 802.11n |
| --- | --- | --- | --- | --- |
| 数据速率 | 54 Mb/s | 11 Mb/s | 54 Mb/s | 248 Mb/s( 使用 2×2 天线 ) |
| 吞吐量 | 23 Mb/s | 4.3 Mb/s | 19 Mb/s | 74 Mb/s |
| 频率 | 5 GHz | 2.4 GHz | 2.4 GHz | 2.4 GHz 或 5 GHz |

## 3) 无线局域网的硬件设备

无线局域网的硬件设备主要包括无线网卡、无线接入点与无线天线。

(1) 无线网卡：无线网卡的作用与以太网的网卡功能基本相同，它使无线局域网的接口能够实现无线局域网与客户机之间的连接和通信。

(2) 无线接入点：无线 AP(Access Point，接入点 ) 是无线局域网接入点的简称，它与有线网络中集线器的功能相同。

(3) 无线天线：在无线网络通信环境中，各通信设备之间的距离可能相对较远，信号随着通信距离的增加会出现明显减弱的现象，这将导致网络传输速率降低。此时，就需要借助无线天线将所接收或发送的信号增强。

## 4) 无线局域网的优点

与传统的有线网络相比，无线网络具有以下明显的优势：

(1) 灵活性和移动性。在有线网络中,网络设备的安放位置受布网位置的影响不能移动，而在无线局域网中，只要在无线信号覆盖的范围内，任何设备都可以随意移动，这是无线局域网最大的特点。

(2) 安装便捷。无线局域网可以免去或最大限度地减少网络部署工作。在通常情况下安装一个或多个 AP 设备，就可创建覆盖全区域的局域网。

(3) 易于规划，方便调整。对于有线网络来说，布线是一个昂贵、费时和琐碎的过程，而无线局域网的存在可以有效避免或减少以上情况的发生。

### ▶▶▶ 8.2.3 应用层

应用层的主要功能是把感知和传输来的信息进行分析和处理，并做出正确的控制和决策，实现智能化的管理、应用和服务。

应用层解决的是信息处理和人机界面的问题。具体地说，应用层是将网络层传输来的数据通过各类信息系统进行处理，并通过各种设备与人交互。

物联网应用层
关键技术

在产业链中，通信网络运营商在物联网中占据重要地位，而高速发展的云平台又是物联网发展的又一大动力。云计算平台作为海量感知数据的存储和分析平台，将是物联网应用服务层的重要组成部分，也是应用层众多应用的基础。

云计算模式其实是一种有着商业背景的计算模式。它将计算任务分配给由大量计算机组成的资源池，通过调用资源池中的这些计算机来完成对数据的计算、存储以及相关服务。用户可以通过一些终端设备远程连接到云计算平台，从而获取"云"中的计算资源，这些资源通常包括存储空间、计算能力以及对数据库的调用，如图 8.17 所示。

图 8.17 云计算

在资源分布上，云计算包括"云"和"云终端"。"云"是一些互联网大型服务器集群与网络的总称，通常由网络基础设备组成，如交换机、服务器、存储器以及安全设备，几乎所有的数据与应用程序都可以存储到"云"里。"云终端"则是指一些可以访问网络的设备，如个人计算机、手机、平板、车载电子设备等，这些设备往往只需要安装一个功能齐全的浏览器以及一个简单的操作系统就可通过网络接入"云"中，从而轻松地使用"云"中所提供的各项服务。

云平台的最终目的是将计算、服务与应用作为一个基础设施提供给人们，使人们能够像使用电、水、煤气和电话那样使用计算资源。

在"云"的理念下，用户的使用观念将会发生彻底改变。从传统的"购买产品"到新型的"购买服务"，此时的用户不再需要复杂的硬件与软件，而是需要硬件与软件所提供

的服务。用户不再需要支付任何硬件费用就能享受到高性能的服务。

## 8.3　物联网系统的应用

物联网如今在交通、安防、物流、零售、金融、环保、医疗等各个领域获得了广泛应用。物联网的具体应用如图 8.18 所示。

图 8.18　物联网的具体应用

物联网用途广泛，遍及智能楼宇、智能家居、路灯监控、智能医院、智能交通、水质监测、智能消防、物流管理、政府工作、公共安全、资产管理、军械管理、环境监测、工业监测、矿井安全管理、食品药品管理、票证管理、老人护理、个人健康等诸多领域。

物联网系统应用

### ▶▶▶ 8.3.1　物联网在物流行业中的应用

物流是物联网较早应用的行业之一，物联网技术在物流产业的应用对物流产业的发展有极大的促进作用。物联网的应用从根本上提高了对物品生产、配送、仓储、销售等环节的监控水平，改变了供应链流程和管理手段，对于物流成本的降低和物流效率的提高具有重要意义。物联网在物流业中的主要应用有以下几方面。

#### 1. 物流过程的可视化智能管理

运用基于 GPS(全球卫星定位系统) 卫星导航定位、RFID 技术、传感技术等多种技术，开发出了在物流活动过程中对车辆定位、运输物品监控、在线调度与配送的实时可视化与管理系统。目前，有些技术比较先进的物流公司或企业大都建立与配备了 GPS 智能物流管理网络系统，可以实现对食品冷链的车辆定位与食品温度实时监控等，初步实现物流作业的透明化、可视化管理。

### 2. 产品的智能可追溯网络系统

基于 RFID 等技术建立的产品智能可追溯网络系统的技术与政策等条件都已经成熟，应当全面推进。目前，这些可追溯系统在医药、农产品、食品、烟草等各领域已有很多成功的应用案例，在货物追踪、识别、查询、信息采集与管理等方面发挥了巨大作用，为保障食品安全、药品安全提供了坚实的物流保障。

### 3. 全自动化的物流配送管理

运用基于传感技术、RFID 技术、声、光、电、机、移动计算等各项先进技术，在物流配送中心实现全自动化管理，建立配送中心智能控制、自动化操作网络，从而实现物流、商流、信息流、资金流的全面管理。目前，有些配送中心已经在货物拆卸与码垛采用码垛机器人、激光或电磁无人搬运车进行物料搬运，自动化输送分拣线作业、出入库作业也由自动化的堆垛机操作，整个物流配送作业系统完全实现自动化智能化。

## ▶▶▶ 8.3.2 物联网在智能家居中的应用

### 1. 智能家居系统概述

近年来，随着信息化的高速发展，人类对工作环境的安全性、舒适性、效率性要求的提高，导致对家居智能化的需求快速增加，促成了智能家居的诞生。

智能家居是一个多功能的技术系统，如图 8.19 所示。智能家居不仅包括可视对讲、家庭内部的安全防范、家居综合布线系统、照明控制、家电控制、室内环境状况监测，以及设备控制、远程视频监控、声音监听、家庭的影音系统，还包括远程医疗、远程教学等。

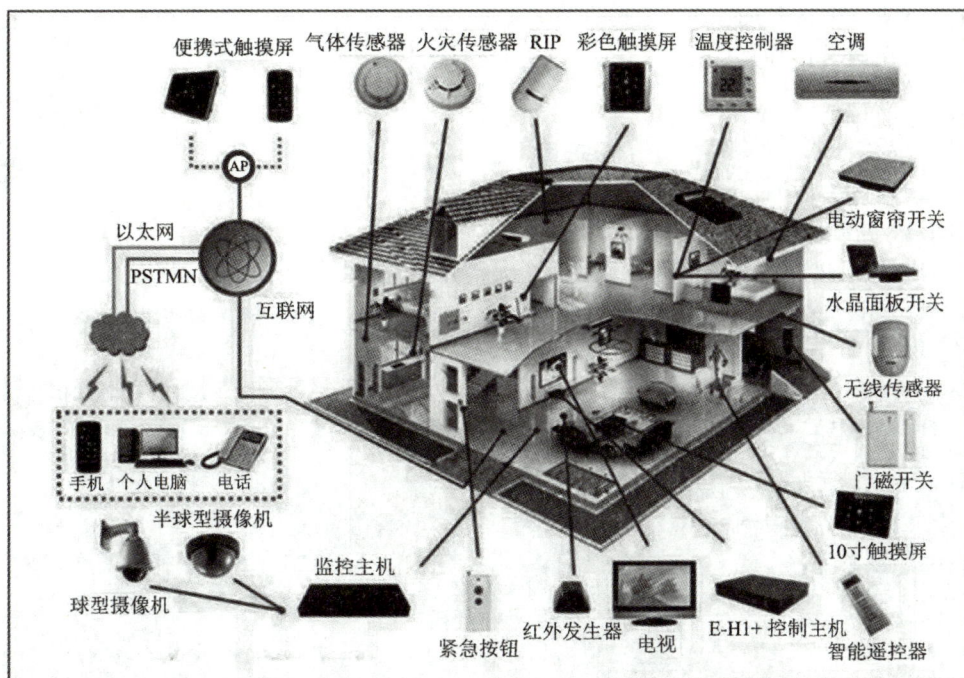

图 8.19 智能家居示意图

### 2. 物联网智能家居系统应用

采用物联网技术的智能家居系统可以通过以下几种方式实现对家居系统中各种设备的控制。

#### 1) 智能无线遥控

智能无线遥控是指一个遥控器不仅能实现对所有灯光、电器及安防的各种智能遥控以及一键式场景的控制，也能实现全宅灯光及电器的开关、临时定时等遥控，还能执行各种编址操作，实现一键式情景模式，并配合数字网络转发器，实现本地及异地万能遥控。

#### 2) Internet 远程监控

Internet 远程监控是指通过互联网实现远程监控、操作、维护以及系统备份与系统还原，只要用户授权，就可以实现远程售后服务。无论在哪里，只要通过 Internet 都可随时了解家里灯具及电器的开关状态。随时根据需求更改系统配置、定时管理事件，还可随时修改报警电话号码等。

#### 3) 设备联动控制

设备联动控制是指系统可根据家里设置的各种传感器探测到的信息，按照事先设定的条件，联动相应的设备，以达到节能、环保、舒适、方便的功能。

## 8.4 物联网平台开发实践

本节将在 LOD 硬件平台和 Windows 10 操作系统上位机上进行物联网平台的开发实验。LOD 硬件平台基于 STM32F103ZET6 设计，如图 8.20 所示，包含以下模块：

- PM2.5 传感器模块；
- 光敏传感器模块；
- 继电器模块；
- OV7725 摄像头模块；
- W5500 SPI 转网口模块；
- DH11 温湿度传感器模块。

物联网工单视频

这些模块构成了一个完整的物联网平台，为实验提供了丰富的传感和控制功能。

图 8.20 LOD 平台示意图

**8.4.1　将 LOD 平台连接到 Windows 10 上位机**

(1) 首先准备一个 12 V 的输入电源，确保 12 V 输入电源的电压稳定且符合设备要求。同时，检查电源插头和电线是否完好无损，将其插入到图 8.21 红圈处。在插入电源后，检查电源连接是否牢固。轻轻拉动电源线，确保插头没有松动或脱落的迹象。

图 8.21　电源接线示意图

(2) LOD 平台接通电源后如图 8.22 所示。

图 8.22　上电正常示意图

(3) 使用网线将 LOD 平台与 Windows 10 上位机连接。将网线的一端插入 W5500 SPI 以太网模块，如图 8.23 红圈处所示，网线另一端插入上位机的网络接口。也可以将网线插入路由器或交换机，通过它们实现 LOD 平台与 Windows 10 上位机的间接连接。

图 8.23　网线接线示意图

#### ▶▶▶ 8.4.2　更改 Windows 10 上位机 IP 地址

(1) 打开设置找到"网络和 Internet"并点击，如图 8.24 红框处所示。

图 8.24　设置示意图

(2) 跳转到以太网界面，并点击"更改适配器选项"，如图 8.25 所示。

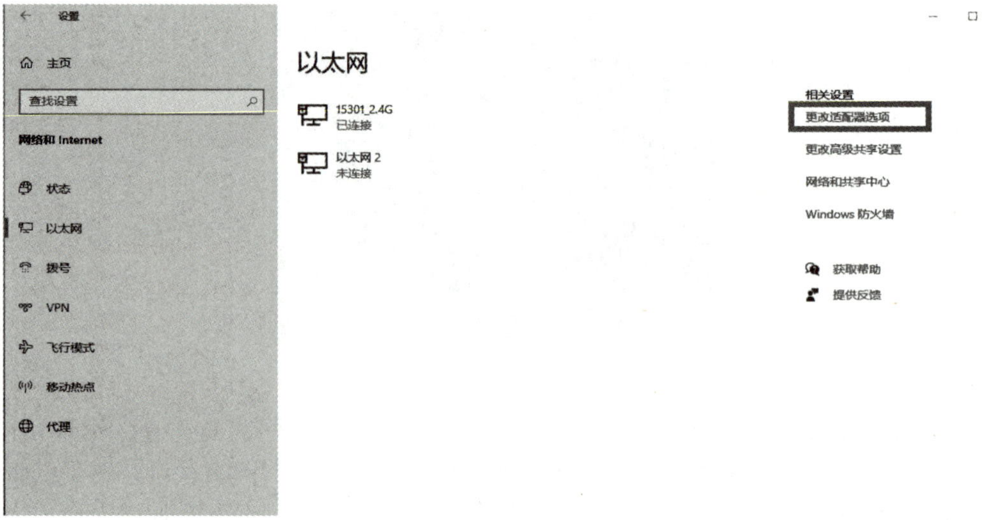

图 8.25　以太网示意图

(3) 若有多个网口，则找到对应的网口选项，双击打开 ( 注：本实验里使用的是以太网 2 的网络连接 )，如图 8.26 红框处所示。

图 8.26　网络适配器示意图

(4) 选择"Internet 协议版本 4(TCP/IP4)",如图 8.27 红框处,双击打开。

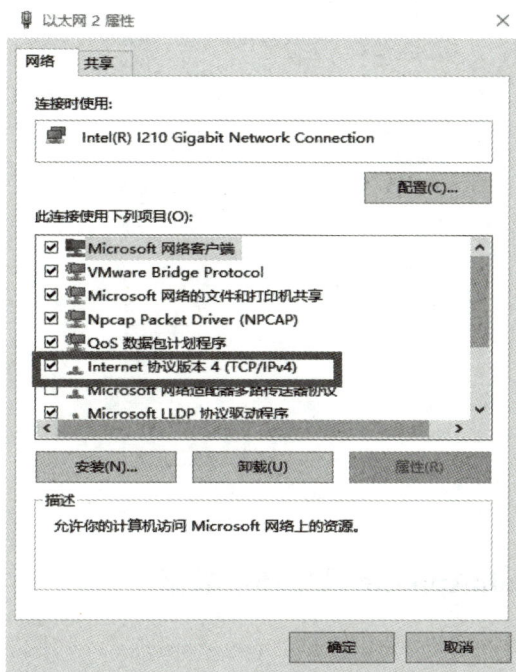

图 8.27 属性示意图

(5) 将"自动获取 IP 地址 (O)"更改为"使用下面的 IP 地址 (S)",并在 IP 地址一栏输入"192.168.0.218",子网掩码一栏输入"255.255.255.0",如图 8.28 红框处所示。

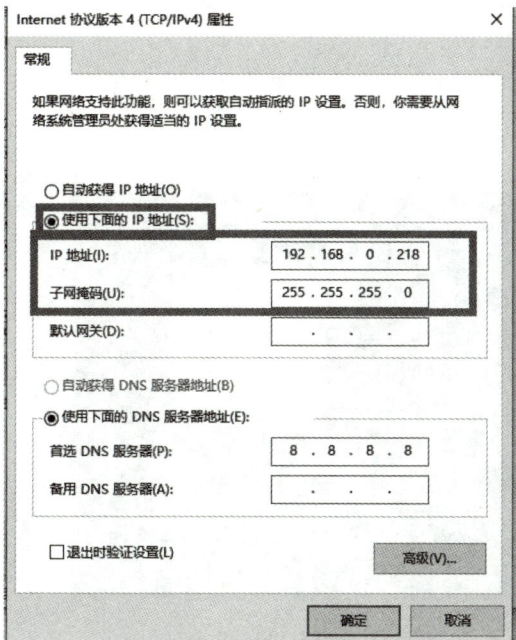

图 8.28 IP 地址更改示意图

(6) 输入完成后,点击"确定"按钮退出,如图 8.29 所示。

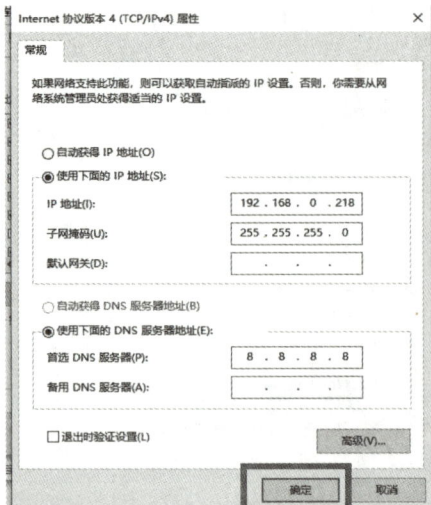

图 8.29　确定示意图

### ▶▶▶ 8.4.3　使用 mainApp.exe 采集环境数据

(1) 打开视频采集软件文件，双击运行"mainApp.exe"，如图 8.30 箭头所指。

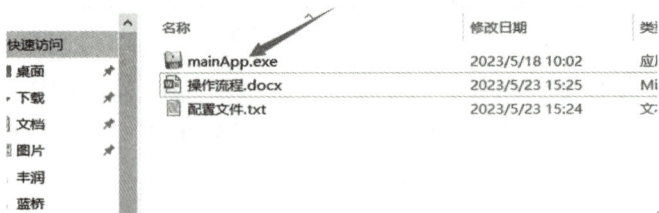

图 8.30　视频采集软件文件示意图

(2) 运行结果如图 8.31 所示。

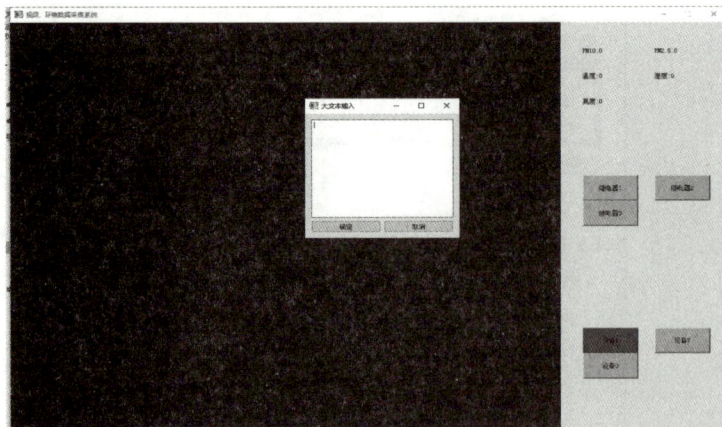

图 8.31　mainApp.exe 运行示意图

(3) 找到视频采集文件下的配置文件并打开，复制其内容粘贴到大文本输入框中，如图 8.32 所示。

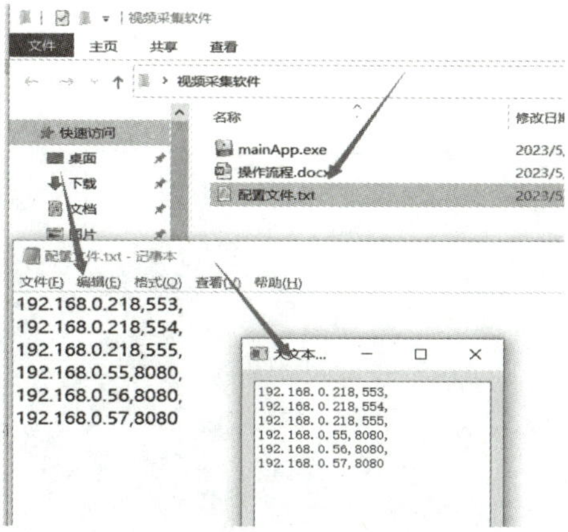

图 8.32 配置大文本示意图

(4) 当点击图 8.33 红框所示的"设备 2"按钮时，mainApp.exe 将显示当前 LOD 平台所采集到的实时监控画面以及周边环境数据。

图 8.33 控制当前 LOD 平台示意图

(5) mainApp.exe 显示 LOD 平台实时采集到的数据，如图 8.34 所示。

图 8.34 正常采集数据示意图

(6) 图 8.35 的红框区域展示了实时监控画面，它能够不间断地捕捉并显示周边环境的实时信息。

图 8.35　实时监控画面示意图

(7) 图 8.36 红框区域展示了实时环境参数监测，包括空气质量、温度、湿度和光照强度。

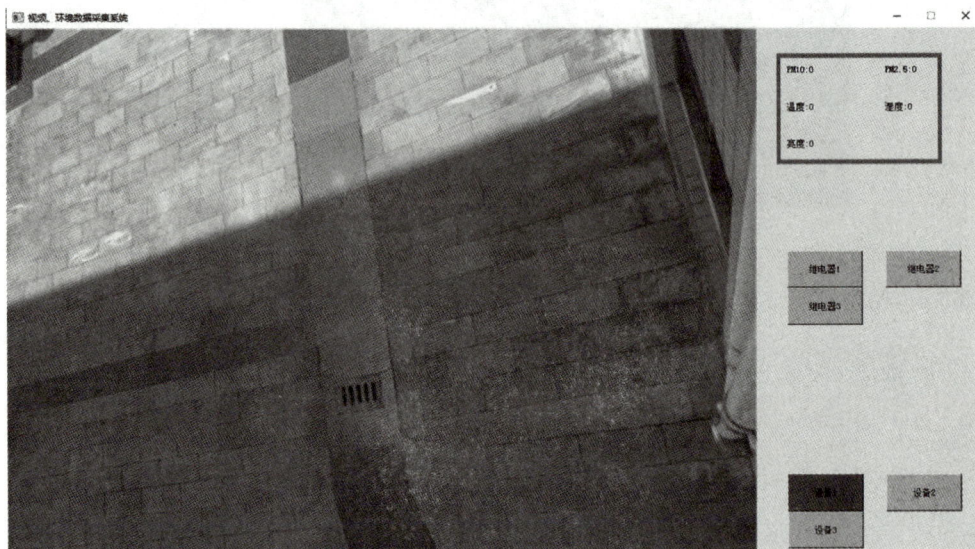

图 8.36　实时环境参数监测示意图

(8) 图 8.37 红框区域展示了三个紧急应险灯的控制开关，这些开关通过三个继电器分别控制三个紧急应险灯。其中，继电器 1 为光控式，当周边环境亮度降至 11 lx 以下时，它将自动激活相应的紧急应险灯。若继电器 1 因故障无法自动工作，可通过远程控制手动控制的继电器 2 和继电器 3 来启动紧急应险灯，从而确保在紧急情况下为行人提供安全保障。这种设计确保了紧急应险灯系统的自动化与手动控制的双重保障。

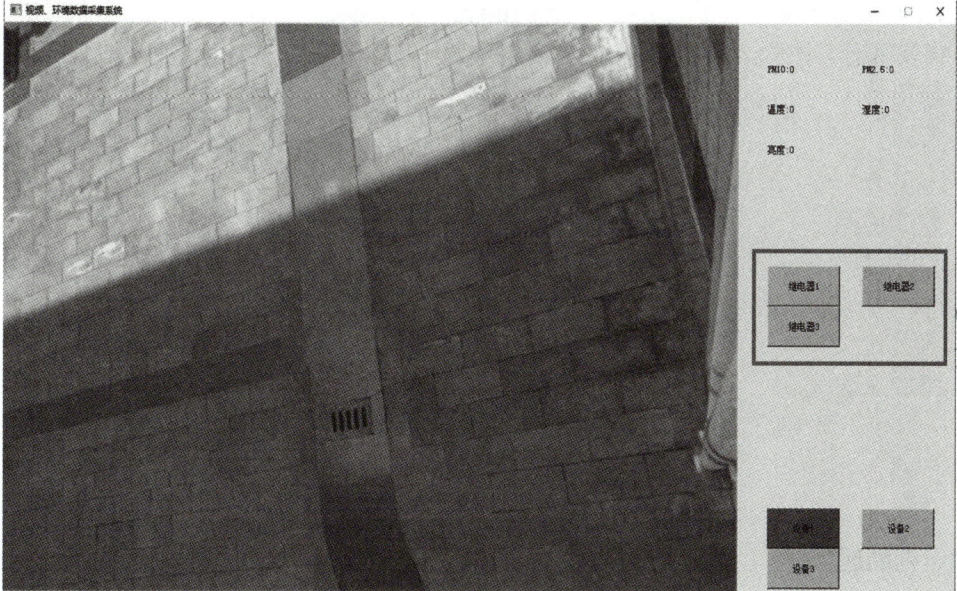

图 8.37　紧急应险灯开关示意图

(9) 图 8.38 红框区域展示了三个设备控制按钮，点击不同设备按钮可以实时查看对应设备的实时监控画面以及环境检测数据。

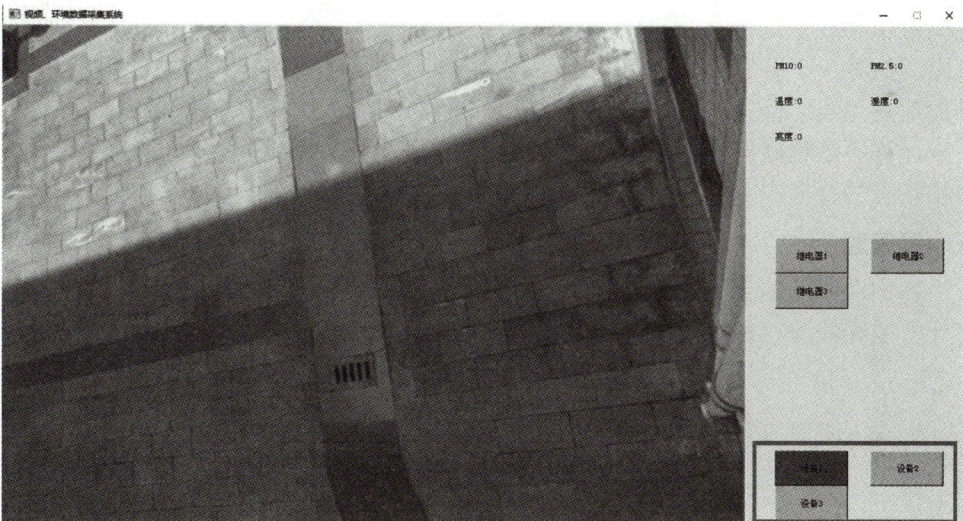

图 8.38　多设备控制按钮示意图

# 本 章 习 题

## 一、选择题

1. 物联网的英文名称是 (　　)。

A. Internet of Matters

B. Internet of Things

C. Internet of Therys              D. Internet of Clouds

2. 物联网分为感知、网络、(      ) 三个层次，在每个层面上都将有多种选择去开拓市场。

A. 应用                          B. 推广

C. 传输                          D. 运营

3. (      ) 不属于物联网十大应用范畴。

A. 智能电网                      B. 医疗健康

C. 智能通信                      D. 金融与服务业

4. 目前无线传感器网络没有广泛应用领域有 (      )。

A. 人员定位                      B. 智能交通

C. 智能家居                      D. 书法绘画

5. (      ) 不属于低功率短距离的无线通信技术。

A. 广播                          B. 超宽带技术

C. 蓝牙                          D. Wi-Fi

## 二、判断题

1. 物联网是指通过装置在物体上的各种信息传感设备，如 RFID 装置、红外感应器、全球定位系统、激光扫描器等，赋予物体智能，并通过接口与互联网相连而形成一个物品与物品相连的巨大的分布式协同网络。                                          (      )

2. 感知延伸层技术是保证物联网络感知和获取物理世界信息的首要环节，并将现有网络接入能力向物进行延伸。                                              (      )

3. 无线传输用于补充和延伸接入网络，使得网络能够把各种物体接入到网络，主要包括各种短距离无线通信技术。                                          (      )

4. 云计算不是物联网的一个组成部分。                              (      )

5. 物联网的价值在于物而不在于网。                              (      )

## 三、简答题

1. 简述物联网的体系架构。

2. 什么是无线传感器网络？简述其组网特点，并且试述其在实际生活中的潜在应用。

# 第9章 人工智能

## 技能目标

◎ 熟悉人工智能的开发过程。

◎ 掌握深度学习环境的搭建。

## 素养目标

◎ 了解人工智能带来的伦理道德问题。

◎ 知晓人工智能在国家新质生产力中的战略意义。

## 星火引航

2024年《政府工作报告》明确提出，深化大数据、人工智能等研发应用，开展"人工智能+"行动，打造具有国际竞争力的数字产业集群，成为加快培育和发展新质生产力的重要引擎。为此，要紧密围绕新质生产力的发展方向，充分发挥我国超大规模市场应用场景丰富的独特优势，通过数据驱动、算法优化、模型创新等手段，加快人工智能领域的科学技术创新，以人工智能高质量发展和高水平应用培育经济发展新动能。人工智能是发展新质生产力的重要引擎，有必要让更多的人了解、熟悉、掌握人工智能这一工具。本章将带你走入人工智能的深度学习海洋，不但需要知晓人工智能的三大要素，同时还将让你熟悉人工智能模型的开发过程，最后，通过搭建深度学习环境，实现一个数字集的深度学习识别模型。

# 9.1 人工智能的基本概念

## ▶▶▶ 9.1.1　什么是人工智能

人工智能 (Artificial Inelligence, AI) 蓬勃发展,其应用领域不断拓展,但业界尚没有对人工智能的统一定义。人工智能可以拆解为"人工 + 智能",就是让人工研制的软硬件系统能够像人一样思考,并具有智能行为。

人工智能

目前,学术界一般认为,人工智能是研究、开发用于模拟、延伸和扩展人类智能的理论、方法、技术及应用系统的技术科学。人工智能的目的是让机器能够像人一样感知事物、学会思考、学会学习。人工智能的研究领域和应用技术较为广泛,在具体语境中,如果一个系统拥有语音识别、图形识别、检索、自然语言处理、机器翻译、机器学习中的一个或几个能力,就认为它拥有一定的人工智能。人工智能包括计算智能、感知智能和认知智能等,现阶段,人工智能还介于前两者之间,人工智能所处的阶段还在"弱人工智能"(专注于某项特定任务)阶段,距离"强人工智能"(可以学习新知识、掌握新技能)阶段还有较长的路要走。图 9.1 展示了人工智能的主要应用领域。

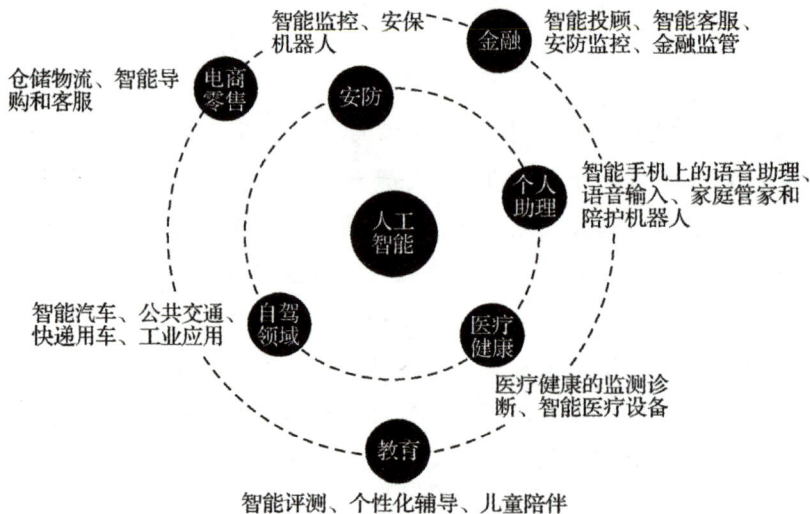

图 9.1　人工智能的主要应用领域

## ▶▶▶ 9.1.2　人工智能的三大要素

人工智能技术的三大要素是算法、算力(计算能力)、数据(信息大数据),这三大要素也是各大互联网巨头深入布局的三个方向。数据和算法可以分别比作人工智能的燃料和发动机;算力则是制约人工智能实现过程中的基础硬件,主要体现在具有高计算能力的芯片上。如果一个产业过往没有大量数据,那么人工智能就是无源之木;如果没有新算法,那么就代表它没有未来;如果没有足够的算力,即使有再好的算法,再多的数据都只是空中楼阁。

### 1. 算法

人工智能发展到目前阶段所提到的算法一般指机器学习算法或深度学习算法。深度学习取得的突破性进展，尤其是开源算法框架的诞生，给人工智能的发展提供了更多可能。众多互联网巨头纷纷提出自己的开源框架平台，这些开源平台可以获取数据，并以此反映市场应用场景的热度，从而使其掌握人工智能产业的绝对控制权和话语权。

### 2. 算力

"AI+"时代大数据迎来爆发式增长，数据量的增长呈现指数型爆发，在数据高速积累、算法不断优化与改进的同时，对算力（计算能力）也提出了更高要求。传统架构基础硬件的算力已不能满足大量增长的多数据信息计算，更无法满足人工智能相关的高性能计算需求，超强算力且低能耗的芯片是步入"AI+"时代的前提，基于"CPU + GPU"的强大的多功能并行处理算力，成为当下人工智能必备的基本平台。

### 3. 数据

人工智能的应用主要体现在预测和分类两个方面，而实现这两个功能的核心是大量的数据。人工智能需要从大量的数据中进行学习，丰富的数据集是非常重要的因素，大量的数据积累给深度学习创造了更加丰富的数据训练集，是人工智能算法与深度学习训练必备的基础。

例如，战胜韩国围棋选手李世石的 AlphaGo，其学习过程的核心数据来自互联网的大约 3000 万例棋谱，这些数据是通过十多年互联网行业的发展而积累起来的。

可见，所有基于深度学习算法的人工智能均需具备深厚的数据信息资源和专项数据积累，才能取得人工智能服务应用的突破性进展。离开基础数据的支持，机器的智慧仿生是不可能实现的。

根据 IDC 的统计数据，我国的数据产生量约占全球数据产生量的 23%。在互联网行业中素有"得数据者得天下"的说法，丰富的数据资源为我国人工智能的快速发展奠定了基础。

### ▶▶▶ 9.1.3　人工智能与机器学习、深度学习

人工智能是计算机技术发展到现阶段，人们追求或正在实现的目标，机器学习是实现人工智能的手段，深度学习是实现机器学习的一种技术或方法，三者的关系如图 9.2 所示。机器学习 (Machine Learning，ML) 是一门多领域交叉学科，涉及概率论、统计学、逼近论、凸分析、算法复杂度等学科，专门研究计算机怎样模拟或实现人类的学习行为，使机器获取新知识或技能，重新组织已有的知识结构，使之不断改善自身的性能。

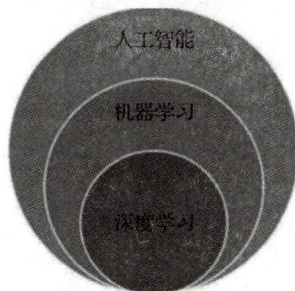

图 9.2　人工智能与机器学习、深度学习的关系

机器学习与
深度学习

机器学习最基本的做法是使用算法来解析数据并从中学习，然后对真实世界中的事件做出识别和预测。与传统的为解决特定任务、硬编码的软件程序不同，机器学习用大量的数据来"训练"，通过各种算法从数据中学习完成任务的方法。机器学习最成功的应用是在计算机视觉领域。

例如，网购已经成为人们日常生活中的主要购物方式之一，当用户需要某件商品时，经常会利用搜索引擎或网上商城进行查找和比对，以选择物美价廉的商品。在网上查找、对比和购买的信息，以及上网行为或痕迹将会被互联网记录下来，这就构成了决策模型。之后用户就会发现，各大网络商城推荐的商品恰好是自己最近比较关注或有意购买的。这就是"AI+"时代基于大数据的预测行为。

深度学习(Deep Learning，DL)是实现机器学习的一种核心技术。深度学习使得机器学习能够实现众多应用，并拓展了人工智能的应用领域。它被引入机器学习，使机器学习更接近于最初的目标——人工智能。

## 9.2 人工智能的燃料——数据

数据、算法和算力是人工智能发展的基础，其中数据是智能之源，是人工智能的"灵魂"，因此，大数据本身就与人工智能存在紧密联系。正是基于大数据技术的发展，目前人工智能技术才能够在落地应用方面取得诸多突破。

### ▶▶▶ 9.2.1 数据采集

大数据的关键技术涵盖数据存储、数据处理、数据应用等方面，大数据的处理过程可分为大数据采集、大数据预处理、大数据存储与管理、大数据分析与挖掘、大数据展示等环节。

大数据采集是指从传感器和智能设备、企业在线系统、企业离线系统、社交网络和互联网平台等获取数据的过程。大数据采集过程的主要特点和挑战是并发数高，因此，需要在采集端部署大量数据库对其进行支撑，并对这些数据进行负载均衡和分片。对于不同数据源，大数据的采集方法有所不同，主要有以下几类。

#### 1. 数据库采集

传统企业会使用传统的关系型数据库，如 MySQL、SQL Server 等来存储数据。随着大数据时代的到来，Redis、MongoDB 和 HBase 等 NoSQL 非关系型数据库也常被用于采集数据。

#### 2. 系统日志采集

系统日志采集主要是指手机企业业务平台日常产生的大量日志数据，供离线的和在线的大数据分析系统使用。目前，使用广泛的用于采集海量系统日志数据的工具有 Hadoop 的 Chukwa、Apache 的 Flume、Facebook 的 Scribe 和 LinkedIn 的 Kafka 等。这些工具均采用分布式架构，能满足每秒数百兆字节的日志数据采集和传输需求。

### 3. 网络数据采集

网络数据采集是指通过网络爬虫或网站公开 API 等方式从网站上获取数据信息。该方法可以将非结构化数据从网页中抽取出来，将其存储为统一的本地数据文件，并以结构化的方式进行存储。在互联网时代，网络爬虫主要是为搜索引擎提供最全面和最新的数据。在大数据时代，网络爬虫更是从互联网上采集数据的有力工具。目前，已知的网络爬虫工具众多，大致可分为以下三类：

(1) 分布式网络爬虫工具，如 Nutch；

(2) Java 网络爬虫工具，如 Crawler4j、WebMagic、WebCollector；

(3) Python 网络爬虫工具，如 Scrapy。

网络爬虫是按照一定规则自动抓取 Web 信息的程序或脚本。它可以自动采集所有能够访问到的页面内容，为搜索引擎和大数据分析提供数据来源。从功能上讲，网络爬虫一般有数据采集、处理和存储 3 个功能。

网络爬虫的基本工作流程如下：

(1) 选取一部分种子 URL；

(2) 将这些 URL 放入待抓取队列；

(3) 从队列中取出待抓取的 URL，通过 DNS 解析得到相应主机的 IP 地址，然后将 URL 对应的网页下载并存储到对应的资源库中。将抓取的 URL 放入已经抓取到的队列；

(4) 对已经抓取到的队列的 URL 进行分析，分析其中的其他 URL，并将 URL 放入待抓取队列，然后开始进入下一个循环。

### 4. 感知设备数据采集

感知设备数据采集是指通过传感器、摄像头和其他智能终端自动采集信号、图片或录像来获取数据。大数据智能感知系统需要实现对结构化、半结构化、非结构化的海量数据的智能化识别、定位、跟踪、接入、传输、信号转换、监控、初步处理和管理等。

## ▶▶▶▶ 9.2.2 数据预处理

由于初步采集到的数据大多是不完整和不一致的"脏数据 (Dirty Data)"，所以刚采集的数据是无法直接被用来进行存储、管理、分析、处理、挖掘等后续操作的。为了避免影响后续步骤，需要用整个大数据关键技术中最容易被忽略却极其重要的一项技术——数据预处理。

数据预处理技术就是指完成对已接收数据的辨析、抽取、清洗、填补、平滑、合并、规格化及一致性检查等工作。这个处理过程可以帮助我们将那些杂乱无章的数据转化为结构相对单一且便于处理的数据，以达到快速分析处理的目的。

通常，数据预处理包含数据清洗、数据集成与变换及数据规约三个部分。

### 1. 数据清洗

数据清洗是保证数据质量的重要手段之一。并不是所有采集到的数据都是有价值的，有些数据并不是我们所关心的，有些数据甚至是完全错误的干扰项。因此，要对数据进行过滤、去噪，从而提取出有效的数据。数据清洗主要包括两类，一类是遗漏值处理，可用全局常量、属性均值、可能值填充或直接忽略该数据等方法进行处理；另一类是噪声数据处理，噪声数据可用聚类、计算机人工检查和回归等方法去除。

### 2. 数据集成与变换

数据集成是指把多个数据源中的数据整合并存储到一个数据库中。在这一过程中需要着重解决三个问题，即模式匹配、数据冗余、数据值冲突检测与处理。

由于来自多个数据集合的数据在命名上存在差异，因此，等价的实体常具有不同的名称。如何更好地对来自多个实体的不同数据进行匹配是处理好数据集成的首要问题。数据冗余指的是同一数据被重复存储在不同的数据源中，这不仅浪费存储空间，还可能导致数据不一致性和查询效率低下。冗余可能来源于数据属性命名的不一致，在解决数据冗余的过程中，可以利用规范化设计、数据降维等技术手段，确保数据中的每个字段为不可再分的最小信息单元和减少数据量。

另外，为了更好地对数据源中的数据进行挖掘，需要进行数据变换。其主要过程有平滑、聚集、数据泛化（使用高层的概念来替换低层或原始数据）、规范化（对数据）及属性构造等。

### 3. 数据规约

数据规约主要包括数据方聚集、维规约、数据压缩、数值规约和概念分层等。假设根据业务需求，从数据仓库中获取了分析所需要的数据，这个数据集可能非常庞大，而在海量数据上进行数据分析和数据挖掘的成本又极高，使用数据规约技术则可以实现数据集的规约表示，使数据集在变小的同时几乎仍然能保持原数据的完整性。在规约后的数据集上进行挖掘，依然能够得到与使用原数据集几乎相同的分析结果。

## ▶▶▶ 9.2.3 数据标注

数据标注是大部分人工智能算法得以有效运行的关键环节。人工智能算法是数据驱动型算法，如果想实现人工智能，则首先要把人类理解和判断事物的能力教给计算机，让计算机学会这种识别能力。

数据标注的过程是指通过人工贴标的方式，为机器系统提供学习样本。数据标注是把需要机器识别和分辨的数据贴上标签，然后让计算机不断学习这些数据的特征，最终使计算机能够自主识别。训练集和测试集都是标注过的数据，然后将其输入人工智能模型中进行训练和测试。图 9.3 所示为标注图中的所有汽车。

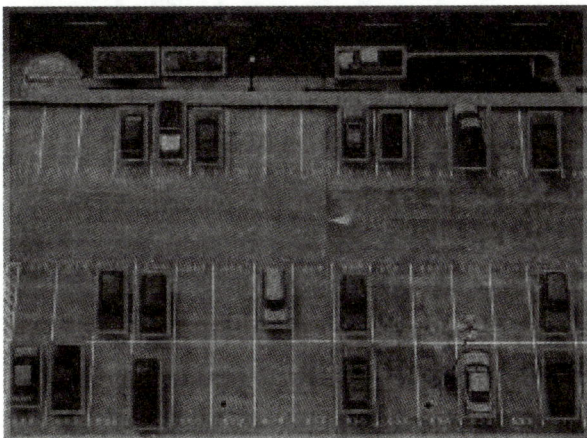

图 9.3　标注图中的所有汽车

常见的数据标注类型有以下几种。

### 1. 分类标注

分类标注就是我们常见的打标签。一般是从既定的标签中选择数据对应的标签，是封闭集合。一张图可以有很多分类或标签，如成人、女、长发等。对于文字，可以标注主语、谓语、宾语，或名词、动词等。

分类标注适用于文本、图像、语音、视频，主要应用于年龄识别、情绪识别、性别识别等方面。

### 2. 标框标注

机器视觉中的标框标注很容易理解，就是框选要检测的对象。如人脸识别，首先要把人脸的位置确定下来。

标框标注适用于对图像的标注，主要应用于人脸识别、物品识别等领域。

### 3. 区域标注

与标框标注相比，区域标注要求更加精确，边缘可以是柔性的，如自动驾驶中的道路识别。

区域标注主要应用于自动驾驶。

### 4. 描点标注

在一些对于特征要求细致的应用中，常常需要描点标注。描点标注多应用于人脸识别、骨骼识别。

### 5. 其他标注

除了上面常见的几种标注类型，还有很多个性化的标注方法，应根据不同需求使用不同的标注方式。如自动摘要，就需要标注文章的主要观点，这时的标注严格来说，不属于上面所提到的任何一种标注。

## 9.3    人工智能的核心——算法

#### ▶▶▶ 9.3.1    机器学习算法流程

机器学习是一种重在寻找数据中的模式并使用这些模式来作出预测的算法的门类。具体来说，为了实现对目标事务的预测或分类，需要采集大量目标事务的相关特征数据，对这些数据进行训练，学习识别数据中的关系、趋势和模式，并不断优化算法，得到最佳预测或分类模型，再应用模型解决实际问题，以替代人脑作出判断。机器学习算法的实现流程如图 9.4 所示。

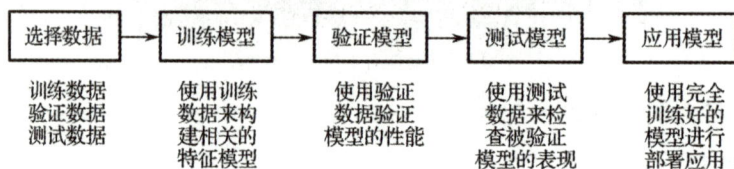

| 选择数据 | → | 训练模型 | → | 验证模型 | → | 测试模型 | → | 应用模型 |
|---|---|---|---|---|---|---|---|---|
| 训练数据<br>验证数据<br>测试数据 | | 使用训练<br>数据来构<br>建相关的<br>特征模型 | | 使用验证<br>数据验证<br>模型的性能 | | 使用测试<br>数据来检<br>查被验证<br>模型的表现 | | 使用完全<br>训练好的<br>模型进行<br>部署应用 |

图 9.4　机器学习算法的实现流程

在机器学习中常用的两个概念是特征和标签。以生活中常见的判断好瓜的问题为例——一个西瓜，如何判断它是熟的好瓜？对于人类来说，根据经验，首先会从西瓜这个具体的事物中抽取一些有用的信息，如西瓜的颜色、瓜蒂的形状、敲击的声音等，然后根据一定规则在这些信息的基础上进行判断。一般情况下认为颜色青绿、瓜蒂蜷缩、敲击浊响的西瓜是好瓜。在该例子中，西瓜的颜色、瓜蒂的形状、敲击的声音就是特征，而"好瓜"和"坏瓜"这两个判断就是标签。抽象来说，特征是作出某个判断的证据，标签是结论。

机器学习的主要工作就是提取有用的特征，然后根据已有的实例，构造从特征到标签的映射，最终建立模型。

#### ▶▶▶ 9.3.2    机器学习的分类

根据训练数据有无标签，可以将机器学习算法分为无监督学习和监督学习两种。

机器学习分类

##### 1. 无监督学习

在现实生活中常常会遇到这样的情况，某些数据因为缺乏经验难以人工标注类别，或者进行人工类别标注的成本太高，希望计算机能代替人们完成这些工作，或者提供一定的帮助。从庞大的样本集合中，计算机能够选出一些具有代表性的样本，用于目标分类器的训练；或者先将所有样本自动分为不同类别，再由人对这些类别进行标注，以寻找更加具有辨识性的特征。

无监督学习利用无标签的数据来学习数据的分布或数据与标签之间关系的算法。无监督学习里的典型应用是聚类，聚类的目的是把相似的东西聚在一起，而不关心这一类是什么。

典型的聚类算法有 K 均值聚类算法、谱聚类算法和主成分分析算法。

### 2. 监督学习

利用有标签训练数据来推断一个无标签测试数据的标签的机器学习任务称为监督学习，监督学习的数据集中同时包含特征值和标签值。监督学习方法必须有训练集与测试样本。先在训练集中找规律，再对测试样本运用这种规律。监督学习的应用一般包括预测和分类两种类型。常见的监督学习算法有回归算法、K-近邻算法与朴素贝叶斯算法等。

监督学习与无监督学习的区别为：监督学习必须有训练集与测试样本，先在训练集中找规律，再对测试样本运用这种规律；无监督学习没有训练集，只有一组数据，在该组数据内寻找规律。监督学习的方法就是识别事物，识别的结果表现在给未识别的数据加上了标签。

因此，训练样本集必须由带标签的样本组成。而无监督学习方法只有要分析的数据集本身，没有标签。如果发现数据集呈现某种聚集性，则可按自然的聚集性分类，但不以与某种预先分类的标签对上号为目的。

## 9.4 人工智能技术的实现

### ▶▶▶ 9.4.1 人工智能开发过程

搭建人工智能系统首先从采集原始数据开始。原始数据集描述了人工智能系统需要解决的问题。

特征工程是指对数据集中的数据进行特征提取、数据预处理并将数据按比例分割为训练数据集和测试数据集，以得到适合机器学习算法的特征数据。建立模型阶段针对具体要解决的问题选择合适的模型，如简单的分类问题可以选择逻辑回归模型，图像识别问题可以选择卷积神经网络模型。训练模型阶段使用训练数据集训练定义好的模型，训练完成后进行模型测试。测试模型阶段使用测试数据集评估模型性能，如果性能指标达标，则可以上线该模型进行新数据的分类或预测。人工智能模型开发流程如图 9.5 所示。

采集原始数据 → 特征工程 → 建立模型 → 训练模型 → 测试模型

图 9.5 人工智能模型开发流程

人工智能应用开发常用的类库如下。

(1) NumPy：基于 Python 的一种开源数值计算扩展库，可用来存储和处理大型矩阵，其提供许多高级的数值编程工具，如矩阵数据类型、矢量处理、精密的运算库，是一个运行速度非常快的数学库，主要用于数组计算。

(2) Pandas：一个强大的基于 NumPy 的分析结构化数据的工具集，是为了解决数据分析任务而创建的，用于数据挖掘和数据分析，同时也提供数据清洗功能。

(3) Matplotlib：Python 中最著名的 2D 绘图库，适合进行交互式制图。

(4) SciPy：构建在 NumPy 上的一个致力于科学计算的 Python 工具包，包括统计、优化、傅里叶变换、信号和图像处理、常微分方程的求解等。

(5) Sklearn：是 Python 开发和实践机器学习的著名类库之一，其基本功能主要分为六大部分，即分类、回归、聚类、数据降维、模型选择和数据预处理，其依赖于类库 NumPy、SciPy 和 Matplotlib 运行。

### ▶▶▶ 9.4.2　特征工程

数据特征决定机器学习的上限，而模型和算法只能逼近这个上限。特征工程的使用效果会直接影响机器学习的效果。特征工程方法一般包括特征提取、数据分割、特征预处理和特征降维。

#### 1. 特征提取

特征提取是指将机器学习模型不能识别的原始数据（如文本、语音），转换为能够输入机器进行学习的数字特征的过程。常用的特征提取方法有字典特征提取、文本特征提取、图像特征提取（主要用于深度学习）与语音特征提取。

#### 2. 数据分割

在模型训练完成之后，需要对已经完成训练的模型进行测验，看其性能如何。进行模型性能评估最直观的方法就是将已知结果的数据集输入模型，得到预测结果再进行验证。

如果使用同一个数据集训练模型和评估模型，可能会出现因为模型过拟合而发现不了模型中的不足的情况。也就是说，模型只在这个数据集上表现良好，却在新的数据集上表现不好，所以要将数据集分割成训练集和测试集。训练集用于训练模型并构建拟合模型，测试集用于评估模型性能指标。数据集的分割比例一般有以下几种。

训练集：70%、80%、75%。

测试集：30%、20%、25%。

#### 3. 特征预处理

在开始进行机器学习的模型训练之前，需要对数据进行预处理，如果特征值之间的差距较大，不能直接传入模型，就需要对数据做归口化与标准化处理，将所有数据映射到同一尺度。

表 9.1 所示为样本示例，如果特征值取值不在一个数量级，则需要进行特征预处理，从而增加训练模型的准确度。

表 9.1　样 本 示 例

| 样本 | 特征值 1 | 特征值 2 | 特征值 3 |
|---|---|---|---|
| 1 | 1 | 200 | 0.1 |
| 2 | 7 | 300 | 0.7 |
| 3 | 9 | 100 | 0.4 |

1) 归一化

归一化是指利用特征集中的最大值和最小值把所有数据映射到 (0，1)。这种方法适用于分布有明显边界的数据集，如学生分数为 0～100、图像像素点的值为 0～255 等数据集有明显边界。该方法的缺点是受异常值影响较大，结果受最大值 $x_{max}$ 和最小值 $x_{min}$ 影响严重。

2) 标准化

标准化是指利用均值和标准差将所有数据进行转换。这种方法适用于数据分布没有明显边界，但符合正态分布的数据集。其优点是不容易受到极端数据值的影响。

#### 4. 特征降维

特征降维是指在某些限定条件下，降低随机变量 ( 特征 ) 个数，得到一组 "不相关" 主变量的过程。进行特征降维后，能提高算法精度和准确度，减少冗余数据和训练时间，数据训练模型所需要的时间也随之减少。

机器学习 sklearn 包中提供了特征降维方法，如主要成分分析法 (PCA)，该方法通过提取主要特征实现数据降维。

### ▶▶▶ 9.4.3 模型构建

卷积神经网络

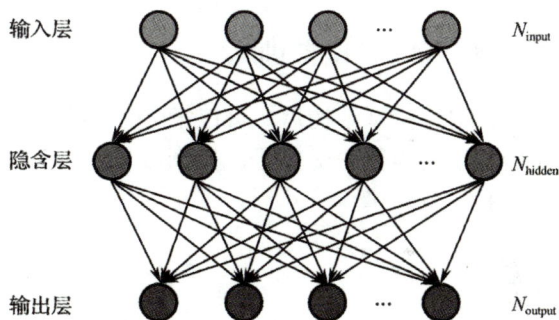

根据要解决的问题选择合适的模型进行训练，选择的模型可以是深度学习神经网络模型，也可以是传统的机器学习算法模型，如逻辑回归、K 近邻算法、支持向量机、分类与回归树等。目前，深度学习算法在人工智能应用中的表现更为突出。下面主要介绍深度学习神经网络模型的定义。常用的神经网络模型有多层感知机、卷积神经网络、循环神经网络和长短时记忆网络等模型。一个简单的神经网络模型如图 9.6 所示。

人工神经元是神经网络的基本组成单元，但是输入层是没有神经元结构的，通过人工神经元模拟生物神经元的功能可以避免输入层只是简单地堆叠神经元而没有增强非线性变换的能力。现在以备受关注的卷积神经网络为例进行介绍。

卷积神经网络 (Convolutional Neural Network，CNN) 采用局部感知和权值共享的技术来提升之前浅层神经网络的一系列

图 9.6　简单的神经网络模型

瓶颈。近年来，基于 CNN 模型的网络结构和相关基础理论均处于快速发展中，取得了一系列突破性进展。作为一类极为有效的深度学习方法,各种新型 CNN 模型层出不穷。例如，多伦多大学的 A. Krizhevsky 等人在 2012 年构建了一种包含五个卷积层和三个全连接层的 AlexNet 模型，该模型在当年的 ImageNet 图像分类比赛中获得冠军，引发了一场深度学习的热潮。

CNN 模型常用在图形识别领域的应用中，它通常由输入层、一系列卷积层、批量标准化、池化以及全连接输出层等重要的基本模块组合而成。在 CNN 模型的网络结构中，不同的基本模块具有不同的功能。卷积神经网络的一般结构如图 9.7 所示。

(1) 卷积层。卷积层可视为 CNN 模型的核心部分之一。相较于传统的全连接层，它的一个主要优势是能够显著减少所需训练的权重数量。实际上，卷积核可以被视为一种可训练的局部特征提取算子 ( 或者可训练的滤波器 )。在卷积运算的过程中，卷积核在输入数据 ( 或者特征图 ) 上滑动以提取不同位置的基本局部特征。同一个卷积核可以用来提取不同位置的同类型局部特征，从而提高神经网络中权重的利用效率。

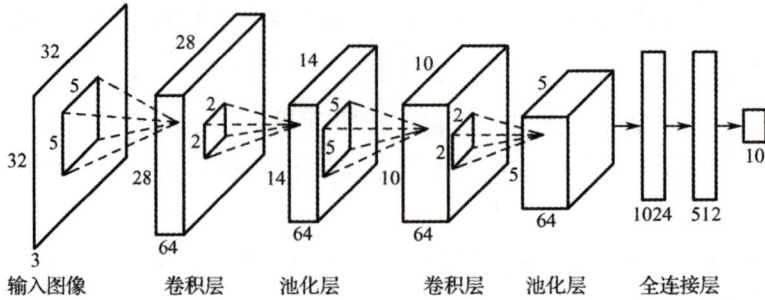

图 9.7    卷积神经网络的一般结构

(2) 池化层。池化不仅能够显著减小所需要训练的权重数量，而且能够有效解决平移变化的问题。它主要通过滑窗移动提取特征和系数参数来减小特征图的大小，进而减小学习的参数量，降低网络的复杂度。池化的方法有最大池化和均值池化。最大池化是指提取池化窗口中的最大值作为处理后的特征值，均值池化是指提取池化窗口内的平均值作为处理后的特征值。

(3) 全连接层。在常见的卷积神经网络的最后会出现一个或多个全连接层。经过卷积层和池化层，在全连接层输入一维的表征特征数值，可以进行后续的分类或回归预测。因为池化层和卷积层输出的都是二维特征图，需要通过压缩的方式把它压缩成一维向量。

## ▶▶▶ 9.4.4    模型训练

在构建模型结构后，可以把之前准备好的数据输入模型中进行训练。在训练模型之前要指定损失函数、优化器、模型度量指标和训练次数等。从模型训练到应用的整个过程如图 9.8 所示。

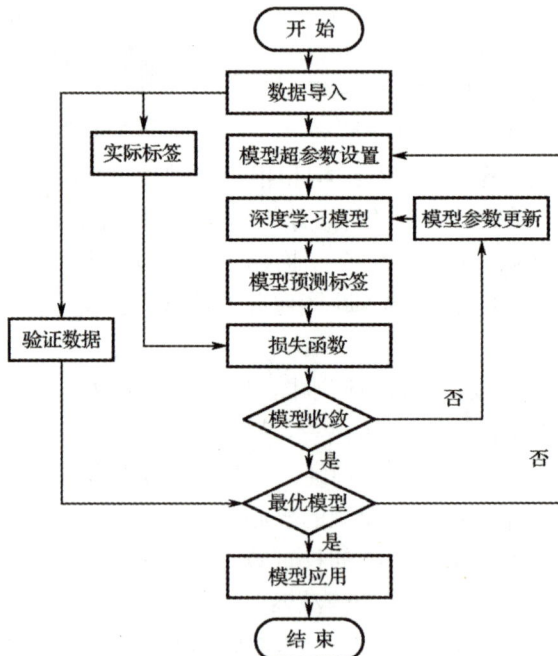

图 9.8    从模型训练到应用的整个过程

损失函数用于衡量模型的预测值与真实值之间的误差。优化器的作用是帮助找到损失函数最小值的方向。优化器以最小化损失函数为目标，决定每个模型参数在下一次迭代中应该是增大还是减小，这样多次迭代后各个模型参数会稳定到最优值。模型度量指标用于定量衡量模型的性能，训练中观察度量指标可决定是否增加训练次数或调整模型结构。训练次数是完整训练数据训练模型的次数。模型训练的过程是使用优化器求解损失函数最小值的过程，通过最小化损失函数可得到模型每个参数的最优值，得到参数最优值也就确定了最优模型。

### 1. 交叉熵损失函数

交叉熵损失函数是一种经典的损失函数，一般将其用于解决神经网络（包括深度神经网络）的多分类问题。在 CNN 模型中，输出层的特征维数与参与训练的类别数量相同。在计算交叉熵损失函数之前，首先要使用 softmax() 函数将输出层的特征强制转化为 [0，1] 的小数。

一般情况下，在神经网络（包括深度神经网络）的多分类问题中，样本的标签经常被定义为 one-hot 编码的形式。具体来说，每一类别的标签均为向量的形式，仅有一个为 1 的值，其他值均为 0。在这种标签形式下，交叉熵损失函数可定义为

$$L = -\sum_{j=1}^{N_{class}} t_j \, \mathrm{lb} y_j$$

其中，$t_j$ 表示该样本的真实标签，$y_j$ 表示 softmax() 函数的输出（也可以理解为神经网络评估的预测概率）。交叉熵损失函数在解决基于神经网络的多分类问题时能够带来更高的训练速度。

### 2. 常用优化器

随机梯度下降法 (SGD)、Adagrad、Adadelta、RMSprop、Adam 和动量优化法 (Momentum) 是梯度下降算法或在梯度下降算法上优化改进的算法。其中，Adagrad、Adadelta、RMSprop 和 Adam 是自适应学习速率的优化算法，这几种算法有初始学习速率，在梯度下降的过程中能自适应调整学习速率。但学习速率太大的话，会错过最小值的位置，学习速率太小的话，因下降速度太慢会增加耗时。动量优化方法 (Momentum) 是在梯度下降法的基础上进行改进的算法，具有加速梯度下降的作用。

### 3. 常用度量指标

分类问题常用的度量指标有正确率、精确率、召回率、F1 分数和 AUC；回归预测问题常用的度量指标有均方误差 F1 分数和平均绝对误差。

在介绍各类指标之前，先了解一下混淆矩阵，如表 9.2 所示。

#### 表 9.2 混 淆 矩 阵

| 实际结果 | 预测结果 | |
|---|---|---|
| | Positive 正例 | Negative 假例 |
| Positive 正例 | True Positvie(TP) | Fasle Negative(FN) |
| Positive 假例 | False Positvie(FP) | True Negative(TN) |

TP 表示实际值为正例、预测值也为正例的样本数量；FP 表示实际值为假例、预测值为正例的样本数量；FN 表示实际值为正例、预测值为假例的样本数量；TN 表示实际值为假例、预测值也为假例的样本数量。

(1) 正确率 (Accuracy)：模型预测正确数量占预测总量的比例，可按照下面公式进行计算

$$Accuracy = (TP + TN)/total$$

一般正确率越高模型越好，但有时正确率高并不代表算法好。对于一些数据分布不均匀的情况，不能单纯地依靠准确度来衡量。此时，需要用其他度量指标衡量模型性能。

(2) 精确率 (Precision)：正确预测值为正例的样本数量占所有预测为正例的总量的比例，也称查准率，可按照下面公式进行计算

$$Precision = TP/(TP + FP)$$

(3) 召回率 (Recall)：在所有实际值为正例的样本中，被判定为正例所占的比例，也称查全率，可按照下面公式进行计算

$$Recall = TP/(TP + FN)$$

(4) F1 分数：精确率和召回率的调和平均值，体现模型的稳健性，可按照下面公式进行计算

$$F1 \text{ 分数} = (2*Precision*Recall)/(Precision + Recall)$$

精确率、召回率和 F1 分数都是数值越大越好。

## 9.5    人工智能生成内容

### ▶▶▶ 9.5.1    生成式人工智能

人工智能可从不同的维度进行划分。如果按其模型来划分可以分为决策式人工智能和生成式人工智能。上节介绍的模型可以对已有的事物类别进行识别、预测，是决策式人工智能。而本节所介绍的是生成式人工智能。

生成式人工智能 (Generative AI，GAI) 是指能够模拟人类智能生成新的、真实的、有用的信息的人工智能技术。生成式人工智能是人工智能和深度学习的一个子领域，它不使用深度神经网络来聚类、分类或对现有数据进行预测，而使用强大的神经网络模型生成图像、文字表述、音乐和视频等新的内容。通过大量数据训练生成 AI 模型，再利用这些数据中的模式生成全新样本。这一生成过程不同于判别式模型，因为后者旨在预测给定样本的类别或标签。

### ▶▶▶ 9.5.2    人工智能生成内容的定义

人工智能生成内容 (AI Generated Content，AIGC) 是人工智能领域的一个新概念，是指由人工智能生成符合用户需求和偏好的内容。这种内容可以是文本、图像、音频、视频等各种形式。

GAI 与 AIGC 是相互关联但各有侧重的概念。GAI 是一种技术，而 AIGC 则是将这种技术应用于生成符合用户需求和偏好的内容。因此，AIGC 可以被看作是 GAI 的一种应

用。具体来说，AIGC 利用 GAI 的技术，通过学习用户的行为、偏好和需求，能够生成符合用户喜好的内容。在未来，随着 AI 技术的不断发展，GAI 和 AIGC 将在各个领域发挥作用，为我们的生活和工作带来更多的便利和价值。AIGC 是继专业生成内容 (Professional Generated Content，PGC) 和用户生成内容 (User Generated Content，UGC) 之后，利用人工智能技术自动生成内容的新型生产方式。

在日常生活中，人们无论是上网冲浪、深度阅读，还是刷视频打发时间，其本质都是消耗内容。既然有内容的消耗方，就必须有内容的主产方。

在人工智能技术还没有成熟之前，内容的生产主要有两种模式。

(1) 专业生成内容模式：由专家或专业机构来生成内容，主要的产品体现形式为音视频课程、专业网站的新闻内容、在线教育平台授课等。从优势方面来说，专业生成内容的质量较高，真实可靠，能够满足用户更明确的求知需求和溯源需求；同时，专业生成内容的模式天然地决定其创作门槛较高，产出量较低，社交属性弱，易被盗版。

(2) 用户生成内容模式：以普通用户生成内容为主，每个人都可以在平台中发布内容，系统或者人工审核通过以后，就可以在平台中展示，让更多人看到。知乎、豆瓣、微博、微信朋友圈、抖音等平台的崛起，都离不开用户生成内容这种内容生产模式。用户生成内容的优势在于人人都可以是内容的创作者，内容产出量极高，且更加个性化；其劣势在于内容质量参差不齐，平台把关难度大，稍有不慎，平台就可能被垃圾内容所充斥。用户生成内容模式和专业生成内容模式的优势和劣势刚好互补。

### ▶▶▶ 9.5.3　人工智能生成内容的优势

现在，技术的进步使人工智能生成内容变得越来越流行，人工智能不知疲倦，可以大量生产内容。同时，人工智能可以学习大量知识，从而生产专业内容。从这个角度来看，AIGC 未来甚至可以兼具专业生成内容和用户生成内容的优点，详见表 9.3。

表 9.3　不同内容生成方式的特点

| 互联网形态 | Web 1.0 | Web 2.0 | Web 3.0 |
| --- | --- | --- | --- |
| 内容生成方式 | 专业生成内容 (PGC) | 用户生成内容 (UGC) | 人工智能生成内容 (AIGC) |
| 内容生成主体 | 专家或专业机构 | 普通用户都可产生内容 | 人工智能 |
| 优势 | 内容质量高 | 内容产出量高，个性化 | 产量高，生成专业内容 |
| 劣势 | 产出门槛高、产量低 | 内容质量参差不齐 | 目前还存在一些错误 |

生成式人工智能正在变得不仅更快、更便宜，而且在某些情况下，比人类创造的内容更好。从社交媒体到游戏，从广告到建筑，从编程到平面设计，从产品设计到法律，从市场营销到销售，每一个原来需要人类创作的行业都有可能被机器重新创造。

生成式人工智能可以处理的领域包括知识性工作和创造性工作。为什么生成式人工智能会在近几年迎来大爆发呢？主要归功于以及几点。

(1) 基础的生成算法模型不断突破创新。2014 年，伊恩·古德费洛提出的生成式对抗网络 (Generative Adversarial Network，GAN) 成为早期最著名的生成模型，其主要思想是通

过生成器 (Generator) 与判别器 (Discriminator) 不断对抗进行训练，最终使判别器难以分辨生成器生成的数据 ( 图片、音频等 ) 和真实的数据。随后，Transformer、基于流的生成模型 (flow-based generative models)、扩散模型 (diffusion model) 等深度学习生成算法的涌现，为 AIGC 的爆发奠定了坚实的基础。

(2) 预训练模型引发了 AIGC 技术能力的质变。虽然过去各类生成模型层出不穷，但是它们使用门槛高、训练成本高、内容生成简单且质量偏低，远远不能满足真实内容消费场景中的灵活多变、高精度、高质量等需求。预训练模型的出现引发了 AIGC 技术能力的质变。

(3) 多模态技术推动了 AIGC 的内容多样性，使 AIGC 具备了更通用的能力。预训练模型之所以更具通用性，成为多才多艺、多面手的人工智能模型，主要得益于多模态技术的使用，即多模态表示图像、声音、语言等融合的机器学习。

在多模态技术的支持下，目前预训练模型已经从早期单一的自然语言翻译或计算机视觉模型，发展到现在的融合了语言文字、图形图像、音视频等模态的多模态、跨模态的模型。

## ▶▶▶ 9.5.4　人工智能生成内容的应用场景

### 1. 人工智能生成文本

#### 1) 结构化写作

人工智能生成文本非常适合结构化写作，如新闻报道或者具有较强规律性的文章。当下，许多媒体机构已经开始采取了人工智能生成文本行动。英国最大报业集团之一《每日镜报》和《每日快报》的出版商 Reach 正在探索利用 ChatGPT 来帮助记者撰写短篇新闻报道。无独有偶，2023 年 1 月，数字媒体公司 BuzzFeed 宣布计划使用 OpenAI 公司提供的人工智能技术来协助创作个性化内容。

在中国，自百度宣布推出类 ChatGPT 产品"文心一言"后，据不完全统计，国内已经有 117 家广电、影视传媒机构宣布接入"文心一言"，这些媒体机构利用"文心一言"辅助新闻报道的编写。

#### 2) 非结构化写作

非结构化写作需要一定创意的内容，如剧情编写、营销文本创作等，人工智能同样表现不俗。除了剧本，人工智能也可以用于撰写宣传文案。

#### 3) 辅助性写作

人工智能可用于提炼内容或帮忙润色词句。有调查显示，89% 的美国大学生承认使用 ChatGPT 做作业，53% 的学生用 ChatGPT 写论文，48% 的学生使用 ChatGPT 完成测试。这一"作弊神器"的流行，也让多所欧美知名高校不得不发出 ChatGPT 禁令。

#### 4) 交互文本游戏

人工智能在战略游戏和棋类游戏方面已经有了不小的影响，而它也可以用于生成游戏中的交互性文本。2019 年，开发者尼克·沃尔顿利用 OpenAI 制作了一款文字冒险游戏，并推出了 2.0 版本，名为《AI 地下城 2》。据该游戏的开发者介绍，《AI 地下城 2》是世界上第一款真正意义上纯人工智能生成的文字冒险游戏。

## 2. 人工智能生成音频

人工智能同样在音频领域表现出色，不仅能够实现语音克隆，还能够合成不同风格的语音，甚至还能自动生成乐曲。

### 1) 语音克隆

谷歌的人工智能语音合成系统 Tacotron2 合成出来的语音几乎和真人声音一模一样。它拥有两个深度神经网络：第一个能够将文本转化为频谱图，第二个则负责将频谱图生成相应的音频。百度开发了 DeepVoice 全新人工智能系统，它可以通过 3.7 s 的录音样本数据完美地克隆一个人的声音。

### 2) 基于文本生成配乐

过去，音乐配乐都是由专业音乐人来完成的，但随着技术的进步，人工智能已经可以基于文本的描述来生成配乐。2023 年 1 月，谷歌发布音乐生成人工智能模型 MusicLM，可直接将文字、图像自动生成音乐，并且曲风多样。当然，MusicLM 并非第一个可自动生成音乐的人工智能模型。此前，可视化人工智能工具 Riffusion 也能自动创作音乐，还有 Dance Diffusion，OpenAI 公司也推出过 Jukebox。

### 3) 乐曲或歌曲生成

近几年演出市场的新作品也不乏人工智能的身影。2019 年，深圳交响乐团在国家大剧院上表演了全球首部人工智能交响变奏曲《我和我的祖国》。该作品由中国平安人工智能研究院创作，综合改编《我和我的祖国》《在希望的田野上》等经典曲目，全曲创作未使用任何乐器，全部由人工智能算法生成。知名乐评人王纪宴评价这部作品："乐曲开始的引子清新而自然，并无违背听觉习惯的声音，变奏所体现的交响手法，有着令人耳目一新的新奇转调和配器。"

2020 年 12 月，2020 网易未来大会发布主题曲《醒来》，这也是网易首支词曲编唱全链路人工智能的音乐作品。《醒来》由网易伏羲、雷火音频部提供人工智能技术支持，从创作到演唱，再到生成歌曲全过程仅需一小时。

## 3. 人工智能生成图像

随着人工智能技术的发展，人工智能作画的概念也越来越火，谷歌、微软、OpenAI 等巨头纷纷入局，诞生了 Disco Diffusion、Wombo，Midjourney、DALL-E2 等人工智能绘画工具。在使用这些绘画工具时，用户只需要输入关键词，选择特定绘画风格，就可以得到相应的画作，再根据创作者的意图对画作进行调整。

### 1) 图像属性及部分编辑

人工智能在图像领域最基础的应用是对已有图像的属性进行编辑。设计师可以利用人工智能快速实现图片去水印、自动调整光影、设置滤镜、修改颜色纹理、复制或修改图像风格、提高分辨率等操作。

人工智能还可以辅助更改图像的部分构成。例如，CycleGan 可以将不同域之间的图像进行转换，而图像本身的形状保持不变，从而实现将马变成斑马的操作；Metaphysics 可以修改照片上人物的面部特征；Deepfake 则可以实现图像换脸。

2) 制作海报

用人工智能制作海报早已不是什么新鲜事。在 2022 年 9 月，墨尔本作家节与墨尔本 TBWA 合作推出了一组由人工智能自动生成的海报。为了创造独特的艺术作品，他们选取了玛丽·雪莱、赫尔曼、梅尔维尔，赫伯特·乔治、威尔斯、布莱姆、托古和乔治·奥威尔等作家的文学作品中的片段，逐字输入到人工智能绘画工具 Midjourney 中，最后生成了令人称心的海报。

### 4. 人工智能生成视频

人工智能作画的技术不仅取得了突破性进展，同样，利用人工智能制作视频的应用也悄然兴起。

传统的视频制作需要脚本、收集素材、剪辑等流程，每一项工作都需要耗费大量的时间与成本。但如果用 AI 制作视频，则要简单很多。一方面，人工智能生成视频技术可以通过文本生成视频，或者由图片、视频等素材生成视频，从而降低拍摄或搜集视频素材的成本；另一方面，人工智能可以通过对应脚本文本的描述生成视频，进而大幅度地提高视频制作的效率。

总之，无论是现在流行的短视频领域还是长视频领域，人工智能生成视频技术都将为其带来一场成本和效率的颠覆性革命。

## 9.6　深度模型运行实践

本节首先在计算机上配置一个基于 CPU 的深度学习环境，选择常用的 Pytorch 进行案例教学；搭建环境后，再进行简单的图形识别案例的运行演示。大家可以按照教程完成这两个任务。

### ▶▶▶ 9.6.1　开发环境的搭建

#### 1. Anaconda 介绍

Anaconda 是一个开源的 Python 发行版本，其包含 conda、Python 共 180 多个科学包及其依赖项。因为包含大量科学包，Anaconda 的下载文件比较大，如果只需要某些包，或者需要节省带宽或存储空间，也可以使用 Miniconda 这个较小的发行版 ( 仅包含 conda 和 Python)。Anaconda 的仓库中包含 70 000 多个与数据科学相关的开源库，以及虚拟环境管理工具，通过虚拟环境可以使用不同 Python 版本环境。Anaconda 可用于多个平台，如 Windows、Mac OS 和 Linux。

下面介绍 Windows 11 环境下 Anaconda 的安装和使用方法。

人工智能开发平台

#### 2. 安装 Anaconda

由于官方服务器在国外，因此使用国内大学的镜像源下载。打开 Anaconda 镜像源地址 "https://mirrors.bfsu.edu.cn/anaconda/archive/" 进行下载。根据用户的实际操作系统选择相应的版本进行下载，如图 9.9 所示。

| | | |
|---|---|---|
| Anaconda3-2023.09-0-Windows-x86_64.exe | 1.0 GiB | 2023-09-29 23:48 |
| Anaconda3-2024.02-1-Linux-s390x.sh | 391.8 MiB | 2024-02-27 06:01 |
| Anaconda3-2024.02-1-MacOSX-arm64.sh | 700.0 MiB | 2024-02-27 06:01 |
| Anaconda3-2024.02-1-Linux-aarch64.sh | 798.5 MiB | 2024-02-27 06:01 |
| Anaconda3-2024.02-1-MacOSX-arm64.pkg | 697.4 MiB | 2024-02-27 06:01 |
| Anaconda3-2024.02-1-Linux-x86_64.sh | 997.2 MiB | 2024-02-27 06:01 |
| Anaconda3-2024.02-1-MacOSX-x86_64.pkg | 728.7 MiB | 2024-02-27 06:01 |
| Anaconda3-2024.02-1-MacOSX-x86_64.sh | 731.2 MiB | 2024-02-27 06:01 |
| Anaconda3-2024.02-1-Windows-x86_64.exe | 904.4 MiB | 2024-02-27 06:01 |

图 9.9　Anaconda 下载界面

下载完成后，单击 exe 安装文件进行安装。在安装过程中，按照提示进行安装，注意勾选添加环境变量的复选框，如图 9.10 所示。

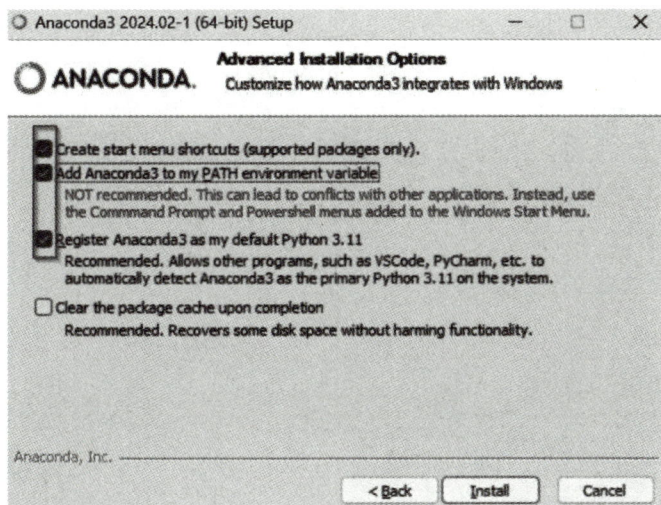

图 9.10　添加环境变量

### 3. 创建虚拟环境

很多开源库版本升级后 API 会有变化，老版本的代码不能在新版本中运行，但使用虚拟环境可以将不同 Python 版本、不同开源库版本隔离。

下面通过管理界面创建虚拟环境。

(1) 首先在开始菜单选择"Anaconda Prompt"并单击就可以打开"Anaconda Prompt"的命令行面板，其界面如图 9.11 所示。

图 9.11　Anaconda 命令行界面

(2) 在命令行面板中输入"conda create –name myenv python=3.8"，其中"myenv"是环

境名称，"python=x.x"指定 Python 版本。然后按"Enter"键就可以创建虚拟环境了。使用"conda activate myenv"命令可激活创建好的新环境，其界面如图 9.12 所示。

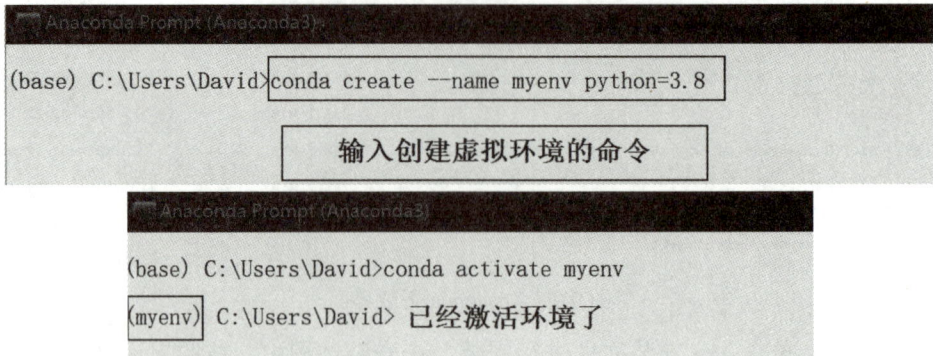

图 9.12　创建虚拟环境并激活

(3) 返回电脑桌面，双击图标，打开已经安装好的 Pycharm 软件，然后新建项目。在"New Project"界面下，选择已经配置好的 Anaconda 环境。完成后，就可以把项目运行起来。其界面如图 9.13 所示。

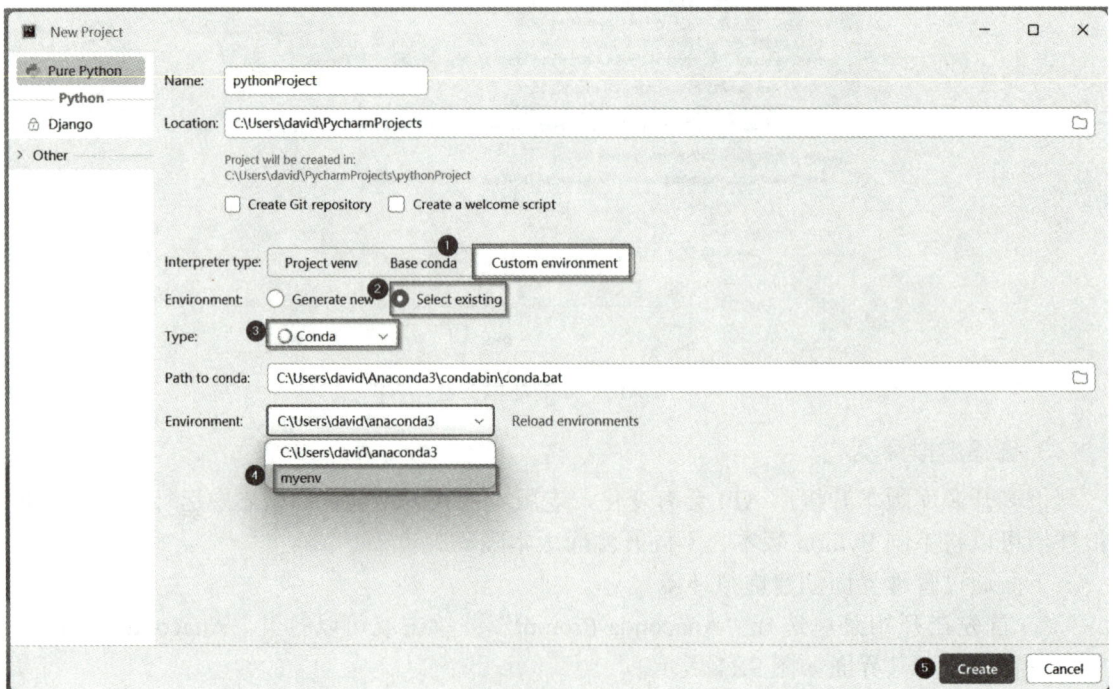

图 9.13　连接 Pycharm

## 4. 安装深度学习库

创建虚拟环境后，开始安装深度学习框架。这里以 Pytorch 框架为例进行演示。

(1) 在 Pytorch 官网"https://pytorch.org/get-started/locally/"中选择 CPU 版本的 Pytorch 的安装代码，如图 9.14 所示。

**NOTE:** Latest PyTorch requires Python 3.8 or later.

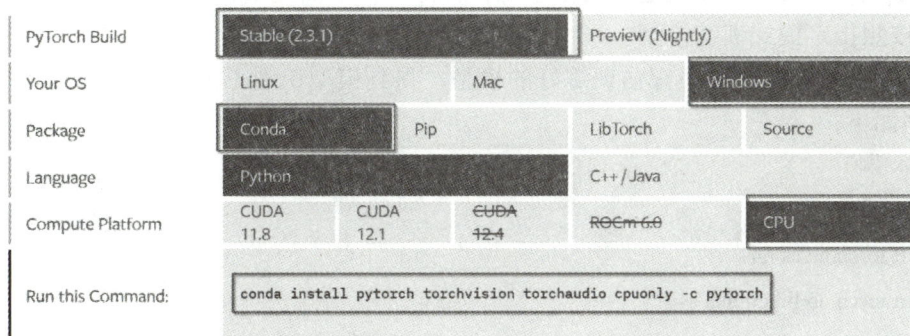

图 9.14　Pytorch 官网安装代码

(2) 按照先前步骤激活创建好的虚拟环境，然后输入 Pytorch 官网提示的合适的框架代码，安装时间根据网络连接速度不同而不等。如果因为网络原因安装失败，可以在网络上寻找添加清华大学镜像源的安装方式。完成之后再打开 Pycharm 就可以编辑运行相应的代码了，如图 9.15 所示。

图 9.15　在虚拟环境中进行安装

#### ▶▶▶ 9.6.2　深度模型的实现

本小节我们基于 Pytorch 深度学习框架搭建 MNIST 图片识别器。

Pytorch 深度学习框架中内置的 MNIST 数据集包括 60 000 张 28×28 像素的训练样本，10 000 张测试样本，很多教程都会对它进行测试演示。

深度学习项目实战

所以这里使用 MNIST 数据集来进行实战，该数据集中的图片都是 28×28 像素的一维图片。MNIST 数据集中的图片如图 9.16 所示。

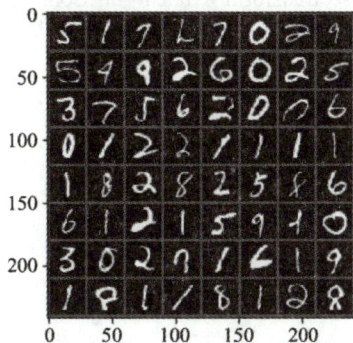

图 9.16　MNIST 数据集中的图片

实现步骤如下：

(1) 导入深度学习的一些基本模块，包括函数载入数据集。

(2) 设定基本参数集，然后下载训练集与测试集。

(3) 定义模型结构，并设定生成模型与优化函数，然后定义训练函数与测试函数。

(4) 按照指定模式训练模型。

(5) 使用 MNIST 测试集评估训练好的模型，得到模型识别正确率。

程序如下：

```python
# 导入模块
import torch
import torch.nn as nn
import torch.nn.functional as F
import torch.optim as optim
from torchvision import datasets, transforms
# 设定参数
BATCH_SIZE = 512 #
EPOCHS = 10          # 总共训练批次
DEVICE = torch.device("cuda" if torch.cuda.is_available() else "cpu")
# 下载训练集
train_loader = torch.utils.data.DataLoader(
    datasets.MNIST('data', train = True, download = True,
            transform = transforms.Compose([
                transforms.ToTensor(),
                transforms.Normalize((0.1037,), (0.3081,))
            ])),
batch_size = BATCH_SIZE, shuffle = True)
# 测试集
test_loader = torch.utils.data.DataLoader(
datasets.MNIST('data', train = False, transform = transforms.Compose([
    transforms.ToTensor(),
    transforms.Normalize((0.1037,), (0.3081,))
])),
batch_size = BATCH_SIZE, shuffle = True)
# 定义模型
class ConvNet(nn.Module):
    def __init__(self):
        super().__init__()
        #1*1*28*28
        self.conv1 = nn.Conv2d(1, 10, 5)
```

```python
        self.conv2 = nn.Conv2d(10, 20, 3)
        self.fc1 = nn.Linear(20 * 10 * 10, 500)
        self.fc2 = nn.Linear(500, 10)
    def forward(self, x):
        in_size = x.size(0)
        out= self.conv1(x) # 1* 10 * 24 *24
        out = F.relu(out)
        out = F.max_pool2d(out, 2, 2) # 1* 10 * 12 * 12
        out = self.conv2(out) # 1* 20 * 10 * 10
        out = F.relu(out)
        out = out.view(in_size, -1) # 1 * 2000
        out = self.fc1(out) # 1 * 500
        out = F.relu(out)
        out = self.fc2(out) # 1 * 10
        out = F.log_softmax(out, dim = 1)
        return out
# 生成模型和优化器
model = ConvNet().to(DEVICE)
optimizer = optim.Adam(model.parameters())
# 定义训练函数
def train(model, device, train_loader, optimizer, epoch):
    model.train()
    for batch_idx, (data, target) in enumerate(train_loader):
        data, target = data.to(device), target.to(device)
        optimizer.zero_grad()
        output = model(data)
        loss = F.nll_loss(output, target)
        loss.backward()
        optimizer.step()
        if (batch_idx + 1) % 30 == 0:
            print('Train Epoch: {} [{}/{} ({:.0f}%)]\tLoss: {:.6f}'.format(
                epoch, batch_idx * len(data), len(train_loader.dataset),
                100. * batch_idx / len(train_loader), loss.item()))
# 定义测试函数
def test(model, device, test_loader):
    model.eval()
```

```
test_loss =0
correct = 0
with torch.no_grad():
    for data, target in test_loader:
        data, target = data.to(device), target.to(device)
        output = model(data)
        test_loss += F.nll_loss(output, target, reduction = 'sum')    # 将第一批的损失相加
        pred = output.max(1, keepdim = True)[1]                        # 找到概率最大的下标
        correct += pred.eq(target.view_as(pred)).sum().item()
test_loss /= len(test_loader.dataset)
print("\nTest set: Average loss: {:.4f}, Accuracy: {}/{} ({:.0f}%) \n".format(
    test_loss, correct, len(test_loader.dataset),
    100.* correct / len(test_loader.dataset)
        ))
# 训练和测试
for epoch in range(1, EPOCHS + 1):
    train(model, DEVICE, train_loader, optimizer, epoch)
    test(model, DEVICE, test_loader)
```

在 Pycharm 中打开创建好的项目，单击鼠标右键，依次选择 Python Project→new→Python File，创建 Python 文件，如图 9.17 所示。在文件中运行上述模型的程序。

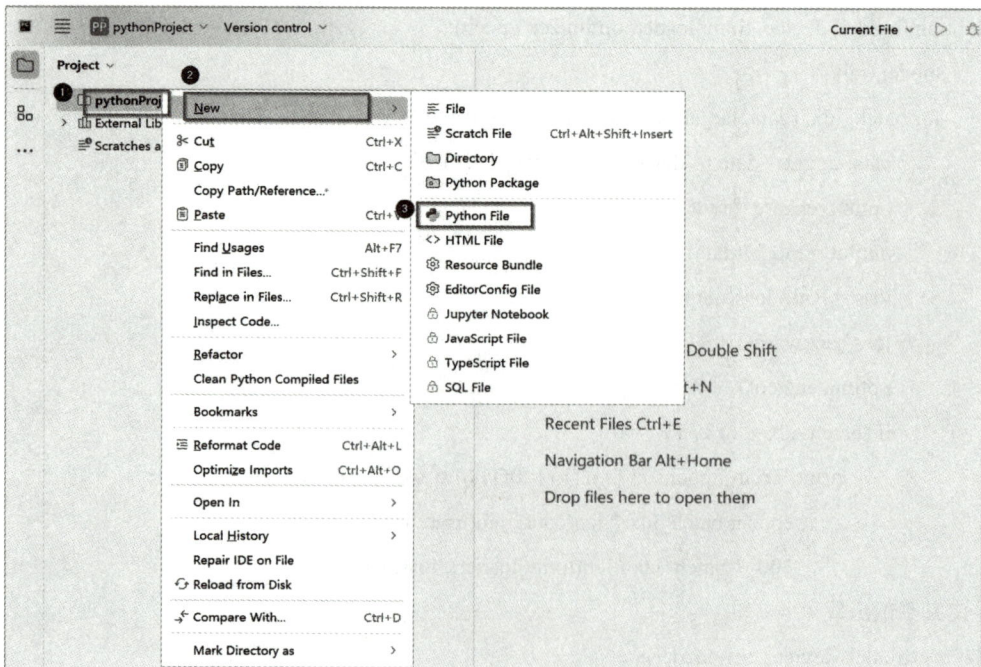

图 9.17    新建 Python 文件

当 Python 文件创建成功之后，导入上述程序代码。然后单击开始执行按钮，深度学习训练过程开始运行，最后得到最终的数字图片识别结果，其界面如图 9.18 所示。

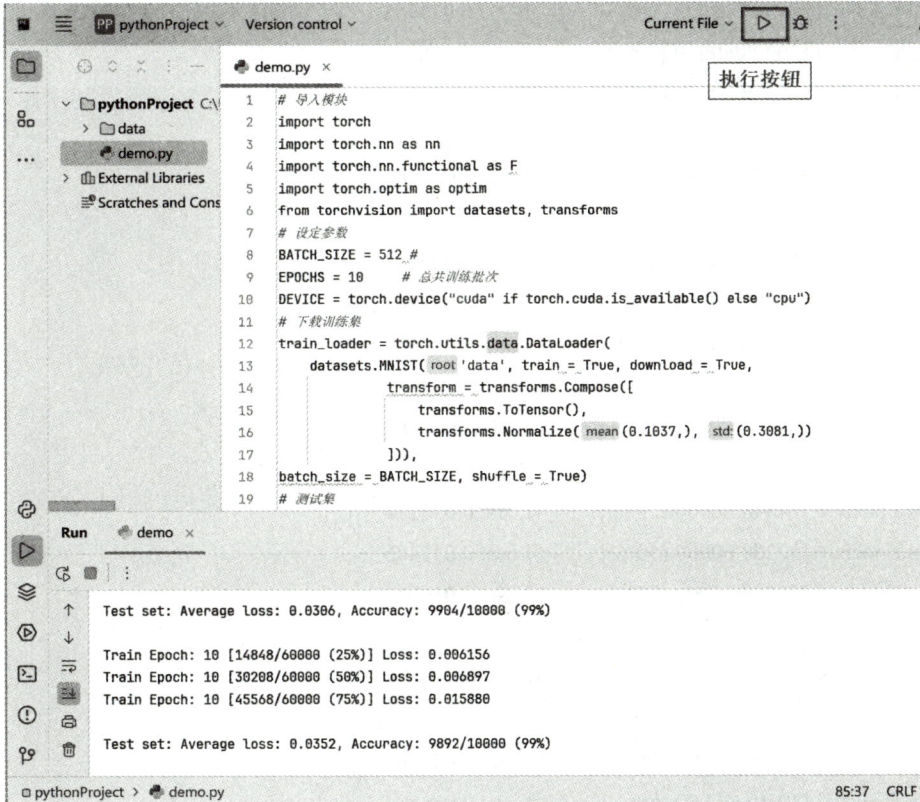

图 9.18 训练与测试模型

运行结果如下：

| Train Epoch: 1 [14848/60000 (25%)] | Loss: 0.351355 |
| Train Epoch: 1 [30208/60000 (50%)] | Loss: 0.167773 |
| Train Epoch: 1 [45568/60000 (75%)] | Loss: 0.138192 |

Test set: Average loss: 0.1035, Accuracy: 9688/10000 (97%)

| Train Epoch: 2 [14848/60000 (25%)] | Loss: 0.125062 |
| Train Epoch: 2 [30208/60000 (50%)] | Loss: 0.116890 |
| Train Epoch: 2 [45568/60000 (75%)] | Loss: 0.096904 |

Test set: Average loss: 0.0623, Accuracy: 9827/10000 (98%)

| Train Epoch: 3 [14848/60000 (25%)] | Loss: 0.079307 |
| Train Epoch: 3 [30208/60000 (50%)] | Loss: 0.063818 |
| Train Epoch: 3 [45568/60000 (75%)] | Loss: 0.039115 |

Test set: Average loss: 0.0485, Accuracy: 9851/10000 (99%)

Train Epoch: 4 [14848/60000 (25%)]　　Loss: 0.025958
Train Epoch: 4 [30208/60000 (50%)]　　Loss: 0.046603
Train Epoch: 4 [45568/60000 (75%)]　　Loss: 0.026431

Test set: Average loss: 0.0416, Accuracy: 9868/10000 (99%)

Train Epoch: 5 [14848/60000 (25%)]　　Loss: 0.052067
Train Epoch: 5 [30208/60000 (50%)]　　Loss: 0.038801
Train Epoch: 5 [45568/60000 (75%)]　　Loss: 0.032702

Test set: Average loss: 0.0414, Accuracy: 9873/10000 (99%)

Train Epoch: 6 [14848/60000 (25%)]　　Loss: 0.025274
Train Epoch: 6 [30208/60000 (50%)]　　Loss: 0.037406
Train Epoch: 6 [45568/60000 (75%)]　　Loss: 0.014916

Test set: Average loss: 0.0348, Accuracy: 9889/10000 (99%)

Train Epoch: 7 [14848/60000 (25%)]　　Loss: 0.028361
Train Epoch: 7 [30208/60000 (50%)]　　Loss: 0.012593
Train Epoch: 7 [45568/60000 (75%)]　　Loss: 0.016093

Test set: Average loss: 0.0399, Accuracy: 9869/10000 (99%)

Train Epoch: 8 [14848/60000 (25%)]　　Loss: 0.015556
Train Epoch: 8 [30208/60000 (50%)]　　Loss: 0.020374
Train Epoch: 8 [45568/60000 (75%)]　　Loss: 0.020266
Test set: Average loss: 0.0379, Accuracy: 9885/10000 (99%)

Train Epoch: 9 [14848/60000 (25%)]　　Loss: 0.007171
Train Epoch: 9 [30208/60000 (50%)]　　Loss: 0.006605
Train Epoch: 9 [45568/60000 (75%)]　　Loss: 0.005618

Test set: Average loss: 0.0363, Accuracy: 9892/10000 (99%)

Train Epoch: 10 [14848/60000 (25%)]　　Loss: 0.015355
Train Epoch: 10 [30208/60000 (50%)]　　Loss: 0.014191

Train Epoch: 10 [45568/60000 (75%)]　　Loss: 0.003748

Test set: Average loss: 0.0341, Accuracy: 9898/10000 (99%)

从运行结果可以看出，该卷积神经网络的识别正确率为 99%。至此，就完成了一个初级深度学习模型的训练与测试过程。

## 9.7　人工智能生成内容实践

### ▶▶▶ 9.7.1　人工智能生成文本

学习者与 AIGC 互动，需要向 AI 提问，即输入 AI 提示词，AI 就会给出回答。下面我们先熟悉一下 AI 提示词的基本原理。

提示词，即用户赋予人工智能的任务指令，是我们在与 AI 对话系统互动时提供的导向性文本。它是我们与 AI 沟通的桥梁，是我们向 AI 传达需求和想法的媒介。

这个提示词包含了以下四个核心要素，它们共同构成了我们与 AI 有效沟通的关键。首先要明确任务类型。提示词的首要任务是明确指示 AI 需要生成哪种类型的文本。这可以涵盖描述性文本、解释性内容、比较性文章或总结性报告等。其次是限定回答内容。除了制定文本类型，提示词还需进一步界定 AI 回答的范围。这包括制定我们想要探讨的主题或特定的领域。还有明确回答格式。在给出提示词时，需要清晰指明期望 AI 生成的文本格式，如列表、段落或其他格式。再次限定风格与口吻。最后要提供关键信息。

常见的 AIGC 生成文本模型有百度的"文心一言"、阿里的"通义千问"、华为的"盘古"和科大讯飞的"星火认知"等。本节以"文心一言"模型进行教学演示。

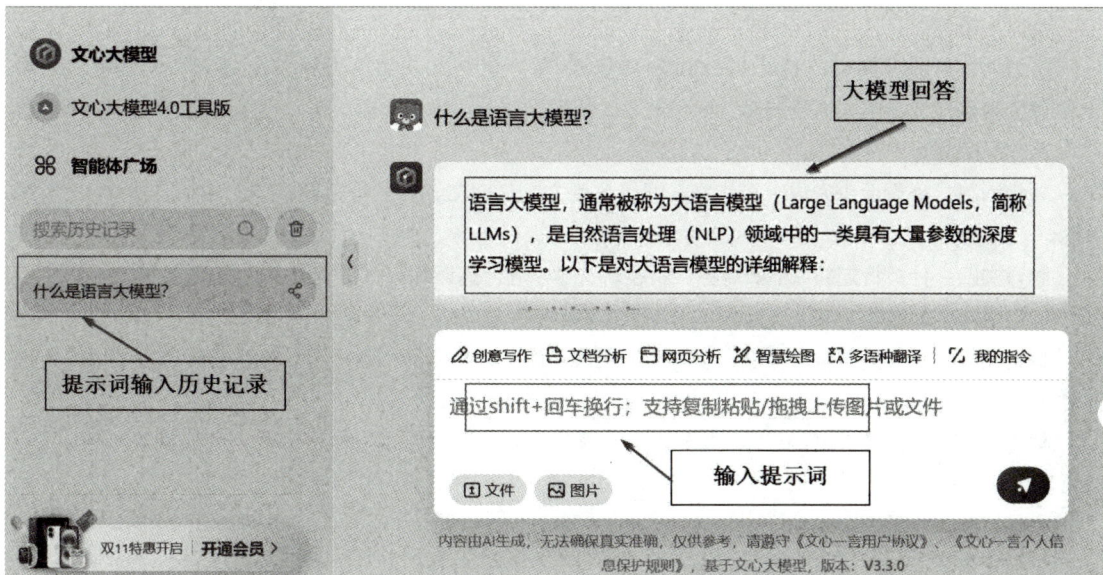

图 9.19　"文心一言"网页操作界面

了解了提示词的基本原理后，我们就来实践操作五个高效提问技巧。

(1) 设定角色：为对话设定明确的角色定位，可以提升沟通效率。

(2) 明确标准：设定清晰的标准，让大模型可以更好地理解提问者的需求。

(3) 需求具体化：在提问时，确保需求具体、明确、使大模型的回答更具针对性。

(4) 言简意赅：用简洁的语言表达问题，引导大模型准确回答。

(5) 限定范围：在提问时，可以限定大模型回答的范围或方向，确保回答符合预期。

假定提问者是一名大二的工科生，需要制订英语学习计划，提问者向"文心一言"进行提问。

步骤一：角色定位。

给"文心一言"设定一个专业的身份标签。这个标签将决定 AIGC 在后续的角色扮演中提供的建议和信息的专业方向与深度。初始化 AIGC，确保其具备足够的知识库和算法模型。

提示词：假如你是英语老师，你如何为大学生制订英语学习计划？

大模型回答：

作为英语辅导老师，为大学生制订一个高效且个性化的英语学习计划是非常重要的。以下是一个综合性的学习计划框架，可以根据学生的具体水平和需求进行调整：

1. 评估与定位

初始测试：通过听力、阅读、写作、口语和翻译 ( 如有需要 ) 的全方位测试，了解学生的英语水平。

目标设定：与学生讨论其学习英语的目的 ( 如通过四六级、考研、出国、工作需求等 )，据此设定短期和长期目标。

2. 基础巩固与提升

词汇与语法

每日词汇：根据目标考试或学习需求，设定每日新词汇学习任务，结合例句记忆，定期复习。

语法强化：针对薄弱环节，安排专项语法训练，如时态、语态、从句等，通过练习册或在线资源进行。

听力与阅读

听力训练：利用 BBC、VOA、TED Talks 等资源，每天至少 30 分钟听力练习，注重精听与泛听的结合。

阅读理解：选择英文原版书籍、期刊文章、新闻报道等，每天阅读一篇，提高阅读速度和理解能力。

写作与翻译

写作练习：每周至少完成一篇作文，涵盖议论文、说明文、书信等不同文体，注重逻辑结构和语言表达。

翻译实践：针对特定领域 ( 如商务、科技、文学 ) 进行翻译练习，提升跨文化交流能力。

3. 口语与听力进阶

口语交流：加入英语学习社群，参与线上或线下的英语角活动，每周至少一次与母语为英语的人进行对话练习。

模仿与演讲：观看 TED 演讲、电影片段，模仿发音、语调，每周尝试一次小型演讲或讨论，提高口语表达自信。

4. 模拟测试与反馈

定期模拟考：每月至少进行一次全真模拟测试，包括所有技能部分的练习，以检验学习成效。

个性化反馈：根据模拟测试结果，提供详细反馈，指出进步与不足，调整学习计划。

5. 自我管理与激励

时间管理：帮助学生制定合理的学习时间表，确保每天有固定的英语学习时间。

目标追踪：使用学习日记或 APP 记录学习进度，设立小奖励机制，庆祝每个小成就，保持学习动力。

6. 文化与背景知识拓展

跨文化交流：了解英语国家的文化、历史、习俗等，增强语言学习的趣味性和实用性。

国际新闻：定期关注国际新闻，提高英语新闻的阅读和听力理解能力，拓宽视野。

结语

这个学习计划旨在全面提升大学生的英语综合能力，但最重要的是要保持灵活性和个性化，根据学生的实际进展和反馈适时调整。同时，鼓励学生保持积极的学习态度，持之以恒，相信通过努力，他们一定能在英语学习上取得显著的进步。

步骤二：用户信息与自身定位。

根据大学生的信息，进行自身定位，明确其英语学习要求，为后续制订英语计划提供依据。

提示词：

对于大二的工科生，其英语听力较弱，词汇量少，你有什么进一步的建议吗？

大模型回答：

对于大二工科生英语听力较弱和词汇量少的问题，以下是一些具体的建议，旨在帮助他们逐步提高英语听力和词汇量：

一、提高英语听力

选择适合的材料：

初学者可以从简单的英语儿童故事、动画片或初级英语学习软件开始。

随着听力水平的提高，逐渐过渡到英语新闻、播客、TED 演讲、电影和电视剧等更复杂的材料。

利用听力资源：

使用英语学习 APP，如多邻国、扇贝听力等，进行日常听力练习。

观看带有英文字幕的英语视频，逐渐尝试去掉字幕，提高听力理解能力。

听英语广播，如 BBC Learning English、VOA Learning English 等，适应不同的口音和语速。

主动听力练习：

尝试精听练习，即反复听同一段材料，直到能够完全理解。

做听力笔记，记录听到的关键信息和细节，帮助记忆和理解。

参加学校的英语角或加入英语学习社群，与英语母语者进行对话练习。

二、增加词汇量

制订词汇学习计划：

每天设定一定数量的新词汇学习任务，如 20～30 个单词。

使用词汇学习 APP，如扇贝单词、百词斩等，进行词汇记忆和复习。

结合语境记忆词汇：

将新词汇放入句子或段落中记忆，理解其用法和含义。

阅读英文文章、书籍或观看英语视频时，注意新词汇的出现，并尝试理解其上下文意义。

多样化词汇学习方式：

制作词汇卡片，一面写单词，一面写释义或例句，方便随时复习。

参加词汇竞赛或游戏，如单词拼写比赛、词汇接龙等，增加学习的趣味性。

在日常生活中使用新词汇，如与同学用英语交流时尝试使用新学的单词。

三、综合建议

保持学习动力：

设定明确的学习目标，如通过英语四六级考试、提高英语交流能力等。

奖励自己在学习上取得的进步，如完成一周的学习计划后看一部英文电影。

培养学习习惯：

每天固定时间学习英语，如早晨起床后或晚上睡觉前。

养成记笔记的习惯，记录学习中的难点和重点。

寻求外部帮助：

参加学校的英语课程或英语辅导班，接受专业教师的指导。

与同学组成学习小组，共同学习英语，互相监督和鼓励。

保持耐心和毅力：

英语学习是一个长期的过程，需要持续的努力和坚持。

不要因为一时的困难或挫折而放弃，要相信自己能够取得进步。

通过遵循以上建议，大二工科生可以逐步提高英语听力和词汇量，为未来的学习和职业发展打下坚实的基础。

从上述 AIGC 生成的回答中，可以看出其建议更加具体，也更符合学习者的需求。

步骤三：需求具体化。

在针对上述提问词中，加入一些更加具体化的标准提示，以得到更符合提问者的回答要求。

提示词：

对于大二的工科生，其英语听力较弱，词汇量少，希望在大四的时候能通过英语六级考试，你可以提供什么学习计划吗？

大模型回答：

针对大二工科生英语听力较弱、词汇量少，但希望在大四通过英语六级考试的情况，以下是一个为期两年的学习计划建议：

一、总体目标

在两年内，显著提高英语听力水平和词汇量。

熟练掌握英语六级考试所需的各项技能，包括听力、阅读、写作、翻译等。

最终目标是顺利通过英语六级考试。

二、具体计划

（一）第一年（大二）

词汇积累

每天背诵 30～50 个新单词，重点记忆六级词汇表中的单词。

使用词根、词缀等记忆技巧，提高记忆效率。

制作词汇卡片，方便随时复习。

通过阅读英文文章、书籍或观看英语视频，巩固新学的词汇。

听力训练

每天至少听 30 分钟的英语听力材料，如 BBC 新闻、VOA 慢速英语等。

刚开始可以选择带有英文字幕的材料，逐渐过渡到无字幕。

尝试精听练习，即反复听同一段材料，直到能够完全理解。

记录听力过程中的生词和难点，及时查阅并复习。

阅读练习

每天阅读一篇英文文章，可以选择六级真题中的阅读理解部分，或者其他英文报纸、杂志等。

注重阅读速度和理解能力的双重提升，可以尝试使用扫读、略读等技巧。

记录阅读过程中的生词和难点句子，及时查阅并理解。

写作与翻译

每周至少写一篇英文作文，可以模仿六级真题中的写作部分，或者自己选题写作。

注重语法和词汇的正确使用，以及文章结构的合理性。

尝试翻译一些英文文章或段落，提高翻译能力。

（二）第二年（大三）

词汇巩固与扩展

继续每天背诵新单词，同时复习之前学过的单词。

尝试使用新学的词汇进行造句或写作练习，加深记忆。

扩大词汇量，可以学习一些六级以外的词汇，以备不时之需。

听力强化

听力材料难度逐渐提高，可以尝试听六级真题中的听力部分，或者其他更复杂的英语听力材料。

尝试边听边写，提高听力理解能力和笔记能力。

参加学校的英语角或与其他英语学习者交流，提高口语和听力水平。

阅读理解与速度提升

每天阅读两篇英文文章，注重阅读速度和理解能力的双重提升。

尝试做一些阅读理解练习题，提高解题能力和应试技巧。

学习一些阅读技巧，如预测下文、注意关键词等。

写作与翻译提高

每周至少写两篇英文作文，注重文章结构的合理性和语言的流畅性。

尝试写一些不同类型的作文，如议论文、说明文等。

加强翻译练习，注重翻译的准确性和流畅性。

模拟考试与真题演练

在大三下学期开始，定期进行模拟考试，熟悉六级考试的流程和题型。

认真分析模拟考试中的错题和难点，及时调整学习计划。

完整做一遍近几年的六级真题，并认真分析答案和解析。

三、学习技巧与注意事项

制订合理的学习计划：根据自己的实际情况和时间安排，制订切实可行的学习计划，并坚持执行。

注重学习方法和技巧：掌握一些有效的学习方法和技巧，如词根词缀记忆法、联想记忆法等，提高学习效率。

保持积极的学习态度：学习过程中可能会遇到困难和挫折，但要保持积极的学习态度，相信自己能够取得进步。

合理安排学习时间：避免长时间连续学习导致疲劳和效率下降，可以每隔一段时间休息一下，或者进行一些放松的活动。

利用多种学习资源：除了课本和练习题外，还可以利用英语学习 APP、在线课程、英文电影等多种学习资源来丰富自己的学习方式。

通过以上两年的学习计划，大二工科生可以逐步提高自己的英语听力和词汇量，为大四时的英语六级考试做好充分的准备。重要的是要保持持续的努力和坚持，相信自己一定能够取得优异的成绩。

通过不断地对提示词进行提炼，可以得到更加符合提问者需求的回答。此外，还可以设置其他问题对大模型进行提问，与大模型进行互动，生成更多的回答。

▶▶▶ **9.7.2　人工智能生成图像**

现在流行的国外 AI 绘画工具 Stable Diffusion、DALL·E2、Midjourney 等，以及国内 AI 绘画工具"文心一格"、意间 AI 绘画、AI Creator 等，都会在创作时引导你输入"咒语"。如果你暂时缺乏灵感，有些平台也会提供"自动生成"选项，让 AI 帮你自主搭配，然后在其基础上进行你想要的修改。如此一来，AI 降低了普通人参与艺术创作的门槛，让没有绘画基础的人也能通过文字描述表达自己的创作灵感。

本小节以国内的 LibLib AI 平台为例，进行文字生成图像案例演示。首先登录 LibLib AI 官网，然后注册。在平台搜索框中输入大模型 ReVAanimated_v122，接着加入平台资源库，如图 9.20 所示。

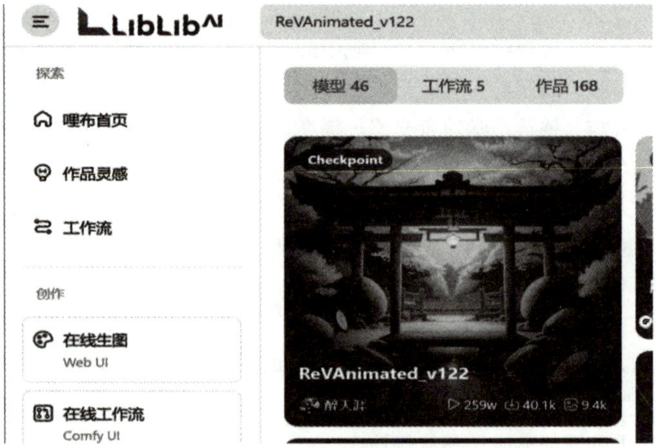

图 9.20　平台首页搜索模型

得到搜索结果后，点击该模型图片界面，出现如图 9.21 所示界面，选择"加入模型库"。

图 9.21　添加模型库

开始编写正向与反向提示词。这里可以根据自己的需求进行发挥，可以尝试多组不同的提示词。本节任务的正向提示词为 masterpiece,best quality,gold outline,future,spacewar,

而反向提示词为 ng_deepnegative_v1_75t,(badhandv4:1.2),EasyNegative,(worst quality:2)，如图 9.22 所示。

图 9.22 填写提示词与方向词库

完成之后在生图中选择参数设置，如图 9.23 所示。设置采样方法、迭代步数、图片尺寸以及图片数量等。

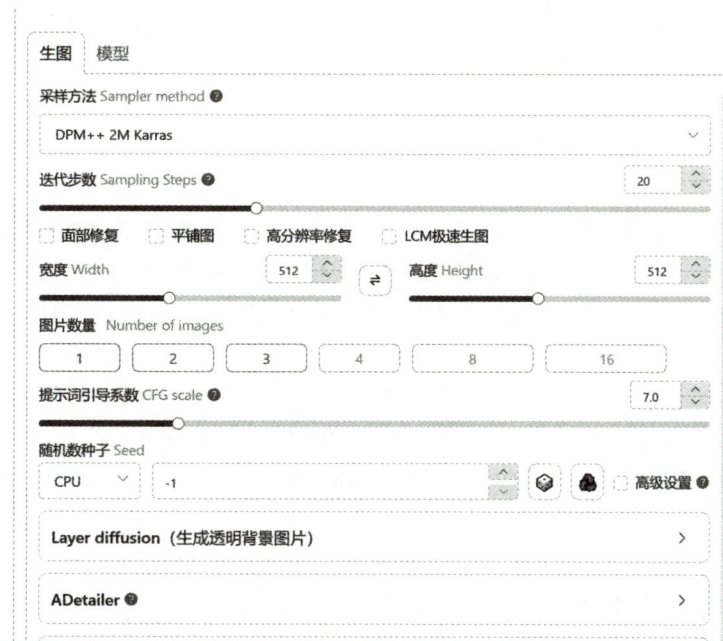

图 9.23 生图参数选择

设置之后点击"开始生图"，等待一段时间之后，AIGC 生成图片成功。最终效果如图 9.24 所示。

图 9.24    最终生成的图

#### ▶▶▶ 9.7.3    人工智能生成音频

人工智能生成内容在音频生成领域已相当成熟，并广泛应用于有声读物制作、语音播报、短视频配音、音乐合成等领域。同时，AI 技术不仅可以生成图片，也能够生成序列帧，组成一个完整的视频。当然，除了这种连接 AI 生成图片组成视频的生成方式，也有直接利用文字描述生成视频的方法。

本节任务利用人工智能生成内容生成短视频文案，然后再把文案生成音频并实现 AIGC 从无到有生成多媒体资料。让"文心一言"生成解说文案，在"文心一言"中输入："请从剧情分析的角度，为《疯狂的麦克斯 4：狂暴之路》制作一篇影视解说类的短视频文章。"生成的短视频文案如下。

> 提示词：
>
> 请从剧情分析的角度，为《疯狂的麦克斯 4：狂暴之路》制作一篇影视解说类的短视频文章，要求：配有画面提示。
>
> 大模型回答：
>
> 《疯狂的麦克斯 4：狂暴之路》影视解说短视频文章
>
> 开场白：
>
> 大家好，欢迎收看本期电影解说。今天我们要解析的是一部充满震撼与激情的科幻冒险电影——《疯狂的麦克斯 4：狂暴之路》。这部影片于 2015 年上映，由乔治·米勒执导，汤姆·哈迪和查理兹·塞隆主演。在这个核爆后的末日世界里，让我们跟随主角麦克斯和费罗莎指挥官，一同踏上一段惊心动魄的逃亡之旅。
>
> 剧情介绍 1：
>
> 故事开始于一个由恶霸不死老乔统治的废墟之地。老乔掌握着唯一的水源，他每天象征性地施舍一些水给生活在废墟上的人们，借此巩固自己的统治地位。他不仅将年轻患病的男子训练成他的敢死队"战郎"，还将女人作为生育工具。其中，独臂女将军费罗莎是老乔的得力助手，但她内心渴望自由和正义。
>
> 剧情介绍 2：
>
> 费罗莎将军表面上是在寻找新的资源，实则是计划带着老乔的几位妻子逃跑，去寻找她们儿时的绿洲——一个没有压迫和强权的自由国度。这一行动被老乔的侏儒儿子发现，老乔派出战郎追击费罗莎，而麦克斯也被卷入其中。
>
> 剧情介绍 3：
>
> 费罗莎带着五位妻子逃难途中，遭遇了老乔的追击部队。在一次激烈的战斗中，麦克斯与费罗莎相遇，两人携手作战，逐渐建立起深厚的信任。在逃脱追击的过程中，他们不仅展现了惊人的战斗技巧，还经

历了种种艰难险阻。

......

为了方便后续操作，用户可以将"文心一言"生成的文章复制并粘贴到文档中，再进行适当的处理。

使用剪映电脑版可以快速生成配音，用户可以使用朗读功能一键把文本内容转化成音频。打开剪映电脑版，在首页点击"开始创作按钮"，进入视频剪辑页面。通过单击"导入"按钮来导入视频、图片和音频，并通过拖曳到轨道来进行视频的剪辑。点击剪映左上角的文本，把默认文本拖曳到轨道上，如图 9.25 所示。

图 9.25　在文本选项中选择新建文本

将之前编辑好的文本内容复制粘贴到剪映右上角的文本框内，然后点击"保存预设"，如图 9.26 所示。

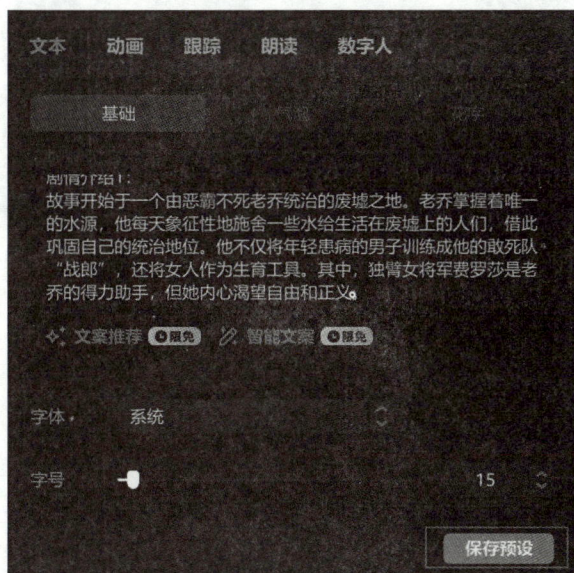

图 9.26　文本框内粘贴文案内容

接着在朗读区域内选择朗读音色，选择后，点击"开始朗读"，如图 9.27 所示。

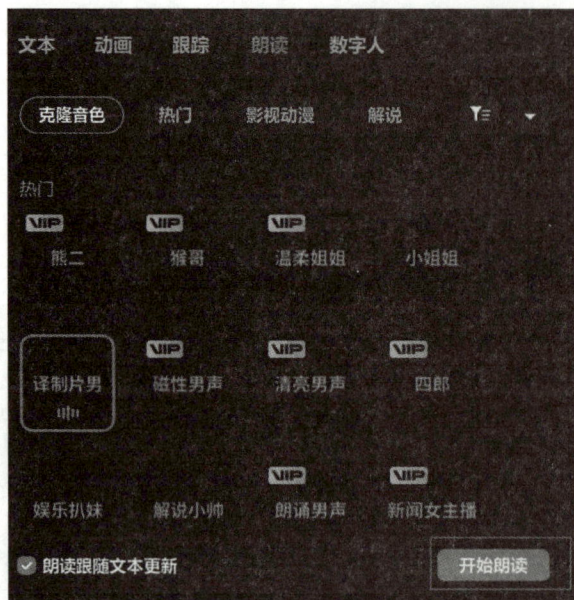

图 9.27　选择音色

朗读完成之后，就会生成一条音轨，如图 9.28 所示，然后就可以导出该音轨。

图 9.28　由文本生成了音频

至此，剪映就完成了由文本自动生成音频的操作功能，特别简单易用。

▶▶▶ **9.7.4　人工智能生成视频**

人工智能生成内容不但可以生成音频，还可以生成视频。打开剪映，在剪映首页选择"图文成片"。在图文成片中选择"自由编辑文案"，如图 9.29 所示。

在自由编辑文案的方框中粘贴之前编辑好的解说文案，同时在右下角选择免费的音色，然后点击生成视频。在弹出的成片方式方框中选择智能匹配素材，如图 9.30 所示。

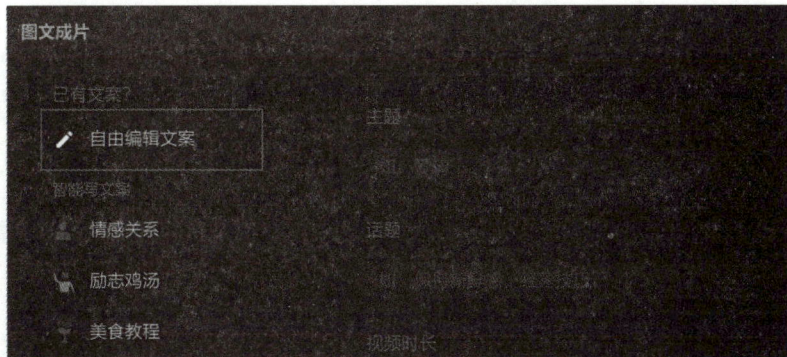

图 9.29　在图文成片中选择自由编辑文案

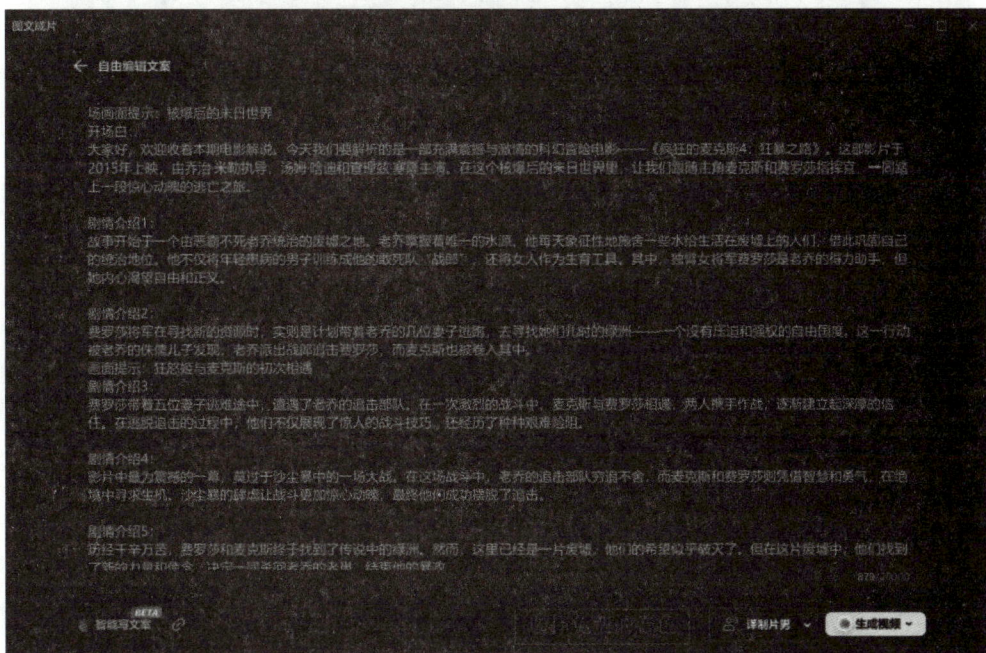

图 9.30　智能生成视频选择

稍等片刻，剪映就会自动生成字幕、视频、音频与对应的配乐，如图 9.31 所示。

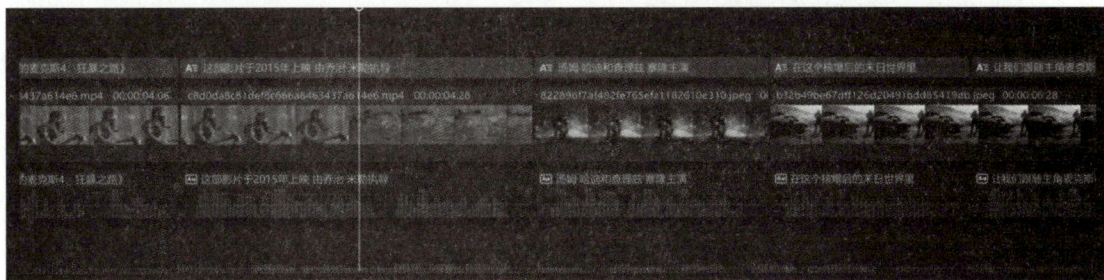

图 9.31　剪映生成字幕、音频、视频与配乐

生成视频之后，还可以进行字幕微调，封面设计、视频特效制作等后续操作。编辑完成后，点击剪映右上角的导出，并设置好视频导出相关参数之后，就可以把这个由文本

AIGC 生成的视频导出来了，如图 9.32 所示。

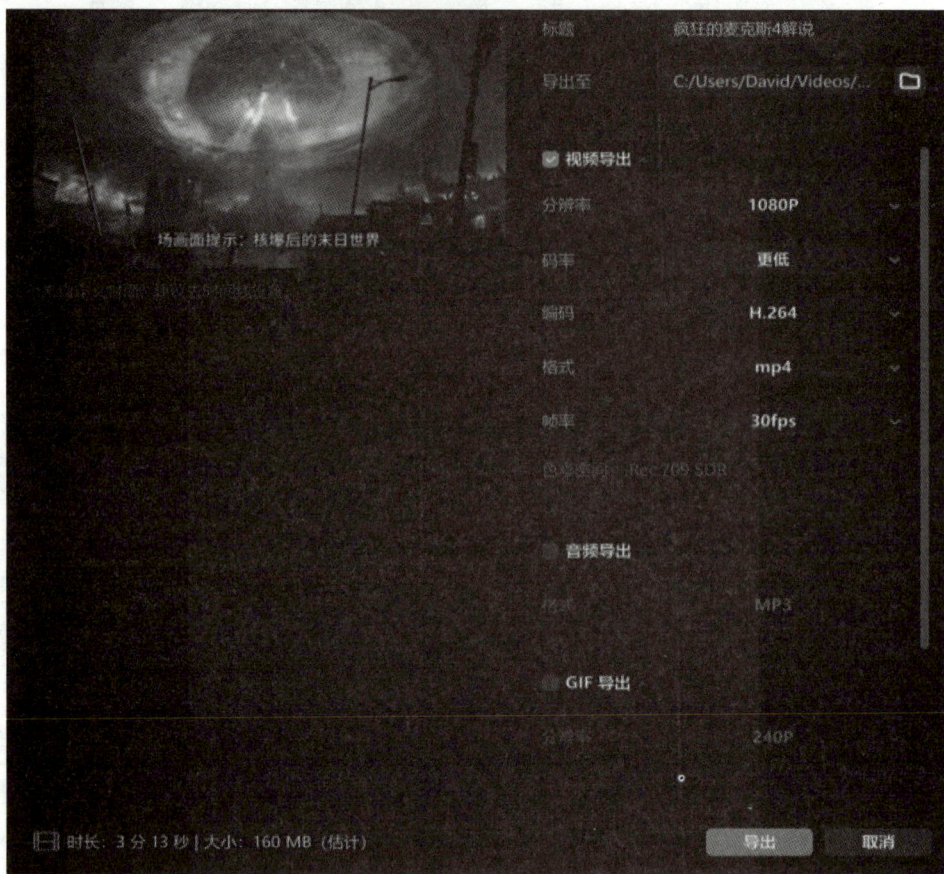

图 9.32　导出生成的视频

# 本 章 习 题

## 一、填空题

1. 人工智能的三大要素是 _____、_____、_____。

2. 特征工程的四个过程为 _____、_____、_____、_____。

3. 人工智能模型开发流程可以分为：采集原始数据、_____、_____、_____、_____。

4. 常见的数据标注有分类标注、_____、_____、_____ 及其他标注。

5. 特征工程方法一般包括特征提取、_____、_____ 和 _____。

## 二、选择题

1. 被誉为"人工智能之父"的是 (　　)。

A. 明斯基　　　　B. 图灵　　　　C. 麦卡锡　　　　D. 冯·诺依曼

2. AI 是 (　　) 的英文缩写。

A. Automatic Intelligence　　　　B. Artificial Intelligence

C. Automatic Information          D. Artificial Information

3. 下列 (    ) 不属于人工智能研究的基本内容。

A. 机器感知      B. 机器学习      C. 自动化          D. 机器思维

4. 下列 (    ) 不属于人工智能研究开发的类库。

A. Pandas          B. Matlab          C. Numpy          D. Sklearn

### 三、简答题

1. 简述人工智能的发展历史。

2. 描述机器学习的基本概念。

3. 描述深度学习模型从训练到测试的过程。

# 第 10 章  区块链技术

## 技能目标

◎ 掌握区块链的概念及特性。

◎ 掌握区块链的基本含义与原理。

◎ 掌握区块链的分类与技术架构。

◎ 熟悉区块链的核心技术。

## 素养目标

◎ 具备诚信品质，遵守区块链行业的道德规范和职业操守。

◎ 遵守国家和地方的法律法规，尊重知识产权。

◎ 具备高度的责任心和社会责任感。

## 星火引航

区块链技术通常可被用于构建学习过程的记录和认证系统，例如通过教育链结合学分的 Token 分发机制，记录学习的完整过程，将学生在教育培训中获得的学分整合为"学分银行"。通过建立基于区块链的"学分银行信息共享平台，可以实现思政教育资源的透明化和可追溯性，防止信息被篡改或伪造，增强学生对信息真实性的信任。本章简要介绍区块链技术发展的概念及特性、区块链的分类、核心技术以及典型应用等内容。

## 10.1 区块链的概念及特性

2008 年 14 月 31 日，中本聪发表一篇题为"比特币：一种点对点式的电子现金系统"的论文，标志着不需要交易双方互信就可以安全交易的点对点价值交换体系的诞生。区块链的概念是从比特币系统的结构中抽象出来的，本质上是一个分布式账本。

区块链概念及特性

区块链是一种全新的融合型技术，存储上基于块链式数据结构，通信上基于点对点对等网络，架构上基于去中心化的分布式系统，交易上基于哈希算法与非对称加密，维护上基于共识机制。作为一种多方共享的数据库，融合了计算机科学、社会学、经济学、管理学等学科知识，实现了多个主体之间的分布式协作，构建了信任基础。

区块链具有五大基本特性，分别是去中心化、不可篡改性、开放性、匿名性和自治性。下面详细阐述每个特性的含义。

### 1. 去中心化

去中心化是指众多节点均具有平等的地位，没有永久性的特权节点，只有临时主导记账的节点。无论是存储还是计算任务，都由全部节点分别独立承担，以信息冗余、处理复杂度增加等代价换取了系统的可靠性和稳定性。点对点的交易系统通过密码学等数学算法建立信任关系，不需要第三方进行信任背书，从而彻底改造了传统的中心化信任机制。

### 2. 不可篡改性

如果信息一经打包为区块并加入区块链的最长合法链，那么此信息就永久地被记录在区块链上。从概率学角度分析，几乎没有可能篡改或者删除上链信息，除非恶意节点超过 51% 并集体作恶篡改数据库。通过区块链的巧妙设计，结合哈希函数、非对称加密等技术，衍生出应用潜力广泛的不可篡改特性，成了构建信任的重要基础。

### 3. 开放性

区块链系统是相对开放的。对于公有链，所有人都可以申请成为本区块链的一个节点；对于联盟链和私有链，尽管需要经过一定的身份审核，但是一旦成为正式节点，所有的权利和义务就均与其他节点平等，共同分享数据和接口；所有数据公开透明，查询内容真实可靠，应用开发规范清晰。

### 4. 匿名性

尽管区块链的所有数据是公开透明的，但是用户的隐私依然能够得到保护。区块链借鉴非对称加密中公私钥对的设计，将私钥作为用户的核心隐私，对外接收、发送转账只需暴露公钥，从而让交易对方无从获取其真实身份。另外，公私钥对可以无限次重复生成，一个用户可以拥有多个账户，这也为用户真实身份和交易信息的保护提供了保障。

### 5. 自治性

去中心化的结构导致区块链中节点的独立性较高，但是独立性不代表充分自由，不遵守区块链协议和规范的节点往往会受到惩罚。区块链通过全体节点协商一致的规则维护了区块链的安全性和稳定性，通过区块链社区的自行治理，不断完善规则帮助区块链达成既定目标。

## 10.2    区块链的运行原理

区块链的基本原理理解起来并不复杂。首先，区块链包括三个基本概念：

(1) 交易 (Transaction)：一次对账本的操作，导致账本状态的一次改变，如添加一条转账记录。

(2) 区块 (Block)：记录一段时间内发生的所有交易和状态结果，是对当前账本状态的一次共识。

区块链的发展历史、运行原理及技术基础

(3) 链 (Chain)：由区块按照发生顺序串联而成，是整个账本状态变化的日志记录。如果把区块链作为一个状态机，则每次交易就是试图改变一次状态，而每次共识生成的区块，就是参与者对于区块中交易导致状态改变的结果进行确认。

在实现上，首先假设存在一个分布式的数据记录账本，这个账本只允许添加、不允许删除。账本底层的基本结构是一个线性的链表，这也是其名字"区块链"的来源。链表由一个个"区块"串联组成，如图 10-1 所示，后继区块记录前导区块的哈希值 (pre hash)。新的数据要加入，必须放到一个新的区块中。而这个块 ( 以及块里的交易 ) 是否合法，可以通过计算哈希值的方式快速检验出来。任意维护节点都可以提议一个新的合法区块，然而必须经过一定的共识机制来对最终选择的区块达成一致。

图 10.1    区块链结构示例

## 10.3    区块链的分类

区块链技术的本质目的是解决效率和信任问题，由于不同场景下的应用对象不同，因而开放程度、应用范围也存在差异，根据开放程度的不同，一般按照准入机制可将区块链分为公有链 (Public blockchain)、联盟链 (Consortium Blockchain)、私有链 (Private blockchain)。

区块链的技术分类

### ▶▶▶ 10.3.1    公有链

公有链也称为非许可链 (Permissionless Blockchain)，如比特币和以太坊等都是公有链。公有链一般适合于虚拟货币、面向大宗的电子商务、互联网金融等 B2C、C2C 或 C2B 等应用场景。在公有链中，程序开发者无权干涉用户，所以区块链可以保护使用他们开发的程序的用户。

公有链具有如下特点：

(1) 所有交易数据公开、透明。虽然公有链上所有节点是匿名 (更确切一点，是"非实名") 加入网络，但任何节点都可以查看其他节点的账户余额以及交易活动。

(2) 无法篡改。公有链是高度去中心化的分布式账本，篡改交易数据几乎不可能实现，除非篡改者控制了全网 51% 的算力，以及超过 5 亿元人民币的运作资金。

(3) 低吞吐量。高度去中心化和低吞吐量是公有链不得不面对的两难境地，例如最成熟的公有链——比特币块链，每秒只能处理 7 笔交易信息 (按照每笔交易大小为 250 字节)，高峰期能处理的交易笔数就更低。

(4) 交易速度缓慢。低吞吐量必然带来缓慢的交易速度。比特币网络极度拥堵，有时一笔交易需要几天才能处理完毕，还需要缴纳转账费。

### ▶▶▶ 10.3.2 联盟链

联盟链，是指其共识过程受到预选节点控制的区块链，由某个群体内部指定多个预选的节点为记账人，每个块的生成由所有的预选节点共同决定 (预选节点参与共识过程)，其他接入节点可以参与交易，但不过问记账过程 (本质上还是托管记账，只是变成分布式记账，预选节点的多少如何决定每个块的记账者成为该区块链的主要风险点)，其他任何人可以通过该区块链开放的 API 进行限定查询。这些区块链可视为部分去中心化，比如区块链联盟 R3 就是一个典型的联盟链系统。

联盟链仅限于联盟成员参与，区块链上的读写权限参与记账权限按联盟规则来制定。由 40 多家银行参与的区块链联盟 R3 和 Linux 基金会支持的超级账本项目都属于联盟链架构。

联盟链具有如下特点：

(1) 部分去中心化。与公有链不一样，联盟链在某种程度上只属于联盟内部的成员所有，且很容易达成共识，因为毕竟联盟链的节点数是非常有限的。

(2) 可控性较强。公有链是一旦区块链形成，将不可篡改，这主要源于公有链的节点一般是海量的，比如比特币节点太多，想要篡改区块数据几乎是不可能的，而联盟链，只要所有机构中的大部分达成共识，即可将区块数据进行更改。

(3) 数据不会默认公开。不同于公有链，联盟链的数据只限于联盟里的机构及其用户才有权限进行访问。

(4) 交易速度较快。联盟链本质上还是私有链，因此由于其节点较少，容易达成共识，交易速度自然也就快很多。

### ▶▶▶ 10.3.3 私有链

私有链，是指其写入权限由某个组织和机构控制的区块链。读取权限或者对外开放，或者被进行了任意程度的限制。相关的应用可以包括数据库管理、审计等，尽管在有些情况下希望它能有公共的可审计性，但在很多的情形下，公共的可读性似乎并非是必需的。

私有链具有如下特点：

(1) 交易速度非常快。一个私有链的交易速度可以比任何其他的区块链都快，这是因为就算少量的节点也都具有很高的信任度，并不需要每个节点来验证一个交易。

(2) 交易成本大幅降低甚至为零。私有链上可以进行完全免费或者至少说是非常廉价的交易。如果一个实体机构控制和处理所有的交易，那么它们就不再需要为工作而收取费用。然而，即使交易的处理是由多个实体机构完成的，例如竞争性银行，因为同样的原因，它们可以快速地处理交易，所以费用仍然是非常低，这并不需要节点之间的完全协议，所以很少的节点需要为任何一个交易而工作。

(3) 有助于保护其基本的产品不被破坏。正是这一点使得银行等金融机构能在目前的环境中欣然接受私有链，银行和政府在看管他们的产品上拥有既得利益，用于跨国贸易的国家法定货币仍然是有价值的。

## 10.4　区块链通用技术架构

一般来说，区块链系统由数据层、网络层、共识层、激励层、合约层和应用层组成。其中，共识层主要封装各类共识算法；激励层将激励机制集成到区块链技术体系中来，主要包括经济激励的发行机制和分配机制等；合约层主要封装各类脚本、算法和智能合约，是区块链可编程特性的基础；应用层则封装了区块链应用于各种应用场景的应用程序。区块链的层级结构如图 10.2 所示。

区块链通用技术架构概述

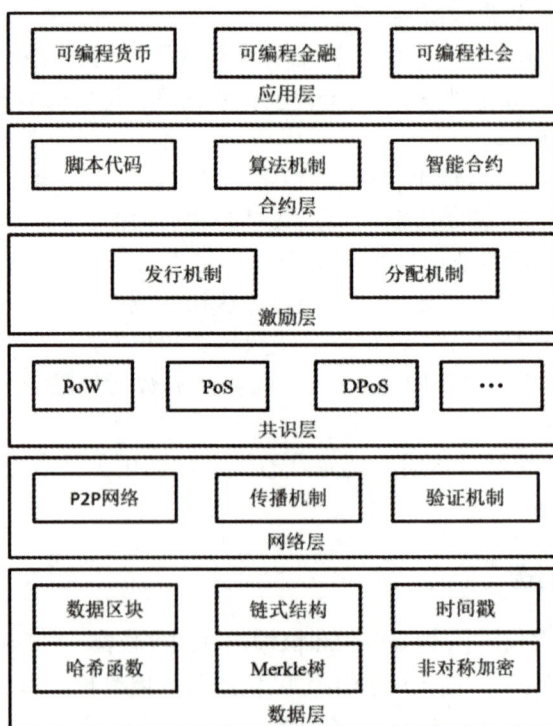

图 10.2　区块链层级结构

### 1. 数据层 (Data Layer)

数据层是整个区块链技术中最底层的数据结构，描述了区块链从创世区块起始的链式结构，它包含了区块链的数据区块、链式结构以及区块上的随机数、时间戳、公私钥数据等信息。

### 2. 网络层 (Network Layer)

网络层包括分布式组网机制、数据传播机制和数据验证机制等，网络层主要通过 P2P 技术实现，因此区块链本质上可以说是一个 P2P 网络。

### 3. 共识层 (Consensus Layer)

共识层主要包含共识算法以及共识机制，能让高度分散的节点在去中心化的区块链系统中高效地针对区块数据的有效性达成共识，是区块链的核心技术之一，也是区块链社群的治理机制。目前已经出现了十余种共识机制算法，其中最为知名的有工作量证明机制 (PoW)、权益证明机制 (PoS)、股份授权证明机制 (DPoS) 等。

### 4. 激励层 (Actuator Layer)

激励层将经济因素集成到区块链技术体系中来，主要包括经济激励的发行机制和分配机制，其功能是提供一定的激励措施，鼓励节点参与区块链的安全验证工作。

激励层主要出现在公有链中，因为在公有链中必须激励遵守规则参与记账的节点，并且惩罚不遵守规则的节点，才能让整个系统朝着良性循环的方向发展。所以激励机制往往也是一种博弈机制，让更多遵守规则的节点愿意进行记账。而在私有链中，则不一定需要进行激励层，因为参与记账的节点往往是在链外完成了博弈，也就是可能有强制力或者有其他需求来要求参与者记账。

### 5. 合约层 (Contract Layer)

合约层主要包括各种脚本代码、算法机制及智能合约，是区块链可编程的基础。通过合约层将代码嵌入区块链或是令牌中，实现可以自定义的智能合约，并在达到某个确定的约束条件的情况下，无须经由第三方就能够自动执行，是区块链实现机器信任的基础。

### 6. 应用层 (Application Layer)

区块链的应用层封装了区块链面向各种应用场景的应用程序，比如搭建在以太坊上的各类区块链应用就部署在应用层。应用层类似于 Windows 操作系统上的应用程序、互联网浏览器上的门户网站、搜寻引擎、电子商城或是手机端上的 App，开发者将区块链技术应用部署在如以太坊、EOS、QTUM 上，并在现实生活场景中落地。

## 10.5　区块链核心技术

区块链核心技术有四种典型的技术，分别是密码学、P2P 网络、共识机制和智能合约技术。

### ▶▶▶ 10.5.1　密码学

区块链的基础在于密码学技术。这里，并没有将密码学及其相关实

区块链核心
技术概述

现技术作为单独的某一层。因为密码学技术可以说是所有区块链运行的理论基础，并且自底向上贯穿了区块链的整个技术栈。从底层数据的加密、账户的公私钥配对计算、签名、网络链接使用的各类证书、应用层面的同态加密及多方计算等，均离不开密码学的研发应用，所以说密码学是整个加密世界的基础。

### 1. 非对称加密

加密是为了实现对秘密的保护。所谓秘密就是机密的信息，不能让其他人所知晓。非对称加密是密码学中最常用的一类加密算法，会涉及两个密钥，一个可以公开传递，被称为公钥；另一个必须由用户自己严格保管，被称为私钥。如果用其中一个密钥进行加密后，只能用唯一对应的另一个密钥才能解密出明文，所以这种加密技术被称为"非对称"加密。

非对称加密的用途很广，是签名、证书等加密技术的基础之一。在区块链中最常见的用途是，用公钥生成账户地址 ( 因为账户地址需要公开传递 )，私钥由用户自行保管，作为使用账户的唯一凭证。

### 2. 哈希函数

严格来说，哈希 (Hash) 函数，也可称为散列函数，是一种信息摘要方法，通过一定的计算，可以将任意长度的数据信息映射为一个特定长度的字符串。

哈希函数可用公式表示如下：

$$h = Hash(m)$$

其中，m 是消息。它在计算机上的形式可以是一串文字、一个文本文件、一个图片、一段语音、一个视频，等等。不过消息量越大，所需要的计算量越大；h 是哈希值。一般是一个固定长度的字符串；Hash 是哈希函数。这个函数计算的过程一般会很快，但由于这个过程会伴随着信息的丢失，因此这个映射过程是单向的。另外，因为是摘要信息，所以一般都会要求两个不同数据的哈希函数映射结果也不同。

由此可看到，哈希函数具有压缩性、单向性、抗碰撞、随机性等特点。

### 3. 数字签名

$$s = Sign(m,sk)$$

$$Verify(m,pk,s) = True/False$$

其中，m 是消息，与哈希函数 h 类似，可以是各种形式；sk 是用户的私钥；pk 是用户的公钥；s 是数字签名，是一个固定长度的字符串；Sign 是签名的函数；Verify 是验证签名的函数。只有当 pk 和 sk 是一对公私钥的时候，才会验证通过。因此，通过非对称加密的特性可以知道，攻击者几乎不可能通过一个假的私钥来伪造出一个能验证通过的签名。

由此可看到，签名函数具有不可伪造、不可抵赖的特性。在区块链中，签名算法主要也是从这两个方面来进行身份验证的。利用签名函数不可伪造的特点，攻击者几乎不可能冒充签名者伪造出一个交易信息，伪装成他人来盗用数字资产。而不可伪造的另一面就是不可抵赖。由于其他人均无法伪造签名，也就说明了交易的发起方只可能是拥有该私钥的用户，该用户也就无法对交易的存在以及交易的内容 ( 数量、收款方等 ) 进行抵赖。因此，签名函数实现了用户对其链上资产的绝对控制权。

### ▶▶▶ 10.5.2　P2P 网络

P2P 网络的含义是 "点对点网络"。网络链接功能是账本得以 "分布式" 链接的基础，实现了一个对等、点对点的 P2P 网络结构。这也是分布式账本与传统中心化系统的核心区别之一。由于没有特殊的中心节点，区块链不依赖于某些中心化节点即可运行，以技术的分布实现业务上的分布。

与传统的 BitTorrent 类似，很多技术可以用于实现一个 P2P 网络，包括 Gossip、Kademlia、NAT 等。目前一些用于组建网络和穿透内网的开发工具，例如 libp2p 等，也被越来越多地用于区块链平台。

### ▶▶▶ 10.5.3　共识机制

作为区块链的核心，理解区块链的共识机制至关重要。共识机制是区块链节点就区块链信息达成全网一致的共识机制，可以保证最新的区块被准确添加至区块链，节点储存的区块链信息一致甚至可以抵御恶意攻击。

主流的共识机制有很多，包括工作量证明 (PoW)、权益证明 (PoS)、混合证明 (PoS + PoW) 等，而我们熟悉的以太坊 (ETH) 主网的共识机制早期为 PoW，后期为 PoS。

比特币区块链采用去中心化记账方法，所有节点都有记账权利，但最后写入新区块需要得到全网所有节点验证有效，而且所有节点最后保存的账本是相同的。要实现去中心化记账一致性和正确性关键就是共识算法。共识算法可以理解为确保记账一致性的机制。

### ▶▶▶ 10.5.4　智能合约

智能合约是指一种计算机协议，这类协议一旦制定和部署，就能实现自我执行 (Self-executing) 和自我验证 (Self-verifying)，而且不再需要人为的干预。从技术角度来说，智能合约可以被看作是一种计算机程序，这种程序可以自主地执行全部或部分合约相关的操作，并产生相应的可以被验证的证据，来说明执行合约操作的有效性。

智能合约具有以下优点：

(1) 高效的实时更新。任何时候都可以响应用户请求，大大提升交易效率。

(2) 准确执行。条款和执行过程提前制定好，执行结果可控且可保证准确性。

(3) 较低的人为干预风险。智能合约一旦签署，合约内容就无法修改，合约生效后也无法更改。

(4) 去中心化权威。智能合约监督和仲裁由计算机而不是中心化权威完成，区块链网络不存在绝对权威，而是由全体用户集体监督和仲裁。

(5) 较低的运行成本。智能合约没有人为干预，因此降低了合约履行仲裁等需要的人力成本。

# 10.6    区块链技术的典型应用

## ▶▶▶ 10.6.1    数字货币

数字货币，又称加密货币或加密资产。在概念界定上，世界银行 (World Bank) 采用加密货币 (Crypto Currency) 的概念，认为加密货币是依靠加密技术达成共识的数字货币的子集，例如比特币和以太币。国际货币基金组织使用加密资产 (Crypto Assets) 的称谓，认为它们是价值的数字呈现，通过密码学和分布式账本技术的进步来实现，它们以自己的账户单位计价，可以在没有中介的情况下对等传输。

区块链技术的
典型应用

美国国家标准与技术研究院从计算机科学角度将加密货币界定为从一个区块链网络用户以密码方式发送给另一个用户的系统内的数字资产或积分或单元。我国有学者认为：数字货币以区块链作为底层技术支持，具有去中心化、可编程性、以密码学原理实现安全验证等特征。

### 1. 数字货币与区块链

所谓区块链，又被称为分布式账本技术 (Distributed Ledger Technology)，美国国家标准与技术研究院将区块链界定为以加密方式签名后的交易记录分组成区块的分布式数字账本。我国工信部《中国区块链技术和应用发展白皮书 (2016)》认为，区块链是分布式数据存储、点对点传输、共识机制、加密算法等计算机技术在互联网时代的创新应用模式。

笔者认为，在法学层面，区块链是指以分布式计算为目的生成的，以数据存储、点对点传输、共识机制、加密算法等为核心的计算机技术集合。数字货币与区块链不同，数字货币是区块链技术最具有代表性的应用，区块链则是数字货币的底层技术。正是基于区块链技术，使得数字货币既区别于传统的纸币，也区别于电子货币、Q币、游戏币等其他虚拟货币。

### 2. 数字货币与加密资产

欧盟委员会认为，加密资产 (Crypto Asset) 是指所有可以通过使用分布式账本技术或类似技术进行电子化传输和存储的价值或权利的数字化表现形式。数字货币和法定数字货币是使用分布式账本技术或类似技术进行的数字化表现形式，因此构成加密资产。

可以说，数字货币和法定数字货币都是加密资产的一种，除此之外，加密资产还包括使用分布式账本技术或类似技术进行的电子支付等其他资产类型。

### 3. 数字货币与虚拟货币

数字货币与虚拟货币既有联系又有区别。根据国际货币基金组织的定义，虚拟货币是价值的数字表示，由私人开发商发行并以自己的记账单位计价，其范围比货币更加广泛，其中就包括数字货币。我国有学者认为，虚拟货币以计算机技术和通信技术为手段，以数字化的形式存储在网络或有关电子设备中，并通过网络系统传输实现流通和支付功能。

由此可见，虚拟货币泛指一切以数字化方式存在的记账单位。在数字货币与虚拟货币的关系方面，数字货币是虚拟货币的一种，但是具有与传统虚拟货币，如 Q 币、游戏币、积分、点券等不同的特征，数字货币采用区块链技术，多采取去中心化方式运营，发行总量固定，使用范围广泛，具有通货性。传统的虚拟货币采取互联网等通信技术，由中心化的网络运营者发行，使用范围限于相关的网络服务。

### ▶▶▶ 10.6.2 加密数字货币的代表——比特币

比特币 (Bitcoin，BTC) 是区块链技术的第一个典型应用，由中本聪提出并实现。

比特币网络，是对传统交易和支付方式的一个伟大革新。《比特币：一种点对点式的电子现金系统》中指出，比特币的目的是改变传统支付系统"基于信用的模式"，减少交易费用，降低商业行为的损失。

比特币网络中的加密数字货币是比特币，在比特币网络进行挖矿可以获取比特币这种加密数字货币。这种加密数字货币可以通过比特币网络或其他交易网站进行交易，可以用来购买电子商品或与其他的加密数字货币兑换，也可以将比特币捐赠给其他人，如图 10.3 所示。

图 10.3 比特币

比特币的详细信息可访问比特币的官方网站 https://www.bitcoin.com/ 进行查阅，如图 10.4 所示。

图 10.4 比特币官方网站

钱包是一个形象的名称，用于表示用户持有的、与交易相关的关键信息。钱包储存用户的私钥，并管理用户的比特币余额，提供比特币交易 ( 支付、转账 ) 功能。根据密钥之间是否有关联可把钱包分为两类：

(1) 非确定性钱包 (Nondeterministic Wallet)：每个密钥都是从随机数独立生成的，密钥彼此之间无关联，这种钱包也被称为"Just a Bunch Of Keys( 一堆密钥 )"，简称 JBOK 钱包。

(2) 确定性钱包 (Deterministic Wallet)：所有密钥都是从一个主密钥派生出来的，这个密钥即为种子 (Seed)。该类型钱包中所有密钥都相互关联，通过原始种子可以找到所有密钥。确定性钱包中使用了很多不同的密钥推导方法，最常用的是使用树状结构，称为分级确定性钱包或者 HD(Hierarchical Deterministic) 钱包。

比特币钱包 (Bitcoin Core) 属于非确定性钱包，因为生成密钥对之间没有直接关联，这种类型的钱包如果想备份导入是比较麻烦的，用户必须逐个操作钱包中的私钥和对应地址。图 10.5 包含为松散结构的随机密钥集合的非确定性钱包。

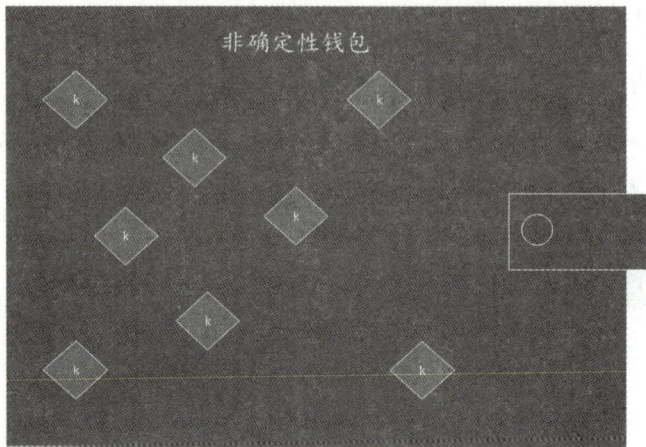

图 10.5　非确定性钱包示意图

确定性钱包基于 BIP32(Bitcoin Improvement Proposal 32)/BIP39/BIP44 标准实现，通过一个共同的种子维护 $n$ 个私钥，种子推导私钥采用不可逆哈希算法，在需要备份钱包私钥时，只备份这个种子即可 ( 大多数情况下的种子通过 BIP44 生成了助记词，方便抄写 )。支持 BIP32、BIP39、BIP44 标准的钱包，只需导入助记词即可导入全部的私钥。图 10.6 所示为种子派生密钥的确定性钱包示意图。

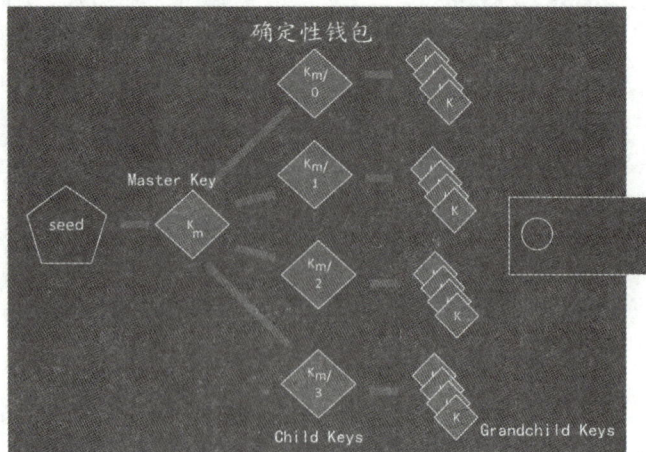

图 10.6　确定性钱包示意图

钱包从场景来看可分为移动钱包、PC 桌面钱包、互联网钱包和纸钱包，移动钱包运行在智能终端的轻量级钱包，该类钱包一般联网但不下载全部比特币区块链数据，而是采用一种称为"简化支付验证"(simplified payment verification，SPV)，因此移动钱包也称作 SPV 钱包，该类钱包经常从可靠的邻近节点获取查询所有区块链的区块头数据，然后查找一笔交易是否在该区块内确认来验证一笔交易的可靠性，如图 10.7 是比特币安卓系统钱包的示意图。轻钱包的优点是方便，区块同步快，因为不需要下载整条区块链做交易验证，只需下载区块头数据，因此节省了存储空间，但安全性能不及存储整条区块链的钱包，即桌面钱包类型中的一类称为全节点钱包。

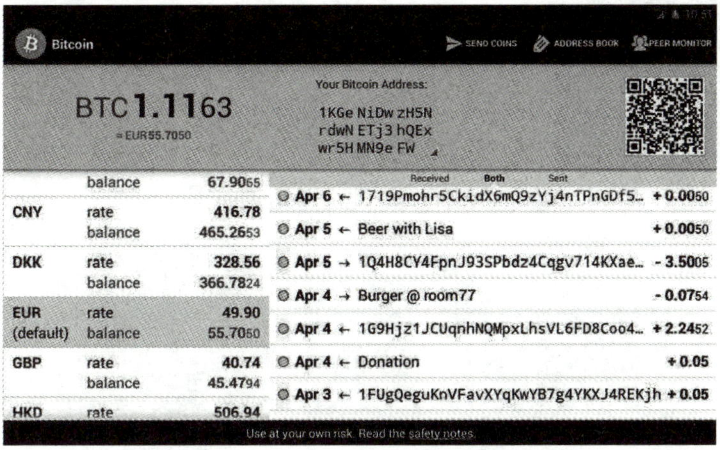

图 10.7　比特币安卓系统移动钱包示意图

比特币核心 (Bitcoin Core) 是全节点钱包，图 10.8 是完整的比特币核心钱包示意图，其可提供完整的钱包功能，包括签名、加密、备份、密钥导入/导出，全节点钱包安全性能较高，但内存开销大，因为要存储所有数据。

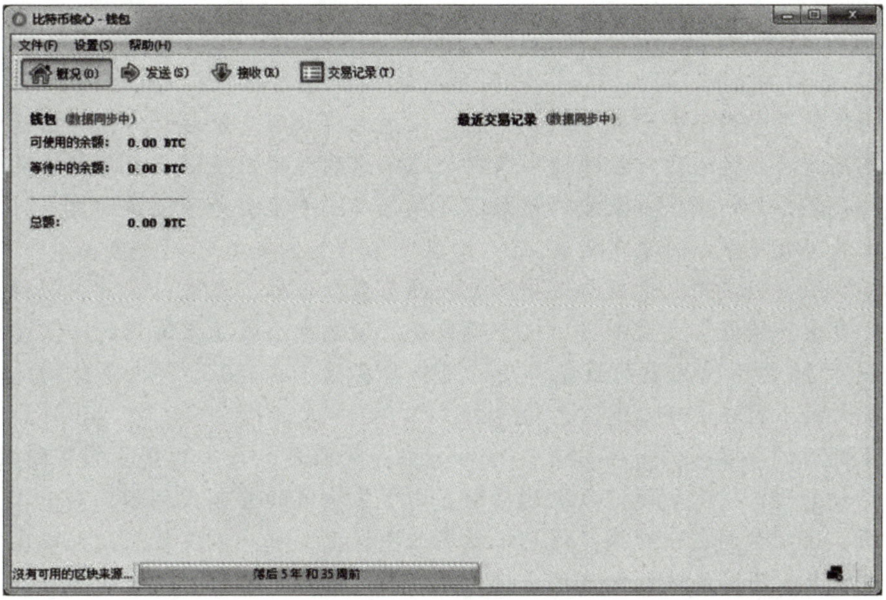

图 10.8　比特币核心钱包

互联网 Web 钱包以浏览器网页形式存在，可不下载整条链数据，主要依托第三方平台的安全隐私保护功能，如图 10.9 为 BTC.COM 提供的 BTC 互联网钱包示意图。纸钱包是一类不触网的钱包，主要功能是备份私钥，防范各种网络攻击和电脑存储介质损坏造成的私钥丢失问题。如图 10.10 所示是纸钱包，左边二维码是比特币地址，右边是用户的私钥二维码。

图 10.9    BTC.com 比特币互联网钱包

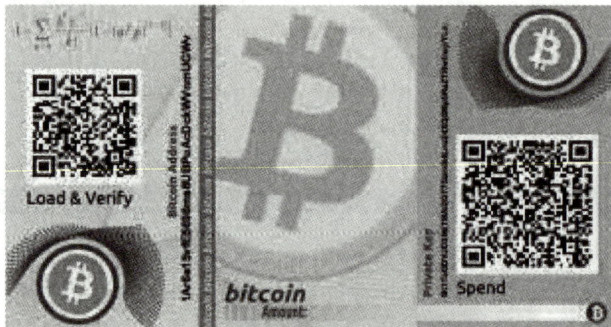

图 10.10    比特币纸钱包

## 案例分析

### 支付宝区块链爱心捐赠追踪平台

传统的捐款平台由运营方发布募捐信息，捐款人将款项交予运营方，再由运营方将款项拨送至募捐方。而运营方对款项使用情况公布不透明，难以获得公益参与者的信任。当更多人参与公益，如何确保善款能够精准送到被捐助人手里成为了公益的焦点，捐赠款项去向透明化成为公益事业的重中之重。

因此，蚂蚁金服应用区块链与中华社会救助基金会合作，在支付宝爱心捐赠平台上线了"听障儿童重获新声"公益项目。这个项目是区块链在公益场景运用的一次尝试，所募集善款将用于 10 名听障儿童的康复费用，筹集目标为 198 400 元。此项目相比于传统公益项目，最大的不同在于可以追踪善款流向。

支付宝拥有的善款来源非常分散；作为小型筹款项目，每次所接受的捐赠数额较小。因此，这样一个项目接受了超过万次的捐赠。由于区块链的分布式记账，每一次捐赠都会将捐赠金额、捐赠时间、捐赠人等信息记录在区块链上，每一笔善款流向也以同样的方式记录。区块链具有不可篡改性和可溯源性，任何用户都可以随时查询公益项目的筹款进度与款项用途，使公益事业实现了公开透明，赢得了公众的信任。

## 10.7　以太坊钱包插件 MetaMask 应用实践

数字钱包是指信息和软件的集合体，它是一种能使用户在 Web 网上支付货款的软件。

本项目选择一款在谷歌浏览器 Chrome 上使用的插件类型的以太坊钱包 MetaMask，通过创建 MetaMask 钱包、申请水龙头代币、转账/收款、导出私钥、导入账户、链接硬件钱包、在 Etherscan 上查看等任务让学生掌握基本的数字钱包使用技巧。

### ▶▶▶ 10.7.1　创建 MetaMask 钱包

本任务主要是让学生学会下载并安装 MetaMask 钱包，熟悉 MetaMask 钱包的作用和使用方法。

#### 1. 专业术语

在学习创建 MetaMask 钱包任务之前，首先了解以下几个专用术语。

(1) MetaMask：Google Chrome 是目前最多人使用的浏览器，因为它支持最新的网页标准，而且有一个强大的插件系统，ETH 钱包 MetaMask 也是一个 Chrome 的插件。

MetaMask 除了是一个简单的钱包，它的主要卖点是让使用者可以很容易跟以太坊的智能合约互动，MetaMask 还可以用来参加 ICO。跟大部分钱包一样，MetaMask 也不会存储钱包资料，所有钱包的私钥和密码都由使用者本身持有，即使是 MetaMask 停止更新，人们也可以用手上的私钥到其他钱包拿回自己的币。

(2) 水龙头 (Faucet)：是指会给访问者免费分发少量数字货币的网站。

(3) 私钥：私钥是一个随机选出来的数字。比特币地址中的资金取决于对私钥的控制，你拥有私钥就相当于你拥有这个私钥下的地址的所有比特币。所以必须对私钥保密以及防止丢失 ( 难以复原 )，一旦丢失，其地址下的比特币也相当于没有了。

(4) 硬件钱包：运行于专门定制的硬件上的钱包，其最主要的功能是保存私钥、防止被盗，最大的特点是安全性好。

(5) Etherscan：主流以太坊区块浏览器。Etherscan 有面向开发者提供 API 服务以方便其检索以太坊区块链信息。

#### 2. 创建 MetaMask 钱包的步骤

(1) 创建 MetaMask 钱包的软硬件环境，如表 10.1 所示。

表 10.1　创建 MetaMask 钱包的软硬件环境

| 硬　件　环　境 | 软　件　环　境 | 实验环境软件 |
| --- | --- | --- |
| 单核处理器<br>内存：1 G～2 G<br>硬盘：20 G<br>千兆网口<br>23.5 寸 LED 显示器 | 操作系统：CentOS7.6 | google-chrome-stablecurrentx86_64.rpm<br>MetaMask-7.7.9.crx<br>文件位置：/home/blockchain/ 下载 / |

(2) 下载谷歌浏览器 Chrome。打开 Google 官网，下载 Google Chrome 浏览器，如图 10.11 所示。

图 10.11　Google Chrome 浏览器的下载

(3) 使用 yum localinstall 方法安装 Chrome。

```
# yum localinstall google-chrome-stablecurrentx86_64.rpm
```

单击 CentOS 桌面左上角的"应用程序→互联网→Googlc Chrome"，运行 Chrome，在弹出的窗口中单击"确定"按钮。

(4) 在 Chrome 浏览器中输入 chrome://extensions，打开扩展程序。打开窗口右上角的"开发者模式"，如图 10.12 所示。

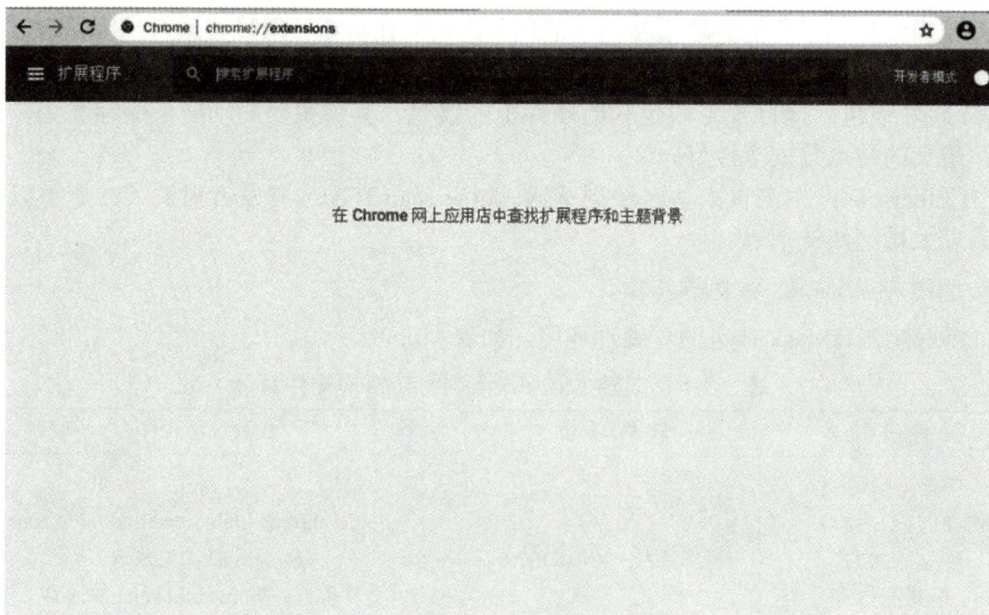

图 10.12　Chrome 开发者模式的设置

(5) 在本地"下载"文件夹中找到并拖动 MetaMask.crx 文件到 Chrome 浏览器扩展程序窗口内，在弹出的窗口中单击"添加扩展程序"按钮，如图 10.13 所示。如果拖动 MetaMask.crx 文件无反应，则应重启 Chrome 后重做上述步骤。

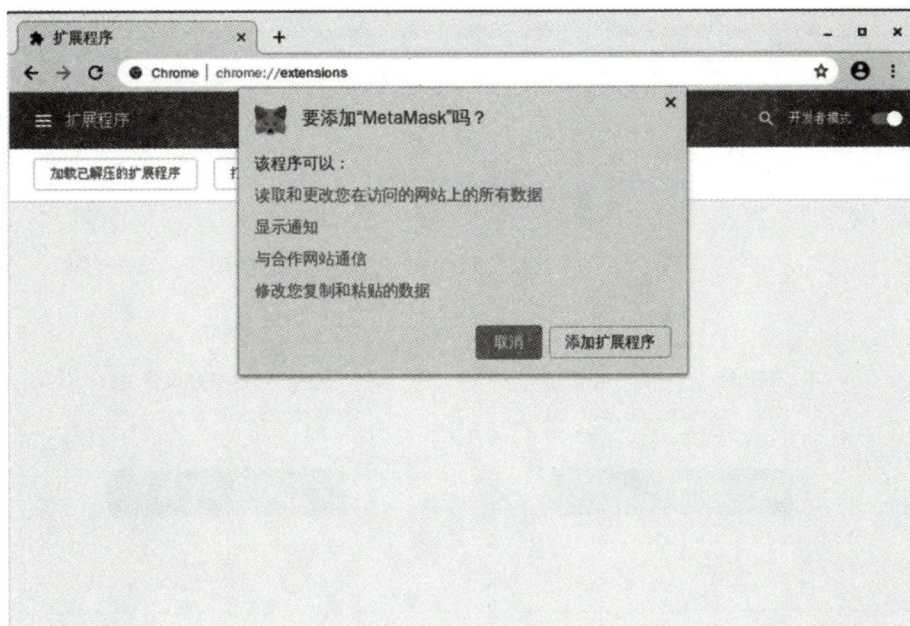

图 10.13 将 MetaMask 文件添加为扩展程序

若出现下方窗口，说明 MetaMask 钱包扩展安装成功。单击"开始使用"按钮，如图 10.14 所示。

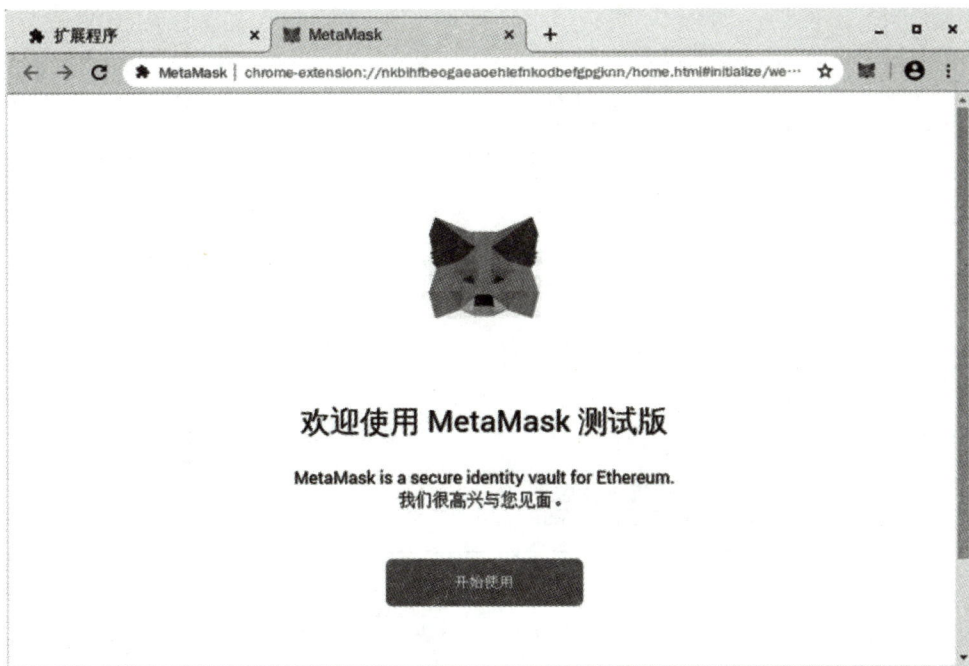

图 10.14 MetaMask 首页

(6) 用户可以在 MetaMask 里导入已有钱包或者创建新钱包。在如图 10.15 所示窗口中单击"创建钱包"按钮，再单击 I agree 按钮，同意 MetaMask 的功能细节。

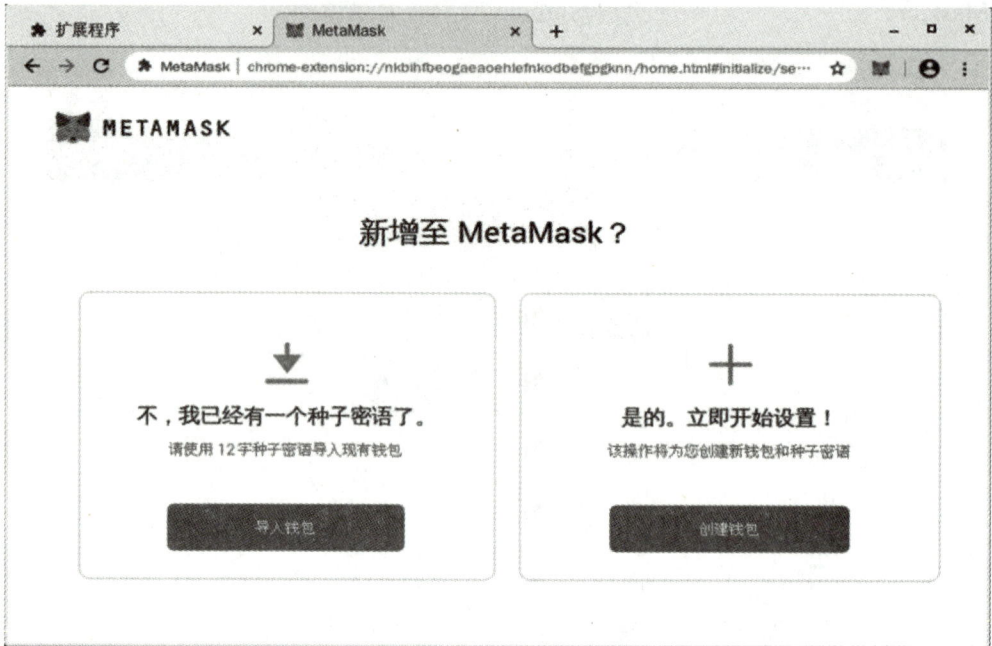

图 10.15　新增 MetaMask

(7) 创建账户密码。图 10.16 展示了创建账户密码对话框。

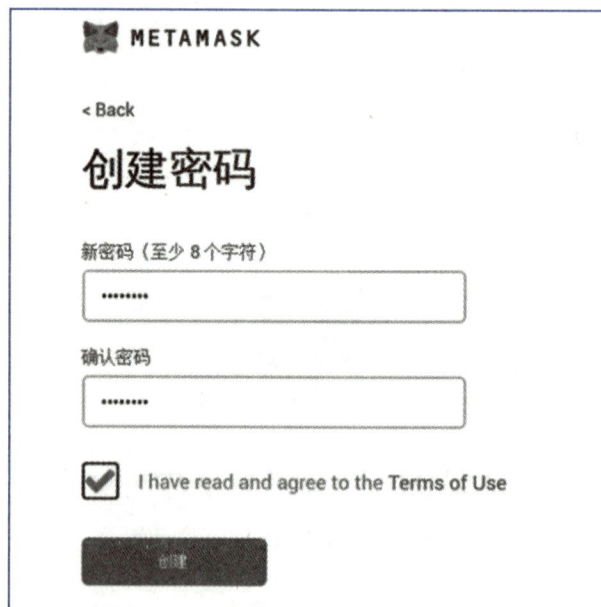

图 10.16　创建密码

(8) 记录私密备份密语。单击中间灰色区域"点击此处显示密语"，出现秘密备份密语，如图 10.17 所示。

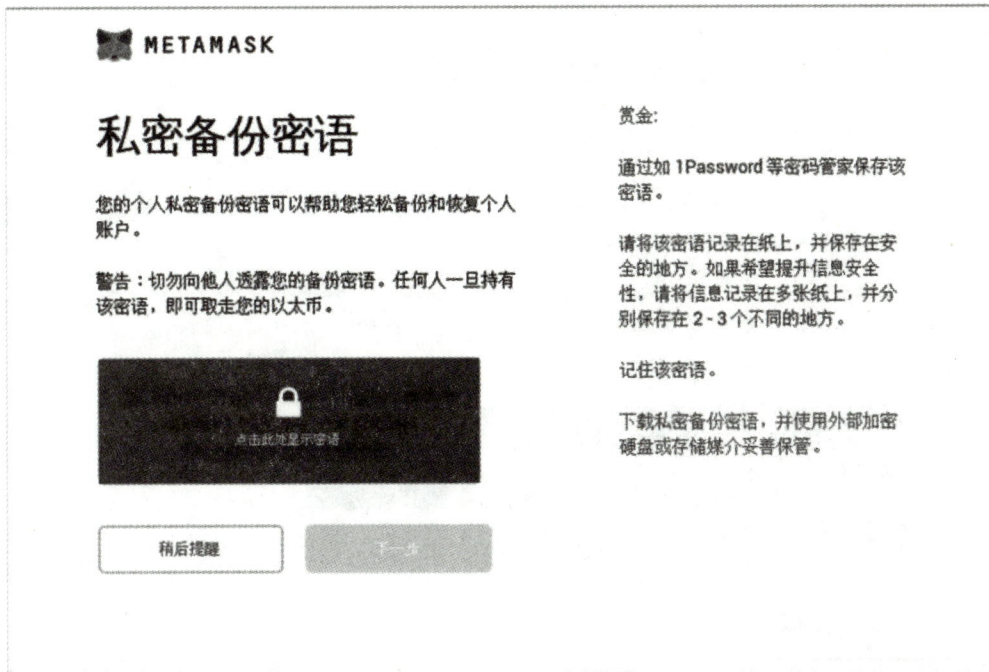

图 10.17　查看秘密备份密语

记录出现的秘密备份密语，即 12 个单词，如图 10.18 所示。

图 10.18　显示秘密备份密语

(9) 确认秘密备份密语。根据图 10.18 记录的顺序单击 12 个单词，显示在如图 10.19 所示的空白框中。

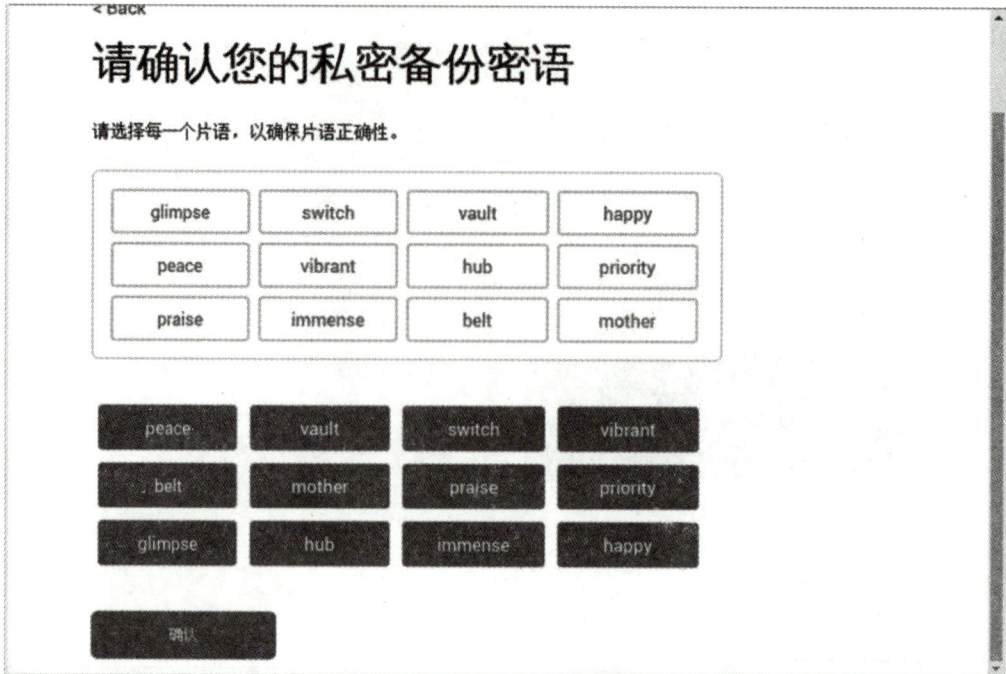

图 10.19　确认秘密备份密语

出现"恭喜"完成安装过程，单击"全部完成"按钮，如图 10.20 所示。

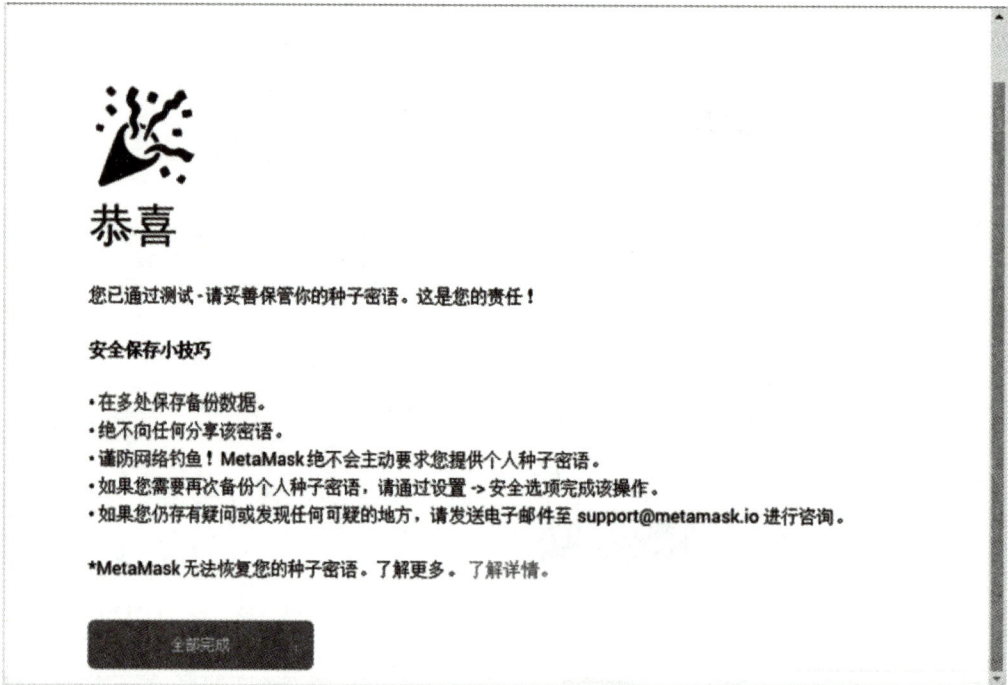

图 10.20　MetaMask 钱包创建成功

(10) 查看新建账户。回到 MetaMask 首页，查看新创建的账户 Account1，如图 10.21 所示。

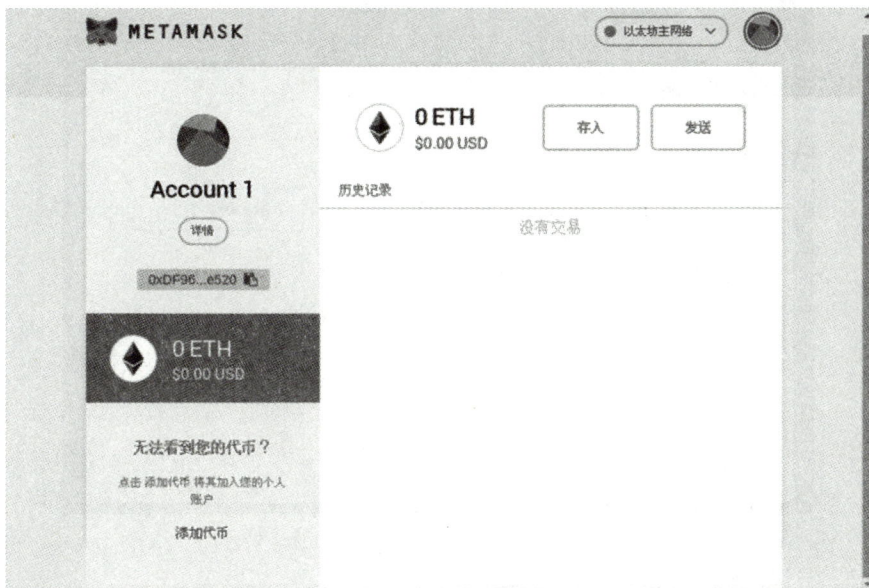

图 10.21　查看新建账户

### ▶▶▶ 10.7.2　申请水龙头代币

本任务主要学习水龙头代币的申请，步骤如下：

(1) 在 MetaMask 右上角的下拉窗口中选择"Kovan 测试网络"，如图 10.22 所示。

图 10.22　选择 Kovan 测试网络

(2) 单击"存入"按钮，进入 Kovan 测试网络页面，再单击"获取 Ether"按钮，如图 10.23 所示。

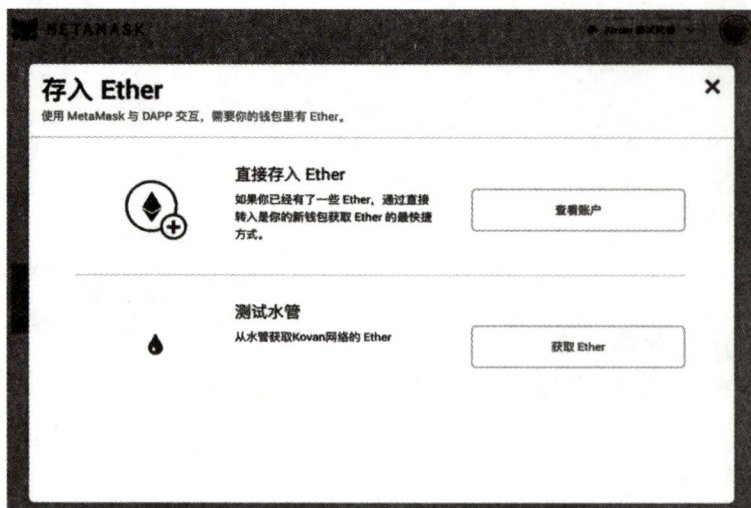

图 10.23　存入 Ether

(3) 在图 10.24 所示网页中，单击方框标出的网络链接地址 https://faucet.kovan.network/。

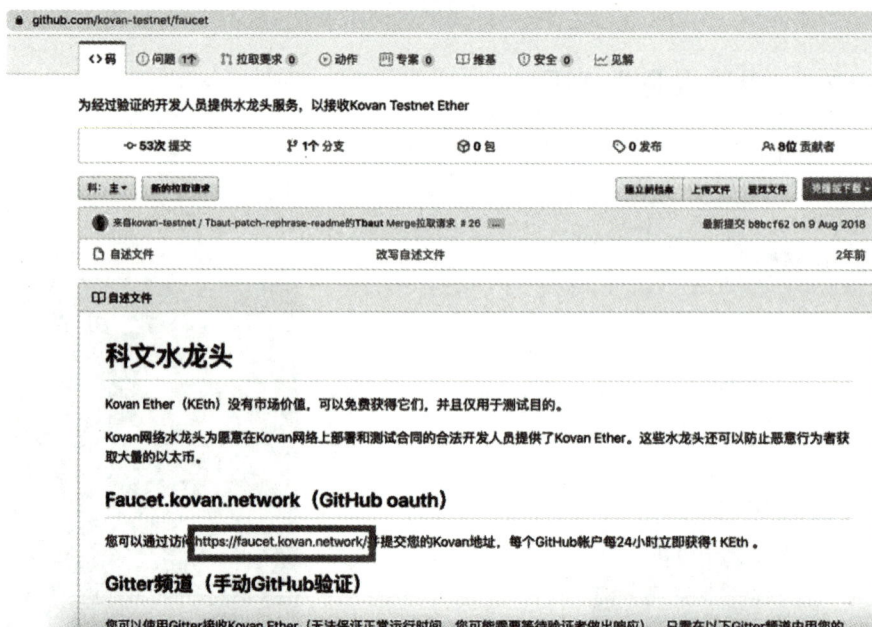

图 10.24　访问 faucet.kovan.network 地址

(4) 在图 10.25 所示的窗口中，单击"用 GitHub 登录"按钮。

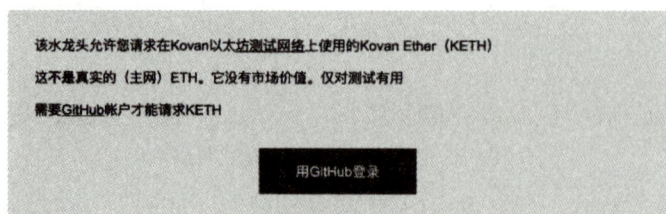

图 10.25　用 GitHub 登录

(5) 回到 MetaMask 钱包页面，单击图 10.26 方框中的复制图标，复制钱包密钥。

图 10.26　复制钱包密钥

(6) 在水龙头页面的文本框中粘贴密钥，或者单击鼠标右键，选择"粘贴"菜单项，然后单击"Send me KETH!"，如图 10.27 所示。

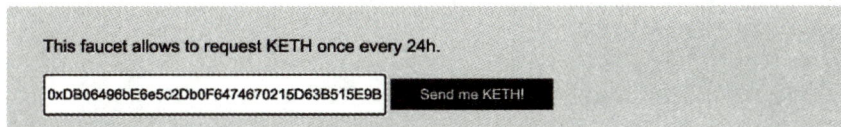

图 10.27　发送 KETH

(7) 在 MetaMask 钱包页面的右上角，选中"Kovan 测试网络"，在屏幕左侧中部出现"1 ETH"，说明领取 1 个以太坊币成功，如图 10.28 所示。

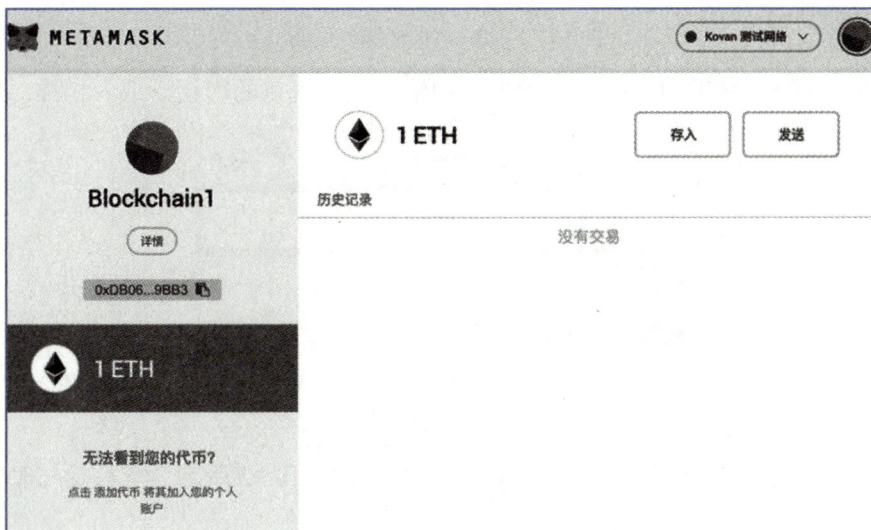

图 10.28　成功领取 1ETH

注意：若出现图 10.29 所示的提示信息时，说明之前该账户已经申请过一个 Kovan 测试币，24 小时以内不能再次申请。

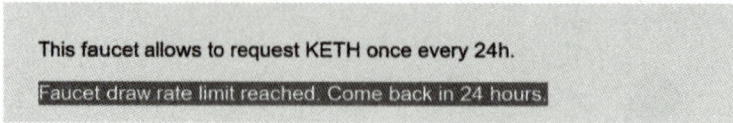

图 10.29　24 小时内不能重复申请 Kovan 测试币

### ▶▶▶ 10.7.3　转账/收款

转账/收款的步骤如下：

(1) 在 MetaMask 钱包页面单击"发送"按钮，如图 10.30 所示。

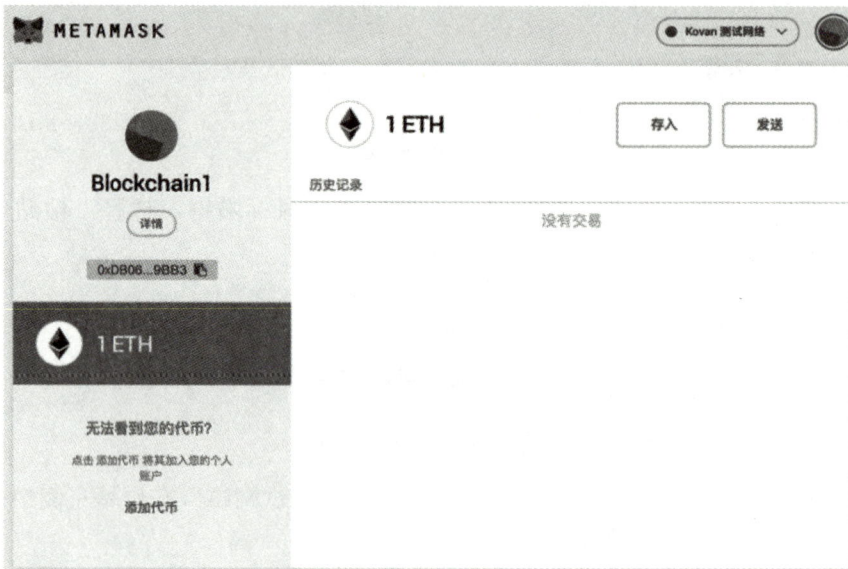

图 10.30　MetaMask 钱包页面

(2) 添加收件人。在图 10.31 所示的方框中输入接收钱包的密钥，或者扫描二维码。

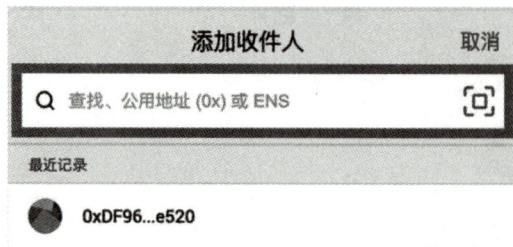

图 10.31　添加收件人

(3) 设置要转账的测试币数量，并选择交易费，如图 10.32 所示。交易费与时间长短有关，越快越贵。

(4) 单击图 10.33 中的"确认"按钮，确认转账。

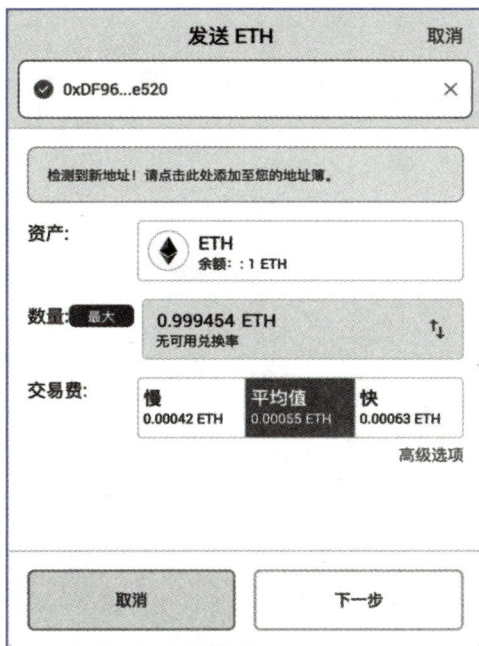

图 10.32　测试币数量与交易费设置

图 10.33　确认转账

(5) 在 MetaMask 钱包页面看到队列中有了一条记录，经过 14～20 s，以太币发送处理完成，如图 10.34 所示。

图 10.34　以太币发送完成

(6) 单击"详情"，可查看发送测试币的交易明细，如图 10.35 所示。

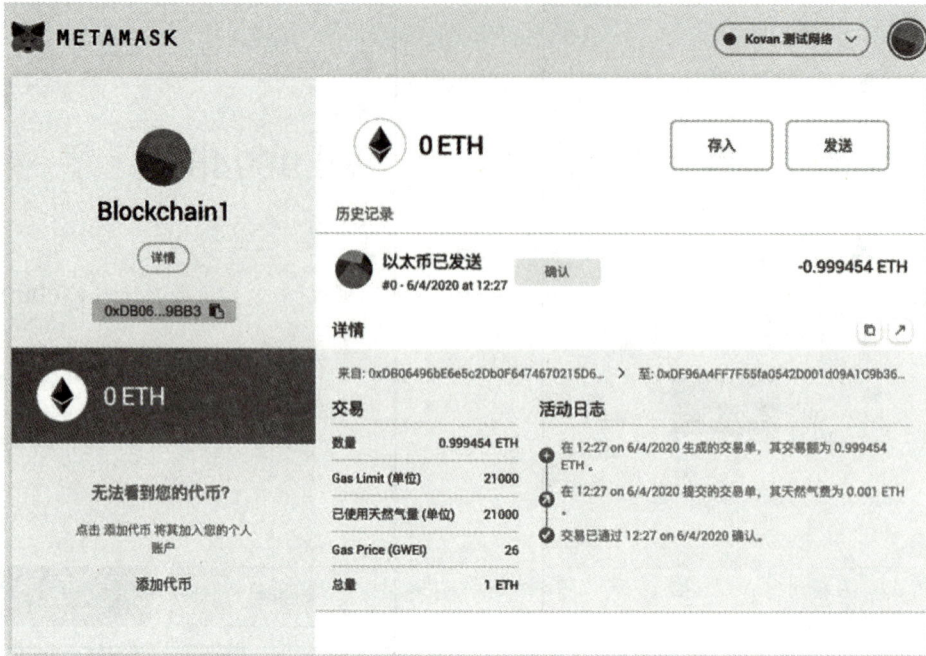

图 10.35　查看测试币交易明细

#### ▶▶▶ 10.7.4　导出私钥

导出私钥的操作步骤如下：

(1) 单击 MetaMask 钱包的"详情"链接，如图 10.36 所示。

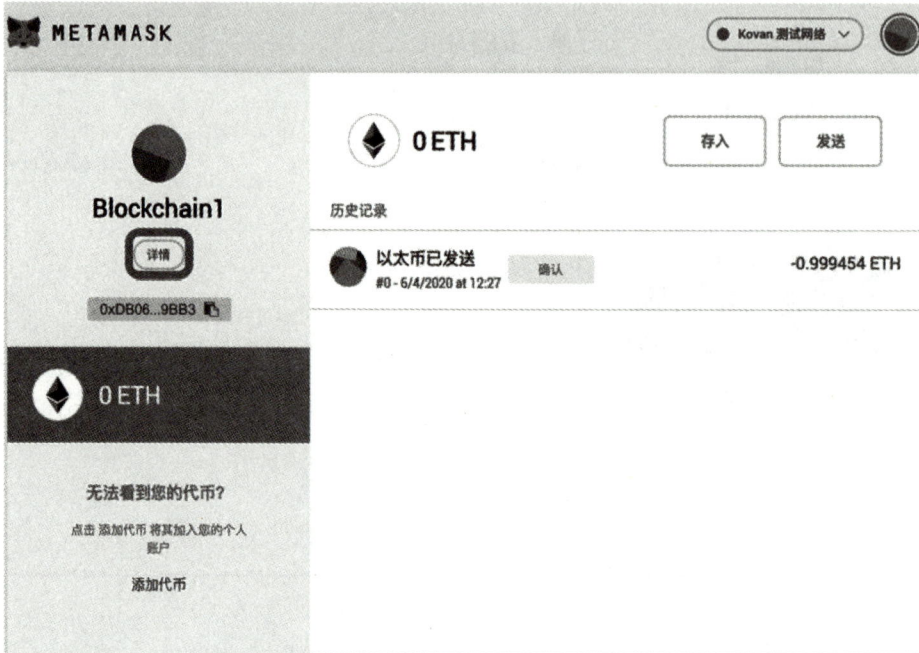

图 10.36　以太币账户详情链接页面

(2) 在图 10.37 所示的账户详情页中，单击"导出私钥"按钮。

(3) 在密码框中输入密码，然后单击"确认"按钮；复制并保存私钥，单击"完成"按钮，如图 10.38 所示。

图 10.37　单击"导出私钥"按钮

图 10.38　显示私钥

## ▶▶▶ 10.7.5　导入账户

导入账户的操作步骤如下：

(1) 单击 MetaMask 钱包页面右上角的图标，选择方框中的"导入账户"，如图 10.39 所示。

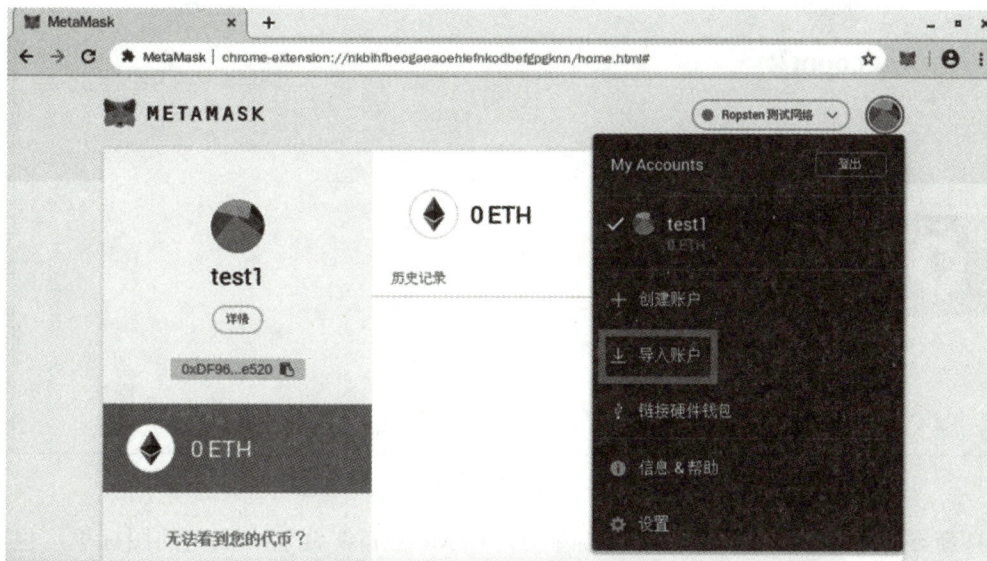

图 10.39　导入账户页面

(2) 选择类型"私钥",在图 10.40 中粘贴或者手工输入导出的私钥,单击"导入"按钮。

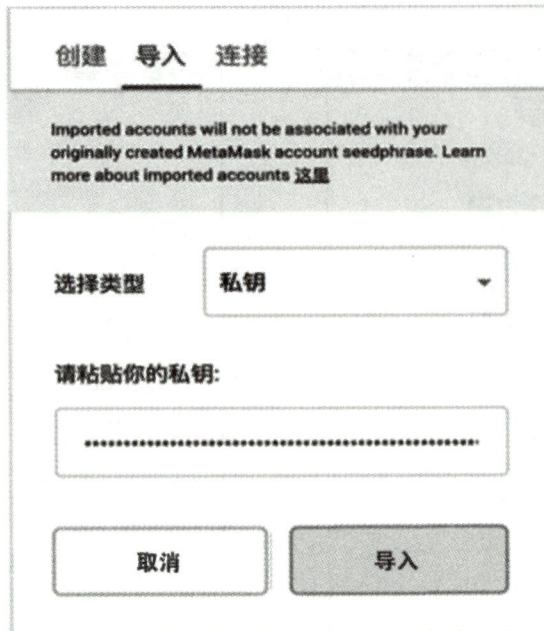

图 10.40　导入私钥

(3) 将新账户 Account2 导入 MetaMask 钱包,出现如图 10.41 所示页面。

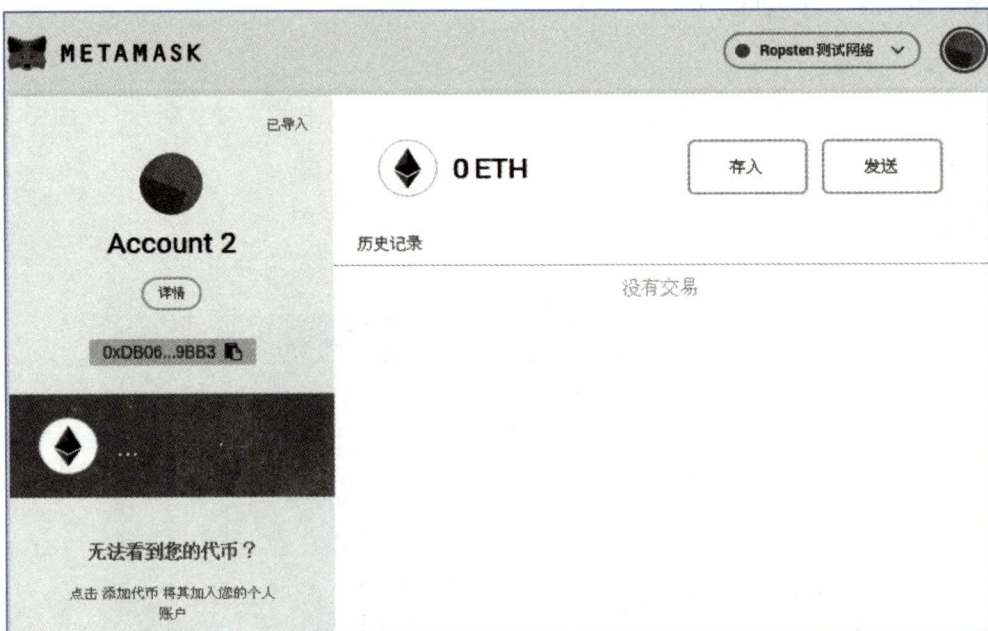

图 10.41　将新账户导入 MetaMask 钱包

(4) 新导入的账户 ID 和导入密钥相对应。在 MetaMask 钱包右上角的图标里,也可以看到两个账号,如图 10.42 所示。

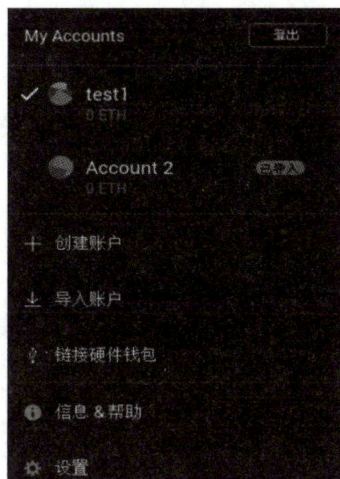

图 10.42　显示两个账户

### ▶▶▶ 10.7.6　链接硬件钱包

链接硬件钱包的操作步骤如下：

(1) 单击 MetaMask 钱包页面右上角的图标，选择图 10.43 方框中的"链接硬件钱包"。

(2) 在连接硬件钱包页面选择 Ledger 或者 TREZOR，单击"连接"按钮，如图 10.44 所示。

(3) 这里以选择 TREZOR 为例，在出现的图 10.45 页面中单击"安装桥"按钮。

注：由于目前 TREZOR 服务问题，可能会出现错误提示信息"Transport is missing"。此时可进行多次重试。

图 10.43　选择链接硬件钱包

图 10.44　连接硬件钱包

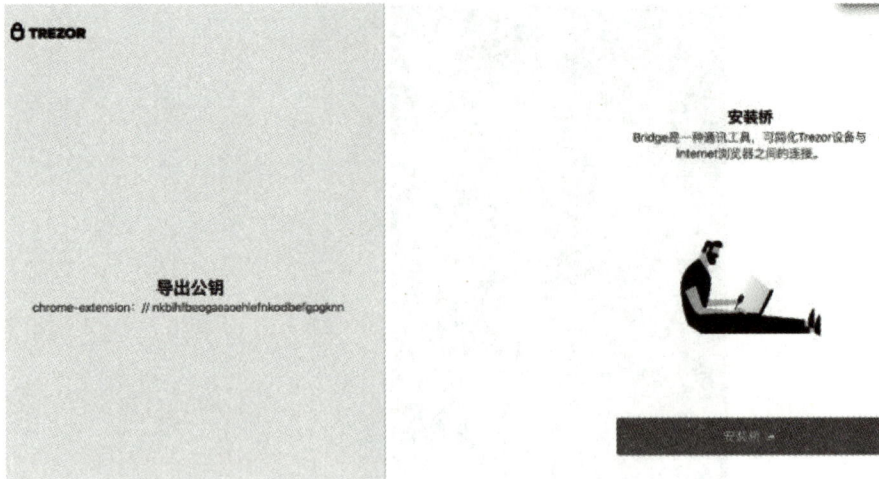

图 10.45    单击安装桥按钮

▶▶▶ **10.7.7    在 Etherscan 上查看详情**

在 Etherscan 上查看详情的操作步骤如下：

(1) 单击 MetaMask 钱包的"详情"链接，在窗口中再单击"在 Etherscan 上查看"，如图 10.46 所示。

图 10.46    在 Etherscan 上查看

(2) 会出现 kovan.Etherscan.io 网址。完成安全检查后，进入 kovan.Etherscan.io 网站首页，如图 10.47 所示。

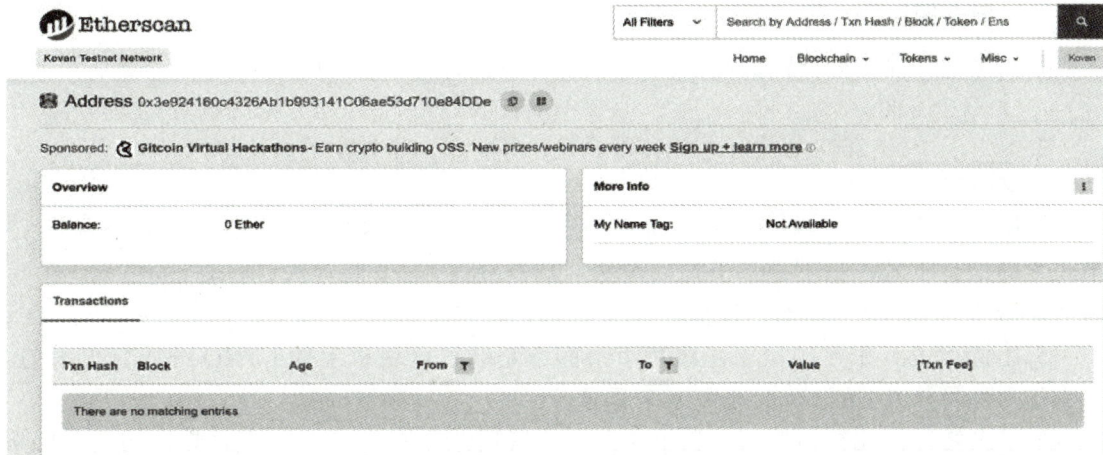

图 10.47　kovan.Etherscan.io 网站首页

# 本 章 习 题

一、单项选择题

1. 以下 (　　) 选项不属于区块链的特点。

A. 去中心化　　　　　　　　　　B. 不可篡改性

C. 完全封闭性　　　　　　　　　D. 匿名性

2. 区块链凭借"不可篡改""共识机制"和"去中心化"等特性，对物联网将产生的重要影响不包括 (　　)。

A. 降低成本　　　　　　　　　　B. 追本溯源

C. 数据安全　　　　　　　　　　D. 提高设备寿命

3. 大数据、人工智能和区块链三者 (　　) 结合。

A. 不能结合，技术之间存在冲突

B. 没有必要结合，区块链技术可以代替大数据、人工智能

C. 没有必要结合，使用大数据和人工智能的场景，无须再使用区块链

D. 可以结合，有互相促进的关系，需要找到适合的结合方式

4. 以太坊区块头中不包含 (　　) 项。

A. UTXO　　　　　　　　　　　B. parentHash

C. uncleHash　　　　　　　　　D. gasLimit

5. Hyperledger Fabric 是第一个支持以通用语言编写智能合约的区块链平台，以下 (　　) 语言不被 Fabric 所支持。

A. Go　　　　　　　　　　　　　B. Java

C. Node.js　　　　　　　　　　D. Solidity

6. 以下 (　　) 不属于智能合约的优点。

A. 高效地实时更新　　　　　　　B. 准确执行

C. 完全免费使用　　　　　　　　D. 较低的人为干预风险

## 二、填空题

1. 大型云计算服务商在云的基础上提供区块链技术，优势在于 _____、_____、_____ 三个方面。

2. _____ 于 2008 年设计了比特币系统，并将第一个挖出的区块称为 _____。

3. 区块链的五大特点包括 _____、_____、_____、_____、_____。

4. 比特币系统里面没有客户端 (Client)/ 服务器 (Server) 的概念，因为比特币是 _____，节点之间地位平等，也不是基于互联网的浏览器 (Browser)/ 服务器 (Server) 的模型，参与组成比特币网络的计算机节点本身既是 _____，同时也是 _____。

5. 比特币没有账户的概念，比特币余额都是通过区块链上的 UTXO 统计算出来的。以太坊则有两种类型的账户：一种是外部账户 _____，另一种是 _____ 账户。

6. 以太坊区别比特币的工作量证明在于后者仅依靠 _____ 计算，以太坊的 Ethash 工作量证明机制加入内存难度，使得它具有抵抗 _____ 的属性，矿工无法通过使用更快的硬件来提高挖矿效率。

## 三、思考题

1. 简述比特币钱包的种类及功能差异。

2. 区块链架构一般分成几层，每层的功能是什么？

3. 非对称加密和对称加密的区别是什么？使用哈希函数加密的优点是什么？

4. 常用的共识算法有哪些？

5. 什么是智能合约？智能合约有哪些特点？

# 第 11 章　信息素养与社会责任

## 技能目标

◎ 能获取信息并能识别、分辨信息。

◎ 学会对信息的管理与利用。

◎ 能利用信息技术解决实际问题。

## 素养目标

◎ 了解维护信息安全。

◎ 会保护个人信息。

◎ 熟悉信息伦理道德、职业道德，树立正确的职业理念。

## 星火引航

信息素养包括关于信息和信息技术的基本知识与基本技能，运用信息技术进行学习、合作、交流和解决问题的能力，以及有维护个人信息的意识和社会伦理道德问题。通过本章内容的学习，读者可以了解信息技术的最新发展、信息素养的含义和构成要素，了解信息伦理道德和职业道德要求，明确社会责任。

# 11.1 初识信息素养

## ▶▶▶▶ 11.1.1 信息素养及其要素

信息素养及其要素

### 1. 信息素养的概念

信息素养 (Information Literacy) 的本质是全球信息化需要人们具备的一种基本能力。它是由美国信息产业协会主席保罗·泽考斯基在 1974 年提出的。1989 年美国图书协会对其做了定义，它包含文化素养、信息意识和信息技能三个层面。信息素养不仅是人们对信息社会的适应能力，也是一种涉及各方面知识，涵盖面很宽的综合能力，它包含人文的、技术的、经济的、法律的诸多因素，和许多学科有着紧密的联系。

人类对信息的处理就好比计算机通过键盘、鼠标、网线等工具输入信息，经过 CPU 等组件的处理，通过显示器、音箱、打印机等设备实现信息输出。人脑在处理信息的时候就如同电脑在进行信息输入、信息处理、信息输出这三个过程。

对学生来说，需要输入的信息就是学习材料，包括老师所讲授的理论知识、技能及拓展训练。学生需要完成的信息处理任务主要是理解并掌握老师讲授的内容。学生需要实现的输出就是完成自己的作业、考试、论文等学习任务，并且将理论知识应用到实际场景中，做到学以致用。总之，信息素养不仅包括高效利用信息资源和信息工具的能力，还包括获取识别信息、加工处理信息、传递创造信息的能力，更重要的是独立自主学习的态度和方法、强烈的社会责任感和参与意识，并会用它们解决实际问题。

### 2. 信息素养的构成要素

信息素养包括关于信息和信息技术的基本知识与基本技能，运用信息技术进行学习、合作、交流和解决问题的能力，以及具有信息意识和社会伦理道德问题。具体而言，信息素养应包含信息知识、信息意识、信息能力和信息道德四个方面，如图 11.1 所示。

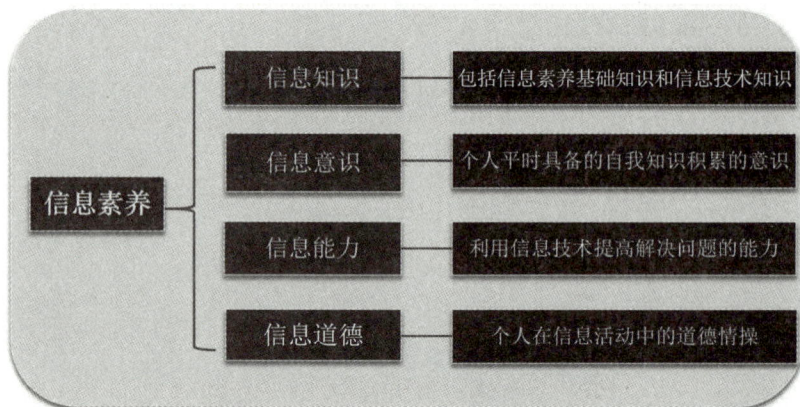

图 11.1　信息素养的四大构成要素

1) 信息知识 (Information Knowledge)

信息知识具体包括信息素养基础知识和信息技术知识。信息素养所具备的基础知识是指学习者平日所积累的学习知识和生活知识，它起着一种潜移默化的作用。信息技术知识是指与信息技术有关的知识，包括信息技术基本常识、信息系统的工作原理、相关的信息技术新发展问题。

2) 信息意识 (Information Consciousness)

信息意识指个人平时具备的自我知识积累的意识，具有信息需求的意念，对信息价值有敏感性，有寻求信息的兴趣，具有利用信息为个人和社会发展服务的愿望，并具有一定的创新意识。信息意识包括信息经济与价值意识、信息获取与传播意识、信息保密与安全意识、信息污染与守法意识、信息动态变化意识等内容。

要想提高信息意识，可以从以下四个方面着手：

第一，自我知识积累的意识。具备这方面素质的人会有意识地在平时的学习和生活中积累各方面感兴趣的且有价值的知识，丰富自己的视野和头脑。

第二，有意识地运用身边的信息技术手段与资源。信息的不完全性决定了人们对信息的认识只能是从某个侧面或多个侧面去进行，要想对信息了解得更加全面、及时，就要有意识地去运用身边的各种先进的科学技术，来辅助我们对周边事物的认识。

第三，对信息价值的敏感性。要能够意识到哪些信息对自己的学习和生活及社会发展有价值，能够从海量的信息中选取自己需要的信息。

第四，具备创新意识。信息技术飞速发展，一些新技术、新产品的更新速度也在不断地加快，这就要求学习者要尝试应用一些新技术、新软件、新方法来辅助自己解决问题。

3) 信息能力 (Information Ability)

信息素养中的信息能力隐含着对问题的解决能力，学习者通过利用信息技术来提高自己解决问题的能力。信息能力占据了信息素养重中之重的位置，这种能力具体包括信息技术使用能力、信息获取能力、信息分析能力、信息综合表达能力。

4) 信息道德 (Information Morality)

信息道德是指个人在信息活动中的道德情操，能够合法、合情、合理地利用信息解决个人和社会所关心的问题，使信息产生合理的价值。信息技术，特别是在网络技术迅猛发展的今天，给人们的生活、学习和工作方式带来了根本性变革，同时也引出许多新问题，如个人信息隐私权、软件知识产权、软件使用者权益、网络信息传播、网络黑客等。针对这些信息问题，出现了调整人们之间及个人和社会之间信息关系的行为规范，这就形成了信息伦理。

### 3. 信息素养教育

信息素养教育是对信息用户有意识、有目的地普及信息知识，启发其信息意识，强化其信息能力，规范其信息行为的一种教育活动。

信息素养涉及各方面的知识，是一项特殊的、涵盖面很宽的能力，它包含人文的、技术的、经济的、法律的诸多因素，和许多学科有着紧密的联系。应该对在校大学生进行信息素养教育，提高其对信息社会的适应能力。

1) 信息意识的培养

信息意识是人对信息的敏感程度，对信息的认识、观念和需求，要求学生具备信息敏感性、信息应用意识和信息保健意识。

2) 对信息源的认知与选取

由于信息源的多样化，使得对其可靠性和权威性的评价更加复杂，甚至评价标准也不绝对唯一，这要求学生以批判性思维理解信息源的评估过程，根据具体问题，结合学习目标和应用情境合理选择信息源。

3) 信息的查询与获取

信息的查询与获取是一个不断探索的过程，贯穿于问题的发现、研究和解决的各个环节，包括将复杂问题分解为若干简单问题，具体问题具体分析、确定检索需求、制定检索策略、分析检索结果，并根据需求不断改进检索策略，掌握信息内容的各种获取途径，以及反思信息查询过程，从而养成有效的信息检索与获取思维习惯。

4) 信息的管理与利用

在参与式信息环境下，每一位学生不仅是信息的使用者，也是信息的生产者和传播者，应将获得的信息和知识进行分析、整合，形成新的成果，与同学或同行分享、交流，并融入不同层次的学术对话中，促进科学研究的进步。

5) 信息的伦理与安全

学生应该了解信息查询、获取、传播与利用过程中的相关法律政策，约束和规范信息行为，尊重和保护知识产权；在学术研究与交流中，遵守学术规范和学术道德，杜绝学术不端；加强信息安全意识，防止涉密信息和个人隐私的泄露。

## ▶▶▶▶ 11.1.2　计算机素养和网络素养

### 1. 计算机素养

以计算机为核心的信息技术整合于教育的第一个阶段，就是计算机素养 (Computer Literacy) 的培养。当计算机作为新生事物出现在社会生活中时，这是十分自然的。由于计算机在社会中起着广泛作用，人们普遍认识到，在学校教育目标中，让学生具有一定的计算机基本知识和技能是必不可少的，于是，在学校里开设了大量的计算机素养课程。在这一阶段，人们往往是把计算机当作一种独特的东西来看待的，游离在学校各科日常教学课程之外。计算机素养课包括四种常见的模式：编写程序、计算机素养课程、问题解决及应用软件或工具。

### 2. 网络素养

网络素养 (Digital Literacy)，是指运用计算机及网络资源来定位、组织、理解、估价和分析信息的能力。网络素养是网络相关能力的综合体现，从通晓基本的互联网工具，如搜索引擎、电子邮箱，到能分类、整理和对比互联网信息，再到参与互联网共建。网络素养有五个层级，如图 11.2 所示。从层级一到层级五依次更加进步、完善，从对互联网工具的使用，到能够识别、分辨，到分享信息，再到协作层面，最终成为智慧网络人。

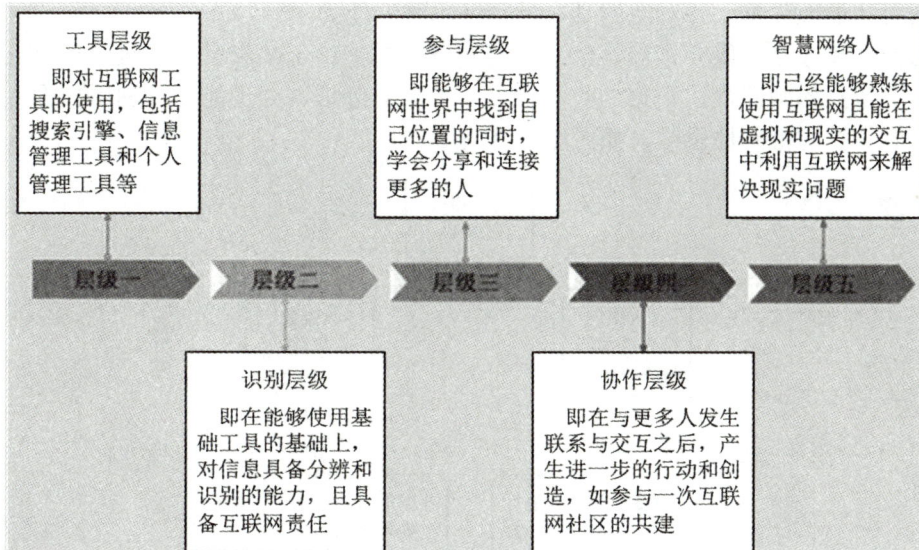

图 11.2　网络素养的五个层级

### 3. 如何提升网络素养

可以从网络素养的五个层级来分析如何提高网络素养。

(1) 加强对基础互联网工具的使用。熟练操作网络相关设备，熟悉搜索引擎的应用、熟练运用信息管理工具和个人管理工具等。

(2) 加强信息筛选能力。在互联网上信息量巨大且鱼龙混杂，需要人们具备辨别真伪、筛选有价值信息的能力，避免被虚假信息误导。同时，要保持警惕，不轻信陌生人的言论和观点，避免被谣言和假新闻所欺骗。保持理性思考的能力，不盲目跟风，不随意发表攻击性言论。同时，要学会独立思考和判断，不轻易被他人的观点所左右。

(3) 提升健康分享的能力。倡导文明上网，传播正能量和积极向上的信息，营造健康向上的网络氛围。同时，要尊重他人的权利和尊严，不发表攻击性言论和恶意评论，建立良好的网络人际关系。面对网络上众多的信息，不传播色情、暴力、恐怖等不良内容，不参与网络欺凌和网络暴力行为。要自觉遵守法律法规和道德规范，保持良好的行为习惯。同时，要注意保护个人隐私和信息安全，避免个人信息被泄露和滥用。

(4) 加强网络协作能力。保障网络空间更加健康、安全，已经成为全社会的共同责任。提升网络素养应做到多方协同、共享共治，需要构筑政府引导、社会参与、平台自律、法律监管、政策监管的综合治理体系；并且要持续加强网络素养教育中的信息教育，把新技术纳入课程体系中，用网民喜闻乐见、易于接受的形式展示新技术。

(5) 基于能熟练运用互联网工具，并能识别、分辨、分享信息的基础，解决自身、工作和学习方面的各种问题。

## ▶▶▶ 11.1.3　数据素养

### 1. 什么是数据素养

数据素养 (Data Literacy) 是具备数据意识和数据敏感性，能够有效且恰当地获取、分析、处理、利用和展现数据，并对数据具有批判性思维的能力。

数据素养概念是对媒介素养、信息素养等概念的一种延续和扩展，至少包括五个方面的维度：对数据的敏感性，数据的收集能力，数据的分析、处理能力，利用数据进行决策的能力，对数据的批判性思维，如图 11.3 所示。

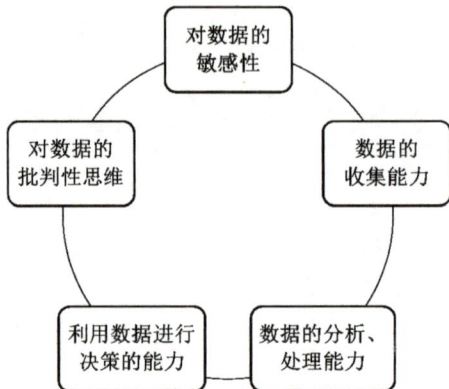

图 11.3　信息素养的五个维度

### 2. 如何具备数据素养

(1) 要有一个清醒的认识。数据无处不在，几乎任何事物都可以进行数字化转变，也都可以产生、使用或消费数据，具体包括聊天机器人、在线推荐系统、自动驾驶、预测建模、预测维护、欺诈检测、索赔处理、社会情绪分析、假新闻检测、面部识别和短信自动补全等。因此，能够清晰意识到有如此多的数据和数据应用已经渗透到我们的日常生活中，是具备数据素养的开始。

(2) 要意识到几乎每个人和事物、行为或活动都在产生数据，这些数据为人或组织及几乎每一个行业、工作场景和市场提供了与产品、决策和行为相关的参考信息。此外，期待人们可以设想自己实质上同时也是数据的贡献者和消费者。

(3) 人们应该意识到，必须不断学习，并参与到全世界的数字化变革进程之中。掌握数据素养需要具备阅读数据、利用数据、分析数据、质疑数据四个技能。

## 11.2　认识社会责任

### ▶▶▶ 11.2.1　信息伦理道德和个人信息保护

#### 1. 信息伦理道德

信息伦理，是指涉及信息开发、信息传播、信息的管理和利用等方面的伦理要求、伦理准则和伦理规约，以及在此基础上形成的新型的伦理关系。它通过社会舆论、传统习俗等，使人们形成一定的信念、价值观和习惯，从而使人们自觉地通过自己的判断规范自己的信息行为。信息伦理又称为信息道德，它是调整人们之间及个人和社会之间信息关系的行为规范的总和。

信息伦理道德和个人信息保护

信息道德是指在信息的采集、加工、存储、传播和利用等信息活动的各个环节中，用来规范其间产生的各种社会关系的道德意识、道德规范和道德行为的总和。它通过社会舆论、传统习俗等，使人们形成一定的信念、价值观和习惯，从而使人们自觉地通过自己的判断规范自己的信息行为。

信息道德作为信息管理的一种手段，与信息政策、信息法律有密切的关系，它们各自从不同的角度实现对信息及信息行为的规范和管理。信息道德以其巨大的约束力在潜移默化中规范人们的信息行为，信息政策和信息法律的制定与实施必须考虑现实社会的道德基础。

所以说，信息道德是信息政策和信息法律建立与发挥作用的基础；在自觉、自发的道德约束无法涉及的领域，以法制手段调节信息活动中的各种关系的信息政策和信息法律则能够发挥充分的作用；信息政策弥补了信息法律滞后的不足，其形式较为灵活，有较强的适应性，信息法律则将相应的信息政策、信息道德固化为成文的法律、规定、条例等形式，从而使信息政策和信息道德的实施具有一定的强制性，更加有法可依。信息道德、信息政策和信息法律三者相互补充、相辅相成，共同促进各种信息活动的正常进行。

### 2. 信息道德结构的内容

信息道德结构的内容可概括为两个方面、三个层次。

信息道德包含主观方面和客观方面。主观方面指人类个体在信息活动中以心理活动形式表现出来的道德观念、情感、行为和品质，如对信息劳动的价值认同，对非法窃取他人信息成果的不屑等，即个人信息道德；客观方面指社会信息活动中人与人之间的关系及反映这种关系的行为准则与规范，如抑恶扬善、权利义务、契约精神等，即社会信息道德。

信息道德的三个层次，即信息道德意识、信息道德关系、信息道德活动，如图 11.4 所示。

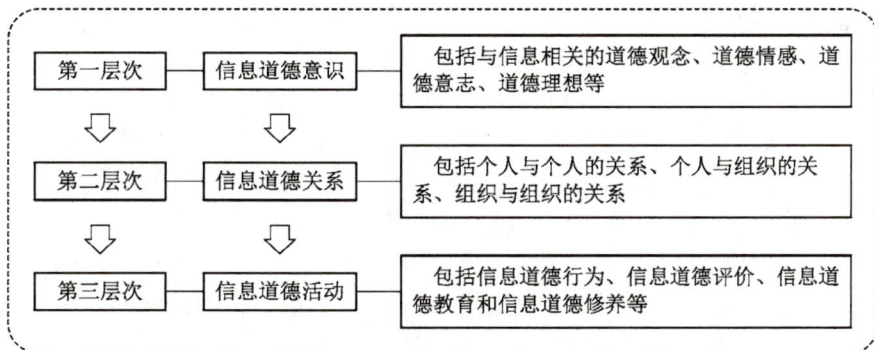

图 11.4　信息道德的三个层次

信息道德是主观方面即个人信息道德与客观方面即社会信息道德的有机统一。

### 3. 应对信息时代伦理风险的道德原则

面对信息技术的迅猛发展，有效应对信息技术带来的伦理挑战，需要深入研究思考并树立正确的道德观、价值观和法治观。中国伦理学会提出，从整体上看，应对信息化深入发展导致的伦理风险应当遵循以下道德原则。

(1) 服务人类原则。要确保人类始终处于主导地位，始终将人造物置于人类的可控范围，避免人类的利益、尊严和价值主体地位受到损害，确保任何信息技术特别是具有自主性意识的人工智能机器持有与人类相同的基本价值观。始终坚守不伤害人自身的道德底线，追求造福人类的正确价值取向。

(2) 安全可靠原则。新一代信息技术尤其是人工智能技术必须是安全、可靠、可控的，要确保民族、国家、企业和各类组织的信息安全、用户的隐私安全以及与此相关的政治、经济、文化安全。如果某一项科学技术可能危及人的价值主体地位，那么无论它具有多大的功用性价值，都应果断叫停。对于科学技术发展，应当进行严谨审慎的权衡与取舍。

(3) 以人为本原则。信息技术必须为广大人民群众带来福祉、便利和享受，而不能为少数人所专享。要把新一代信息技术作为满足人民基本需求、维护人民根本利益、促进人民长远发展的重要手段。同时，保证公众参与和个人权利行使，鼓励公众提出质疑或有价值的反馈，从而共同促进信息技术产品性能与质量的提高。

(4) 公开透明原则。新一代信息技术的研发、设计、制造、销售等各个环节，以及信息技术产品的算法、参数、设计目的、性能、限制等相关信息，都应当是公开透明的，不应当在开发、设计过程中给智能机器提供过时、不准确、不完整或带有偏见的数据，以避免人工智能机器对特定人群产生偏见和歧视。

### 4. 个人信息保护

互联网是一个实时、动态、开放的社交平台，各种悖德行为一旦曝光，就会在很短时间内遭到广泛的舆论谴责，在使悖德行为者承受压力的同时，让更多人受到潜移默化的教化。尤其是自媒体的广泛兴起，让人们随时随地能将身边的人和事拍摄下来并发到网上，更快速、广泛地进行信息的传递。与此同时，我们随时随地可能会"闯入"别人的镜头，展示我们的数据，个人信息随处可见，个人信息的不当使用、滥用造成的隐患日益严重。

值得注意的是，个人信息是个人隐私的一部分，人们要有个人数据安全意识，在个人信息保护制度里，核心原则是知情同意原则，即在处理个人信息时，应充分征得个人信息的主体同意，才可在限定的目的范围内使用。

对于个人信息的守护者，应做到以下三点：

(1) 不乱扔，妥善保管、处置好个人信息的载体，包括一些文件、快递单、外卖单等。

(2) 不乱给，不要在互联网公开平台随意发布个人信息或者提供给他人使用，特别是个人身份证号、电话号码、家庭住址、银行卡号等。

(3) 不乱点，不要随意点击和下载来历不明的网址链接、二维码、免费 Wi-Fi 热点等，不要随意点击 App 手机软件获取设备权限的"同意"按钮。在电脑、手机上安装防护软件，及时更新升级，防止恶意木马、程序窃取个人信息。

个人信息遭到泄露后，公民可通过以下三种方式维权。

(1) 按照全国人大常委会《关于加强网络信息保护的决定》，遭遇信息泄露的个人有权立即要求网络服务提供者删除有关信息，或者采取其他必要措施予以制止。

(2) 个人还可向公安部门、互联网管理部门、工商部门、消费者协会、行业管理部门和相关机构进行投诉举报。国家网信办所属的中国互联网违法和不良信息举报中心将专职接受和处置社会公众对互联网违法和不良信息的举报。

(3) 消费者还可依据《侵权责任法》《消费者权益保护法》等，通过法律手段进一步维护自己的合法权益，如要求侵权人赔礼道歉、消除影响、恢复名誉、赔偿损失等。

■ **案例 1**：胡某以某科技公司的名义，向一家通信运营商申请批量办理手机号。其通过张某雇佣他人作为经办人，有偿使用张某提供的他人身份证件办理上述业务。运营商营业厅的工作人员任某、鲁某明知上述公司办理的手机号涉嫌诈骗，仍予以办理。经查，办理的手机号后被用于电信网络诈骗，金额约 170 余万元。同时，胡某非法从他人处获取公司员工的工号、密码办理大量手机号，用于电信网络诈骗。

法院判决胡某犯侵犯公民个人信息罪和帮助信息网络犯罪活动罪，决定执行有期徒刑 4 年，并处罚金 12 万元；张某犯侵犯公民个人信息罪，判处有期徒刑 2 年，并处罚金 2 万元；任某、鲁某犯帮助信息网络犯罪活动罪，分别判处有期徒刑 1 年，并处罚金 1 万元。

■ **案例 2**：两位热衷追星的"粉丝"，多次购买明星的航班轨迹等信息。航空公司的客服人员秦某伙同李某，直接或间接利用查询航班信息的工作便利，非法获取公民个人信息后向上述两位"粉丝"出售。

北京朝阳法院审理认为，秦某伙同李某出售公民个人信息数千条，情节特别严重，二人均构成侵犯公民个人信息罪，分别判处有期徒刑 3 年，并各处罚金 4 万元，禁止秦某、李某 3 年内从事航空客服代表类职业。同时，责令秦某、李某支付公共利益损害赔偿款，没收后上缴国库，并公开赔礼道歉。两名"粉丝"也因犯侵犯公民个人信息罪被判处不同刑罚。

## ▶▶▶▶ 11.2.2　相关法律法规

### 1.《中华人民共和国个人信息保护法》

1) 立法历程

2009 年，《刑法修正案（七）》增设第二百五十三条之一，规定了出售、非法提供公民个人信息罪和非法获取公民个人信息罪。

2015 年，《刑法修正案（九）》将该条修订为侵犯公民个人信息罪，从重处罚侵犯履行职责或提供服务过程中获得的公民个人信息的行为。

2016 年，网络安全法出台，规定了网络运营者收集、使用个人信息的规则。

2020 年，民法典出台，进一步明确个人信息的定义和范围。

2021 年 8 月 20 日，第十三届全国人民代表大会常务委员会第三十次会议表决通过《中华人民共和国个人信息保护法》。个人信息保护法进一步完善公民个人信息保护体系，该法自 2021 年 11 月 1 日起施行。

2) 简介

《中华人民共和国个人信息保护法》是为了保护个人信息权益，规范个人信息处理活动，促进个人信息合理利用，根据宪法，制定的法规。

该法对个人信息的处理（包含一般规定、敏感个人信息的处理、国家机关处理个人信息的特别规定）、个人信息跨境提供的规则、个人在个人信息处理活动中的权利、个人信息处理者的义务、履行个人信息保护职责的部门以及法律责任等问题作了解答。

该法规定自然人的个人信息受法律保护，任何组织、个人不得侵害自然人的个人信息权益。个人对其个人信息的处理享有知情权、决定权，有权限制或者拒绝他人对其个人信息进行处理。个人信息处理者应当根据个人信息的处理目的、处理方式、个人信息的种类以及对个人权益的影响、可能存在的安全风险等，采取措施确保个人信息处理活动符合法律、行政法规的规定，并防止未经授权的访问以及个人信息泄露、篡改、丢失。

### 2.《中华人民共和国数据安全法》

《中华人民共和国数据安全法》于 2021 年 6 月 10 日第十三届全国人民代表大会常务委员会第二十九次会议通过，自 2021 年 9 月 1 日起实施。

为了规范数据处理活动，保障数据安全，促进数据开发利用，保护个人、组织的合法权益，维护国家主权、安全和发展利益，制定本法。

该法共七章五十五条，分别是总则、数据安全与发展、数据安全制度、数据安全保护义务、政务数据安全与开放、法律责任和附则。数据安全法的颁布实施，对于规范数据处理活动，保障数据安全，促进数据开发利用，保护个人、组织的合法权益，维护国家主权、安全和发展利益，具有重要的作用和意义。

### 3.《中华人民共和国网络安全法》

《中华人民共和国网络安全法》是为了保障网络安全，维护网络空间主权和国家安全、社会公共利益，保护公民、法人和其他组织的合法权益，促进经济社会信息化健康发展，制定的法律，对中国网络空间法治化建设具有重要意义。该法于 2016 年 11 月 7 日第十二届全国人民代表大会常务委员会第二十四次会议通过，自 2017 年 6 月 1 日起实施。

### 4.《人脸识别技术应用安全管理规定 ( 试行 )( 征求意见稿 )》

近年来，人脸识别技术的应用场景在不断丰富，小区门禁、账号登录、人脸支付，人脸解锁……在便利生活的同时，技术的不规范使用也对个人信息保护提出了挑战。近年来，随着人工智能 (AI) 技术的快速发展，"AI 换脸诈骗"受到公众越来越多的关注。只需一张目标人物的照片，依托人工智能合成，站在摄像头前的你就能在屏幕上"变成"他，还能通过网贷平台的人脸认证，眨眨眼、摇摇头就把钱转出去了，如图 11.5 所示。

图 11.5　谨防"AI 换脸"诈骗

合理使用人脸识别技术的同时，如何更有效地防止信息泄露成为当务之急。长期以来，有关部门对人脸识别技术采取了不少监管措施，取得了一定成效，相关法律也对人脸识别的应用场景、使用目的、责任认定等作出规范。为规范人脸识别技术应用，根据《中华人民共和国网络安全法》《中华人民共和国数据安全法》《中华人民共和国个人信息保护法》等法律法规，2023 年，国家网信办公布《人脸识别技术应用安全管理规定 ( 试行 )( 征求意见稿 )》，就人脸识别技术的使用条件、使用禁则、备案要求、数据保护、设备管理等向社会公开征求意见，对保护个人信息权益、维护社会秩序和公共安全具有现实意义。

### 5. 未成年人网络保护相关条例和规定

随着社会的信息化，互联网技术的变迁，给人们带来了深刻的影响。值得注意的是，互联网已经全面融入未成年人的学习和生活。

相关条例和规定主要有《未成年人网络保护条例》( 以下简称《条例》) 和《儿童个人信息网络保护规定》。

《未成年人网络保护条例》于 2023 年 9 月 20 日国务院第 15 次常务会议通过，自 2024 年 1 月 1 日起施行，旨在营造有利于未成年人身心健康的网络环境，保障未成年人合法权益。《未成年人网络保护条例》是我国的第一部专门性的未成年人网络保护综合立法，回应了社会各界对未成年人网络保护的关注，标志着我国未成年人网络保护法治建设进入新的阶段。条例涉及明确未成年人网络保护工作，明确规定政府、学校、家庭、企业在培育未成年人网络素养中的责任义务，旨在全面提升未成年人网络道德意识、网络法治观念、网络使用能力、人身财产安全保护等方面的素养和能力，对培养我国数字时代的合格公民具有重要意义。

《条例》明确网络空间参与者在网络信息内容规范、个人信息网络保护、网络沉迷防治三方面的义务。

其中，加强网络信息内容规范，明确了危害和可能影响未成年人身心健康的信息范围，规定任何组织和个人不得制作、复制、发布、传播危害未成年人身心健康内容的网络信息，要求网络产品和服务提供者不得在首页首屏、弹窗、热搜等重点环节呈现可能影响未成年人身心健康的信息；防治未成年人网络欺凌。

《条例》在健全未成年人个人信息网络保护、防治未成年人网络沉迷和应对未成年人非理性消费等方面做了很多解答。

《儿童个人信息网络保护规定》已经国家互联网信息办公室室务会议审议通过，自 2019 年 10 月 1 日起施行。为了保护儿童个人信息安全，促进儿童健康成长制定本规定。该规定适用于不满 14 周岁的未成年人，并规定了网络运营者在收集、存储、使用、转移、披露儿童个人信息时应当遵循的原则和措施。具体来说，这些原则包括正当必要、知情同意、目的明确、安全保障、依法利用等。此外，网络运营者应当设置专门的儿童个人信息保护规则和用户协议，并指定专人负责儿童个人信息保护。在收集、使用、转移、披露儿童个人信息时，应当以显著、清晰的方式告知儿童监护人，并征得其同意。同时，网络运营者不得收集与其提供服务无关的儿童个人信息，也不得违反法律、行政法规的规定和双方的约定收集儿童个人信息。

### 【相关资讯】维护未成年人网络安全

共青团中央维护青少年权益部、中国互联网络信息中心日前联合发布《第 5 次全国未成年人互联网使用情况调查报告》( 以下简称《报告》)。随着互联网基础设施日趋完善，移动上网设备价格与流量资费水平持续下降，各类互联网服务发展迅速，未成年网民规模不断扩大。《报告》显示，2018 年至 2022 年，我国未成年网民规模从 1.69 亿人增长到 1.93 亿人，未成年人互联网普及率从 93.7% 增长到 97.2%，基本达到饱和状态。我国教育数字化加快推进，越来越多的未成年人积极拥抱数字化、信息化、智能化的学习方式，更加广泛、自主地利用互联网开展学习活动。报告显示，未成年网民中经常利用互联网进行学习的比例达 88.7%；认为互联网对自己学习产生积极影响的比例，从 2018 年的 53% 提升到 2022 年的 77.4%。

互联网已成为广大未成年人了解世界、学习知识、休闲娱乐、交流交往的重要平台。但未成年人使用网络便利和丰富学习生活的同时，也面临着违法和不良信息侵害、网络沉迷等多重风险。过去几年，我国未成年人网络娱乐行为管理体系日趋完善，对不良用网行为的监管日趋严格。

## ▶▶▶▶ 11.2.3  信息安全自主可控

### 1. 信息安全自主可控的含义

建设网络强国是统筹高质量发展和高水平安全、以信息化赋能中国式现代化的重大举措。

信息安全自主可控

自主可控是保障网络安全、信息安全的前提。能自主可控意味着信息安全容易治理、产品和服务一般不存在恶意后门并可以不断改进或修补漏洞；反之，不能自主可控就意味着具"他控性"，就会受制于人，其后果是：信息安全难以治理、产品和服务一般存在恶意后门并难以不断改进或修补漏洞。

自主可控是我们国家信息化建设的关键环节，是保护信息安全的重要目标之一，在信息安全方面意义重大。可控性是指对信息和信息系统实施安全监控管理，防止非法利用信息和信息系统，是实现信息安全的五个安全目标之一。自主可控技术就是依靠自身研发设计，全面掌握产品核心技术，实现信息系统从硬件到软件的自主研发、生产、升级、维护的全程可控。

### 2. 如何实现信息安全自主可控

(1) 加强重视，使应用系统建设与信息安全建设并重。紧跟形势、转变观念、与时俱进，加强对信息安全的重视支持，应用系统建设与信息安全建设必须"两手抓、两手硬"。在信息化建设过程中，继续坚持应用系统建设与信息安全建设同步规划、同步实施、协调发展、均衡发展的原则，将信息系统安全体系建设融入信息化建设的全过程之中。

(2) 加强管理监控，有效治理分发式安全威胁，提高可控性。以管理举措为主，配合使用技术手段加强对非自主化信息安全产品的监控，有效治理、检测、评估分发式安全威胁，提高可控性。

(3) 加强自主研发，提升信息化自主研发创新能力。信息安全系统自主可控绝不仅仅是依靠采购自主化的软件、硬件产品就能实现的，需要进一步加强自主创新的能力，通过在信息化过程中自主规划、自主研发、使用自主化产品、自主运维，努力建成与应用需求相适应的自主可控的信息安全体系。

#### ▶▶▶ 11.2.4　职业道德修养

职业道德修养，是指从事各种职业活动的人员，按照职业道德基本原则和规范，在职业活动中所进行的自我教育、自我改造、自我完善，使自己形成良好的职业道德品质。

2022 年 1 月，《互联网行业从业人员职业道德准则》( 以下简称《准则》) 由中国网络社会组织联合会正式发布。《准则》从行业自律的角度为互联网行业从业人员自觉规范职业行为、加强职业道德建设提供了依据和指南，有利于营造良好的网络生态环境，推动互联网行业健康发展。互联网从业人员在守好国家安全、遵纪守法的基础上，还应该在以下四个方面努力提升自己的职业道德修养。

(1) 做好价值引领。互联网从业人员的职业行为与网络文化构建、网络舆论走向、网络社会风气等息息相关，对广大网民有潜移默化的价值引导作用，应当培育积极健康的网络文化。

(2) 诚实守信。大数据、人工智能等催生了互联网行业新兴业态的发展，也对诚信从业提出了更高要求。要尊重网民或消费者的权益，真实、准确、完整地披露相关信息；要自觉抵制弄虚作假、误导欺骗、恶意营销等行为。

(3) 敬业奉献。立足本职、爱岗敬业，注重自我管理和自我提升，培养良好的职业素养和职业技能，发扬奉献精神，履行社会责任。

(4) 坚持科技向善。隐私泄露、平台"杀熟"、数据滥用、平台垄断等现象危害着公共利益和公民权利。要坚决防范滥用算法、数据等损害社会公共利益和公民合法权益的行为，应当运用互联网新技术、新应用、新业态，构筑美好数字生活新图景，助力经济社会高质量发展。

## 本 章 习 题

#### 一、单项选择题

1. 1989 年美国图书协会对信息素养做了定义，以下不属于其定义的层面的选项为 (　　)。

A. 信息获取　　　　　　　　　　B. 文化素养

C. 信息意识　　　　　　　　　　D. 信息技能

2. 数据素养的五个维度不包含以下 (　　) 项。

A. 对数据的敏感性　　　　　　　B. 收集数据的能力

C. 分析、处理数据的能力　　　　D. 保存数据的能力

3. 关于信息伦理道德，下列说法错误的是 (　　)。

A. 网络非法外之地，必须遵守伦理道德和法律法规

B. 在网络上，必须有知识产权保护意识

C. 每一个网民都应该自觉地参加网络道德讨伐，伸张网络正义

D. 网民上网时，要有信息保护意识

4. 信息系统相关的伦理道德义务，不包括以下 (　　) 的内容。

A. 尊重知识和知识产权　　　　　B. 与计算机犯罪作斗争

C. 个人信息要无私共享　　　　　D. 注重收集和发送信息的可靠性、可信性

5. 以下 (　　) 项法律与信息安全无关。

A.《中华人民共和国个人信息保护法》

B.《中华人民共和国数据安全法》

C.《中华人民共和国道路交通安全法》

D.《中华人民共和国网络安全法》

6.《未成年人网络保护条例》是 (　　) 年开始实施的。

A. 2021　　　　　　　　　　B. 2022

C. 2023　　　　　　　　　　D. 2024

## 二、多项选择题

1. 以下行为中可以提高信息意识的有 (　　)。

A. 注重自我知识的积累　　　　B. 有意识地运用身边的信息技术手段与资源

C. 提高对信息的敏感性　　　　D. 用新技术、新软件、新方法来解决问题

2. 以下行为中可以提升网络素养的有 (　　)。

A. 树立正确的网络安全观　　　B. 对信息要具备识别、分辨的能力

C. 分享健康信息　　　　　　　D. 只要是信息，都值得分享

3. 以下行为中可以提高互联网从业人员的个人职业道德修养的有 (　　)。

A. 遵纪守法　　　　　　　　　B. 诚实守信

C. 敬业奉献　　　　　　　　　D. 科技向善

4. 以下行为中可能造成信息泄露的有 (　　)。

A. 在互联网公开平台随意发布个人信息

B. 随意点击不明网址链接

C. 安装高风险提示的 App

D. 把银行卡号轻易给他人

5. 以下行为中可以保护个人信息的有 (　　)。

A. 快递收货单据消除个人信息后再丢弃

B. 不在不安全的公共网络环境里处理个人敏感信息

C. 在身份证复印件上写明用途

D. 用 U 盘存储交互个人信息

## 三、填空题

1. 信息素养包括 _____、_____、_____、_____。

2. 信息能力包括 _____、_____、_____、_____。

3. 掌握数据素养需具备的四个技能有 _____、_____、_____、_____。

## 四、简答题

1. 谈谈大学生应如何保护个人信息安全。

2. 谈谈大学生应如何提高网络素养。

# 第 12 章　机器人流程自动化

## 技能目标

◎ 熟悉国内机器人流程自动化 UiBot 的使用过程。

◎ 掌握 UiBot 的软件自动化操作。

## 素养目标

◎ 知晓国内机器人流程自动化的发展历程，增强民族自信。

◎ 熟悉国内具有自主知识产权的 RPA 工具厂商，提升民族自豪感。

## 星火引航

先秦时期荀子的《劝学》中有言，"君子生非异也，善假于物也"。君子的资质秉性跟一般人没有什么不同，只是君子善于借助外物罢了。此句古言强调了善于利用外部条件的重要性。现在人们可以借助机器人流程自动化 (RPA) 来提高业务流程速度，减少在单调重复任务上所花费的时间。这说明人类智慧在自动化生产过程中的重要性，只有善于借助工具和资源的人，才能成为真正的"君子"。本章梳理了机器人流程自动化的基本概念，让读者了解常见的机器人流程自动化工具，并在最后对国产机器人流程自动化软件——UiBot进行讲解操作训练，让读者最终掌握机器人流程自动化的基本操作功能。

## 12.1 RPA 基础知识

### ▶▶▶ 12.1.1 RPA 简介

机器人流程自动化 (Robotic Process Automation，RPA) 是当前比较流行的数字化应用技术，又称为"Digital Labor"( 数字化劳动力 )。从功能上来讲，RPA 是一种处理重复性工作和模拟手工操作的程序，可以实现以下功能：

RPA 的概念简介

(1) 数据检索与记录。RPA 可以跨系统进行数据检索、数据迁移以及数据录入。

(2) 图像识别与处理。通过光学字符识别技术有效识别信息，并可在此基础上审查和分析文字。

(3) 数据存储与整理。包括数据存储、数据查询、数据分析、数据整理、数据校验等。

(4) 资金风险监控。RPA 可以基于数据分析与指标监控，实现工作流分配、标准报告出具、基于明确规则决策、自动信息通知等功能。

RPA 最大的特点是可以全天无休工作，只要设定好业务流程，就会按照标准规范输出，得到准确且统一的工作成果，大大减少了差错率，提高了工作效率。

### ▶▶▶ 12.1.2 基本概念

RPA 是基于计算机编码以及基于规则的软件，通过执行重复的基于规则的任务来将手工活动进行自动化的一种技术。RPA 就是借助一些能够自动执行的脚本来实现重复的工作。

通常情况下，RPA 具有以下特征：

(1) RPA 是基于桌面记录的自动化软件。RPA 软件机器人可以记录员工在电脑桌面上的任何操作行为，包括键盘录入、鼠标移动和点击、触发调用 Windows 系统桌面操作，以及触发调用各种应用程序，例如收发 Outlook 邮件、Word/Excel 操作、网页操作、打印文档和在企业资源计划 (Enterprise Resource Planning，ERP) 系统上的操作等，并将这些操作行为抽象化变成计算机能够理解和处理的对象，然后按照约定的规则在电脑上自动执行这些对象。

(2) 精准度高且不间断工作。RPA 能够不间断工作，严格按照定义好的规则进行业务处理，数据处理速度和处理准确率大大提高。人工操作需要 1 h 的工作量，RPA 可能就只仅需 5 min，并且可以全天候不间断工作。

(3) RPA 是一种非侵入性的外挂式软件。RPA 基于规则在用户界面进行自动化操作，而不影响原有 IT 基础架构，对用户现有系统影响小，实施周期短，并且对于非技术人员来说易于理解和操作。

(4) RPA 具备极强的管控能力及审核能力。RPA 完成任务的每个步骤均可被监控和记录，从而可以提供审计数据以满足合规的控制要求。

(5) RPA 具有低风险、低成本、投资回收期短的特点。在虚拟环境下复制人机交互行为的 RPA 机器人无须人工操作、不会发生错误并提供自动校验和流程检查，可在现有的系统上进行低成本集成运行。

对于整体运用而言，当前的 RPA 平台技术具备基于业务流程的自动化处理能力、具备各类业务机器人的调度能力，同时也具备一定的基于固定规则的分析能力，能够在不同的业务系统之间建立信息交流与沟通。RPA 具有的跨系统、效率高、质量好、成本低、见效快、更安全、类 Office 等优点，将在未来智能化时代发挥更大的作用。

### ▶▶▶ 12.1.3　RPA 的产品

RPA 工具软件介绍

从 2016 年开始，国内市场上出现了许多国内外 RPA 软件服务商，下面介绍几家出现较早且发展较快的 RPA 软件开发公司。

#### 1. Blue Prism

Blue Prism( 蓝棱镜，BP) 成立于 2001 年，是一家专注于 RPA 产品研发与升级的企业，已在伦敦的证券交易所上市。

Blue Prism 的 RPA 由 Object Studio、Digital Workforce、Control Room 三部分组成。可以在官网中找到这三部分的具体介绍。Blue Prism 的智能互联 RPA 平台是为业务用户设计的，并且是为 IT 治理开发的。

#### 2. Automation Anywhere

Automation Anywhere(AA) 成立于 2003 年，是一家美国的 RPA 软件开发商。该公司的产品 AA Enterprise 将传统的 RPA 与自然语言处理和读取非结构化数据等认知元素相结合，这些机器人可以端对端完成业务流程，满足了企业用机器人组成的数字化劳动力替代人工的需求。

Automation Anywhere 的 RPA 主要由 Bot Creators、Control Room、Bot Runners 三部分组成。AA 的 RPA 产品名称是 AA Enterprise( 简称 AAE)，2019 年的新版是网页版。AA 公司的 RPA 的衍生品有 IQ Bot( 需要单独购买，实现人工智能相关的操作 )、Bot Insight( 对需要统计的操作数据进行实时统计 )、Bot Store( 可以把做好的机器人放在这里共享或销售 )、Mobile App( 通过手机来管理机器人等 )，这些衍生产品可以增强 RPA 的竞争力。

#### 3. UiPath

UiPath(UP) 是一家成立于 2005 年的全球软件公司，致力于开发流程自动化机器的平台，旨在将 RPA 作为数字化劳动力运作——通过用户界面，软件机器人模拟由人类执行的任务，直接影响公司盈利能力。目前 UP 是势头强劲的初创公司，UiPath 社区版免费，可以小范围使用。

UiPath 的 RPA 软件由设计器 (Studio)、指挥家 (Orchestrator)、机器人 (Robot) 三部分组成。UiPath 社区版可以单机手工触发运行，包含设计器与机器人，指挥家可根据需求远程调用机器人。

UiPath 的 RPA 衍生品有 UiPath 学院、UiPath Go、UiPath Connected、UiPath 社区等。

#### 4. UiBot

UiBot(UB) 是国内按键精灵创始人开发的 RPA 工具，2019 年与做人工智能的来也公司合并，现在是一家发展不错的国内 RPA 公司。

UiBot 的 RPA 工具由创建者、劳动者、指挥官三部分组成。UiBot 支持 Windows、Linux、OSX 等操作系统。

### 5. 阿里云 RPA

阿里云 RPA 于 2011 年诞生，最初用在阿里巴巴集团内部，曾获得淘宝年度创新奖和集团特殊贡献奖。2016 年正式上线后，已为多个领域输出行业成功解决方案。阿里云 RPA 新版本拥有强大的控件录制功能、丰富的 SDK 能力以及更私密的数据安全措施，并且与 Office 相关控件的兼容处理有自己独特的优势。

除了上述已经提及的公司，还有其他相关 RPA 工具软件公司在国内外不断涌现。本书选择国内的 UiBot 软件进行学习。

## 12.2　RPA 平台与 UiBot 基础

### ▶▶▶ 12.2.1　RPA 平台

#### 1. 实现 RPA 的步骤

为了实现 RPA，即机器人操作的流程自动化，打造一个"软件机器人"，通常需要下面几个步骤：

(1) 梳理和分析现有的工作流程，看看什么地方可以用"软件机器人"来改造，实现自动化；

(2) 从技术上实现"软件机器人"，让它能够阅读和操作流程中所涉及的所有软件；

(3) 将"软件机器人"部署到实际工作环境中，启动机器人开始工作，监控机器人的运行状况，如果出现问题须及时处理。

第 (1) 步通常由熟悉业务流程的专家进行工作流程的梳理和分析；第 (2) 步通常由 IT 专家用类似 Python 这样强大的编程语言来实现一个模拟人类工作的机器人；第 (3) 步通常由普通工作人员按一个按钮，启动机器人，就可以让设定的机器人自动开始工作。

#### 2. 设计的 RPA 工具软件的理念

为了满足工具的易用性，设计的 RPA 工具软件的理念是：

(1) 打造 RPA 平台，把一些常见的 RPA 功能做成半成品；

(2) 让业务专家站在 RPA 平台这个巨人的肩膀上，自己就能做出机器人，降低设计机器人的难度；

(3) 让普通工作人员也能看懂机器人的基本原理，必要的时候还可以修改设计，根本不需要求助 IT 专家；

(4) "软件机器人"的生产过程不再需要 IT 专家的参与，降低了 RPA 工具的使用门槛。

#### 3. RPA 的组成部分

为了实现上述理念，一般的 RPA 平台至少会包含以下三个组成部分：

(1) 开发工具：主要用来制作"软件机器人"，当然也可以运行和调试这些机器人；

(2) 运行工具：当开发完成后，普通用户使用 RPA 平台运行搭建好的机器人，也可以查阅运行结果；

(3) 控制中心：当需要在多台电脑上运行"软件机器人"时，可以对这些"软件机器人"进行集中控制，比如统一分发、统一设定启动条件等。

### 4. RPA 平台的关键指标

所谓 RPA 平台，就是把"软件机器人"分解成很多零件，让不懂 IT 业务的专家能以搭积木的方式，把这些零件在自己的工作台上搭起来，让普通工作人员能看到机器人的基本原理和执行情况，还能进行简化。所以，RPA 平台的关键指标是：

(1) 要足够强大，零件数量要多，复杂的场景也能应对；

(2) 要足够简单，不需要专家的参与，普通工作人员就可以轻松掌握；

(3) 要足够快捷，普通工作人员熟练操作之后，可以快捷地实现自己的机器人功能。

为了实现这些指标，各种平台做出了诸多努力。UiBot 在实现了强大功能的同时还将 RPA 平台做得足够简单，实现了普通工作人员能快速上手使用的目的。

### ▶▶▶ 12.2.2　UiBot 简介

在现代工作的各个领域，都存在大量简单重复的软件操作。早在 20 世纪末，这种重复软件操作在游戏领域就已出现。游戏是一个需要人来完成的流程，有些游戏设计把简单的流程重复无数遍，希望降低游戏难度，同时增加用户黏度。因此针对游戏领域的"软件机器人"就应

UiBot 的下载
与安装简介

运而生，其中最著名的是 2001 年问世的"按键精灵"。按键精灵最早是在 Windows 上运行，针对 Windows 客户端游戏进行自动化操作。

按键精灵并不是完整的软件机器人，而是软件机器人的制造工具，这款软件简洁、方便且易于上手。从某种程度上讲，2001 年出品的"按键精灵"可以看作是国内 RPA 的先驱。按键精灵团队认真分析了 RPA 的具体需求，对按键精灵进行了一次几乎推倒重来的大革新，既保留了之前多年研发的积累，又积极满足了 RPA 的需求，打造出一款新的 RPA 平台，这就是 UiBot。

因为它们针对的应用领域不一样，按键精灵和 UiBot 从基本理念上有很多不同之处，在技术上的差别更大，主要有：

(1) 按键精灵针对个人用户的需求做了很多优化，可以制作用户界面、设定热键，并支持多线程操作，这些功能在 UiBot 中都被删除；

(2) UiBot 针对企业用户做了很多优化，其支持 SAP(Systems Applications and Products in data processing, SAP) 自动化操作，能以流程图方式展现，并支持分布式的控制中心，这些都是按键精灵所不具备的；

(3) 按键精灵的主要指标是运行速度快，因为游戏画面瞬息万变，较慢会跟不上游戏的节奏；

(4) UiBot 的主要指标是运行稳定性好，容错性强，遇到特殊状况宁可停下来，也不会盲目操作，另外每次运行都有迹可循，这些指标都远远超过了按键精灵。

一般的 RPA 平台至少包括开发工具、运行工具和控制中心三个组成部分。而在 UiBot 中，这三个组成部分分别为 UiBot Creator、UiBot Worker 和 UiBot Commander。读者可以

到 UiBot 的官方网站 http：//www.uibot.com.cn 下载并安装 UiBot Creator 社区版，社区版永久免费。

#### ▶▶▶ 12.2.3 UiBot 基础知识

UiBot 的四个基本概念：流程、流程块、命令和属性，这四个概念贯穿了整个软件的使用过程。流程就是指用 UiBot 完成的一个任务，一个任务对应一个流程。UiBot 可以陆续建立多个流程，但同时只能编写和执行一个流程。

在启动 UiBot 中的流程后，一个流程用一张流程图来表示。在流程图中，包括了"开始""流程块""判断"和"结束"四种组件。它们之间用单向箭头连接起来表示流程动向，如图 12.1 所示。

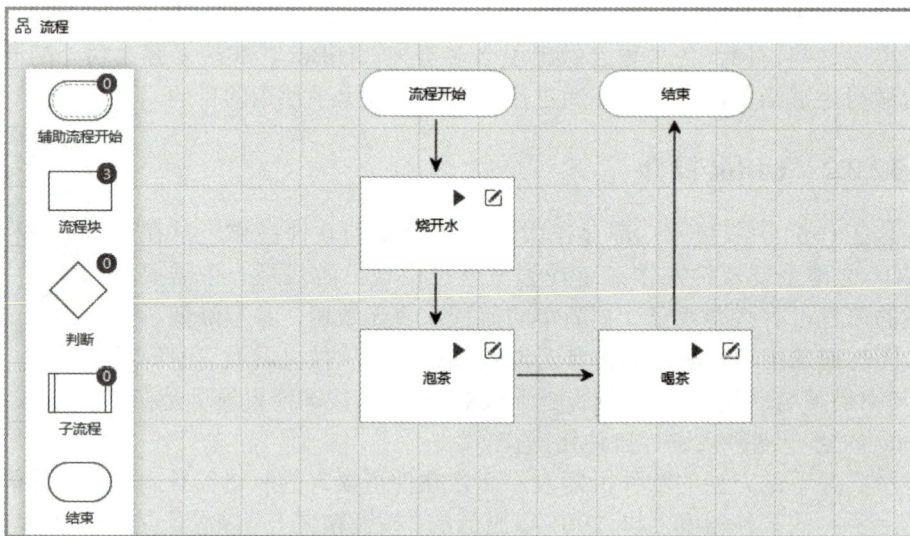

图 12.1　UiBot 的流程图

每个流程图有且只有一个"开始"组件，但是可以有一个或者多个"结束"组件。当流程遇到结束组件时，将停止运行；当流程没有结束组件，而流程运行到某个没有箭头指向其他流程块的流程块时，流程也将会停止。

在每个流程图中，可以有一个或者多个"判断"组件来对流程进行分流选择。当条件为真时，流程顺着"yes"箭头进行流转，否则则沿着"no"箭头向后续流转。

每个流程图中必须有一个或者多个"流程块"，流程块对应在实际任务中分拆的步骤。以在家里喝茶任务为例，需要将任务拆分成烧开水、泡茶和喝茶三个步骤，每个步骤对应一个流程块。

在 UiBot 的工具栏上，可以单击"运行"按钮运行组件。可以在软件底部的输出栏中看到流程的流向过程。

#### ▶▶▶ 12.2.4 可视化视图

通过单击流程块上的编辑按钮，可以对这个流程块的具体内容进行查看和编辑。此时界面就从"流程视图"转为"可视化视图"，如图 12.2 所示。

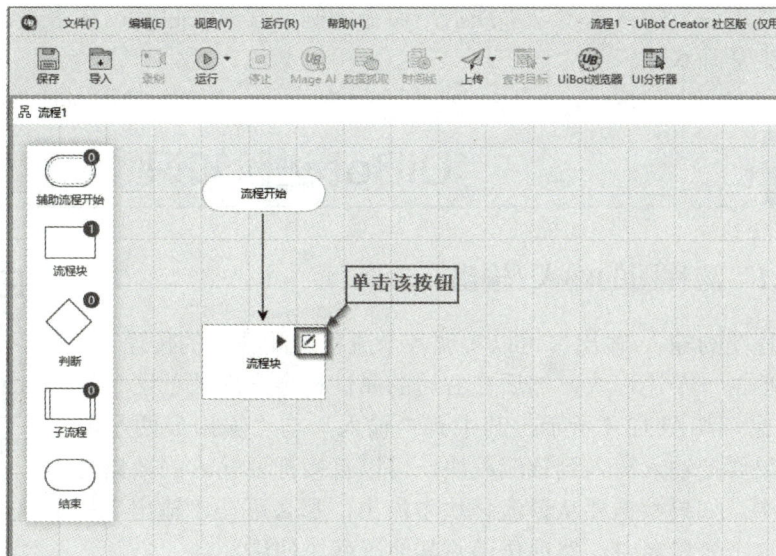

图 12.2 流程图中单击编辑流程块

UiBot 编写流程块的"可视化视图",其界面如图 12.3 所示。

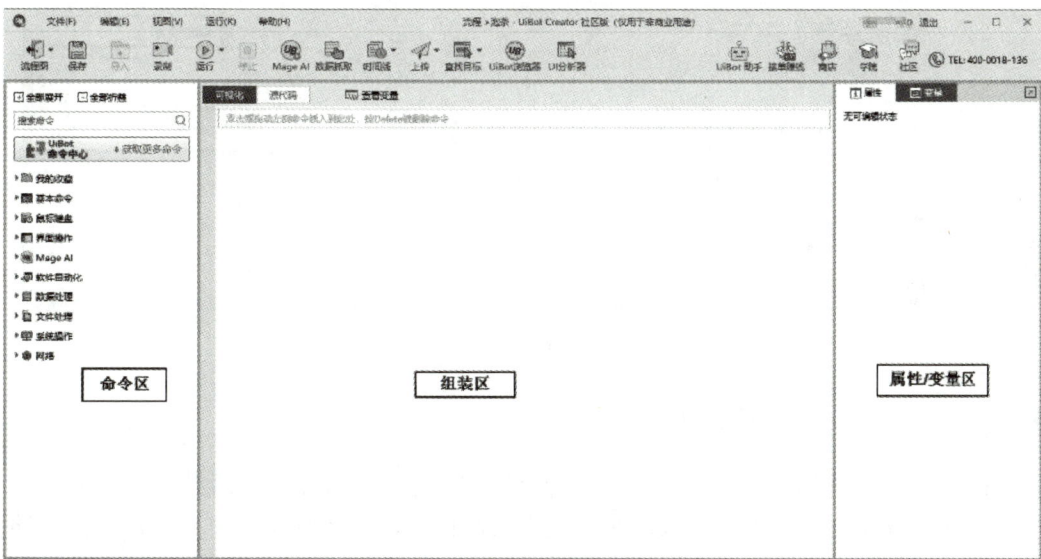

图 12.3 流程块编辑图

在流程块编辑图中有三个区域,分别为命令区、组装区和属性/变量区。

(1) 命令区。命令就是在流程块中具体的每一步怎么做、如何去做的指令。UiBot 会按指令执行具体的命令。在前面的例子中,如果流程块是"烧开水",那么具体的命令可能是:找到烧水壶、注水、烧水。在命令区里有许多具体的命令,包括模拟鼠标、键盘操作以及对窗口和浏览器等多个类别的操作。

(2) 组装区。可以在组装区对命令进行排列组合,形成流程块的具体内容,也可以在左侧的命令区对命令进行点击或者拖动,把具体的命令添加到组装区。

(3) 属性/变量区。UiBot 的流程块中只有命令还不够,还需要给这些动作加上细节描述,这些细节就是"属性"的概念。以"注水"命令为例，其属性包括：注水是注自来水还是桶装水、注多少毫升水等。

## 12.3    UiBot 进阶知识

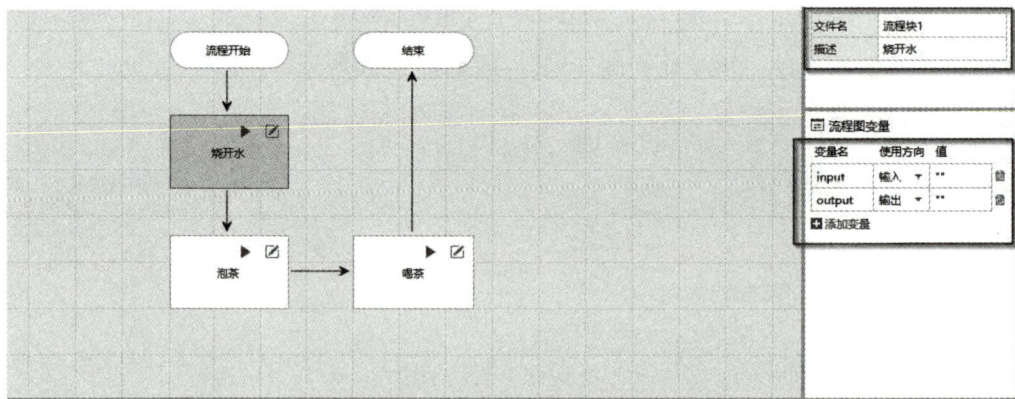

### ▶▶▶ 12.3.1    流程图的输入/输出

通过"流程图的输入/输出"可以实现各个流程之间数据的传递。

在流程图单击一个流程块，然后在右边的属性栏会出现关于这个流程块的属性信息，如图 12.4 所示，其中有"输入"与"输出"两个流动的选项。如果要把输入写入到该流程块，可以直接把要输入的数据写入"输入"栏中。如果数据要从该流程块中流出，那么可在"输出"栏中填入变量名，把输出值保存在这个变量名中，然后传递给其他流程块使用。

UiBot 进阶知识

图 12.4    流程图的属性栏

### ▶▶▶ 12.3.2    数据的传递方式

流程图全局变量和流程图的输入/输出是流程块之间数据传递的两种不同的方式。一般用全局变量方式要方便快捷一些，对于复杂的流程图，有多种实现方式。流程图按照其结构一般可以分为顺序结构、选择结构和循环结构三种类型。

顺序结构最为简单，其各个步骤按先后顺序执行。只有完成前面的结构才能执行后面的结构，其示意图如 12.5 所示。

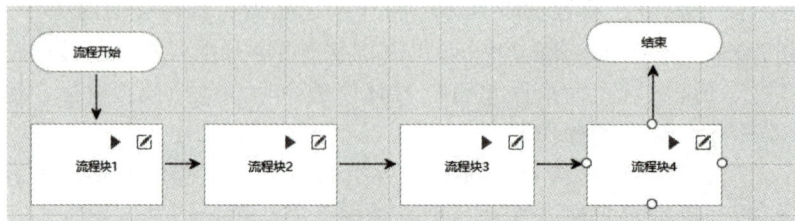

图 12.5    顺序流程图

选择结构又称为分支结构，选择结构根据判断条件来选择后续路径，根据判断结构来控制程序的流程，其某一个路径可以为空，其流程示意图如 12.6 所示。

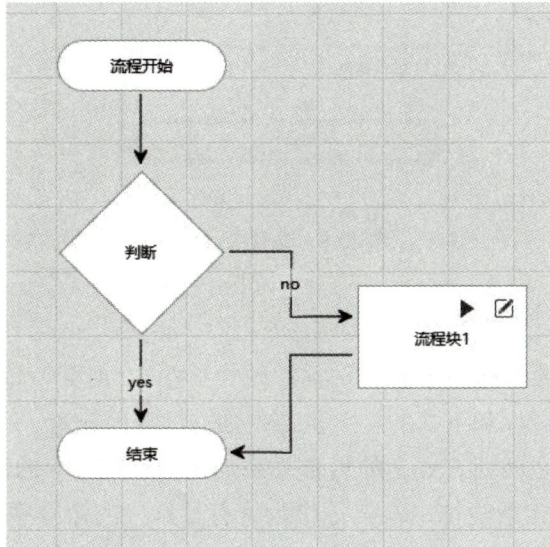

图 12.6　选择流程图

循环结构是指在满足一定条件下，反复执行某一个操作，直到该条件不满足结束。循环结构可以看作是一个条件判断和一个向回转向的组合。使用流程图表示时，判断框内写明条件，两个出口分别对应条件成立和条件不成立时的执行流向，其中一条路径要回到条件判断本身。UiBot 中的循环流程图如 12.7 所示。

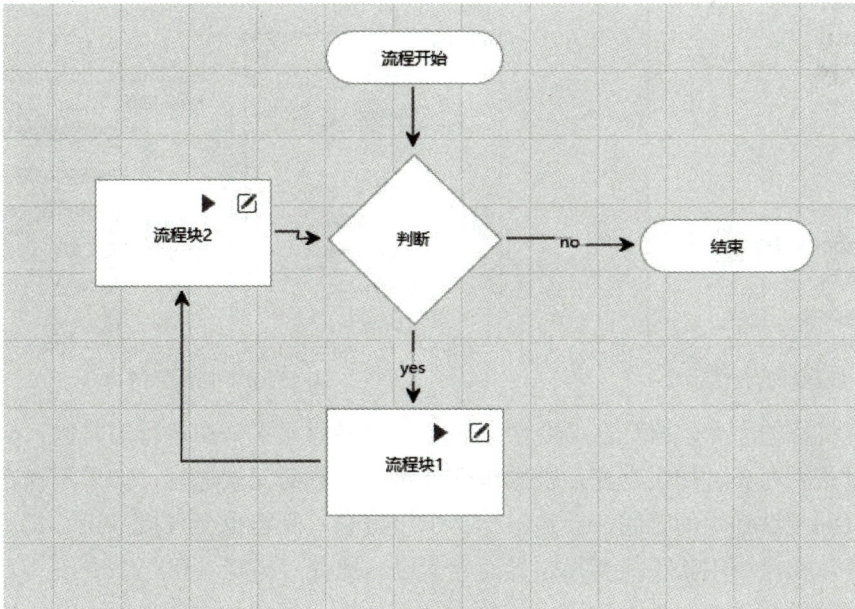

图 12.7　循环流程图

在使用"判断"组件时，需要 UiBot 把该组件拖到流程图中。单击该图标，就可以在属性栏中看到该组件的属性。在"条件表达式"栏中，可以填写变量或者表达式。当流程运行到此时，会根据变量或变量表达式的值是否为真来决定后续箭头的流向。其属性栏的表达式如图 12.8 所示。

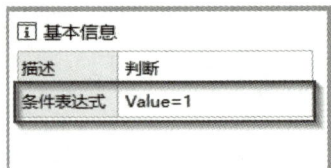

图 12.8　条件表达式

### ▶▶▶ 12.3.3　有目标命令

UiBot 菜单栏里面的图标和下面的文字，如"文件""主页""查看"等都是独立的界面元素。菜单栏里面的图标和下文的文字也都是独立的界面元素。当然，窗口主要区域 ( 框包含的范围 ) 界面元素之间还有嵌套的组合关系。比如，框包含的范围是一个大的界面元素。在 UiBot 中，界面元素的作用，就是作为"有目标"的命令中的目标使用。UiBot 在命令区已经提供了很多预置的命令来使用，其中基础的几类命令如图 12.9 所示。

在最基础的命令中，"界面元素"和"文本"类别下面的所有命令，都是有目标的；"鼠标"和"键盘"下面的包含"目标"两个字的命令，也都是有目标的，如图 12.10 框中所示。

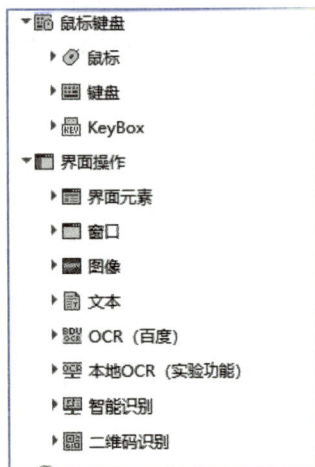

图 12.9　最基础的几类命令

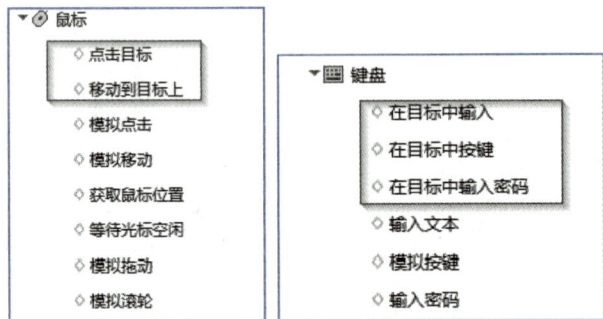

图 12.10　有目标的命令

所谓有目标的命令，就是在命令中指定了一个界面元素。在运行的时候，会先查找这个界面元素是否存在。如果存在，则操作会针对这个界面元素进行；如果不存在，则会反复查找，直到超过指定的时间，会输出一个出错信息，流程也会直接停止。相反，对于无目标的命令，在命令中就不需要指定界面元素了。比如"模拟单击"命令没有目标的，在运行的时候，鼠标当前在什么位置，就单击什么位置。显然，在用 UiBot 时，应该优先使用有目标的命令，因为有目标的命令会较准确，只有在找不到目标时，才会使用无目标的命令。

## 12.4　软件自动化

▶▶▶ **12.4.1　Excel 自动化**

Excel 是 Office 办公软件套装里面的重要一部分，它具有强大的计算、分析和显示图表功能，是目前较流行的电子表格处理工具。对 Excel 实现流程自动化，是 RPA 经常遇到的场景。

办公自动化初阶

Excel 中的工作簿是处理和存储数据的文件，一个 Excel 对应一个工作簿，而工作表是工作簿中的一张表。每个工作簿对应三个工作表，即为 Sheet1、Sheet2 与 Sheet3。

Excel 中的工作表是个二维表格，里面包含了很多单元格。通过使用行号和列号来确定一个具体单元格的位置。行号用数值序列来确定，列号用字母序列来确定。比如 C4 单元格，表示指第 4 行第 3 列交界处的单元格。

利用 UiBot 对 Excel 工作表进行自动化操作时，需要先打开工作簿，如图 12.11 所示。当自动化操作完毕之后，关闭 Excel 工作簿。在 UiBot 的命令列表中，选中"软件自动化"并展开，然后选中"Excel"选择其中的第一条"打开 Excel"命令。利用这条命令打开 Excel 工作簿。其打开命令和具体属性如图 12.12 所示。

图 12.11　打开命令

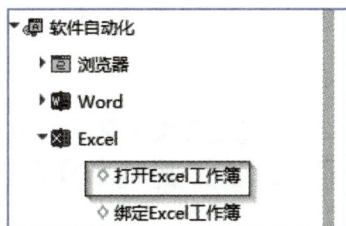

图 12.12　命令属性

在属性中，需要指定 Excel 文件的路径，这个路径可以是绝对路径也可以是相对路径。在 UiBot 中，当字符串出现"\"符号时，应改为"\\"。当指定的文件存在时，流程正常运行，会自动打开这个文档；下一个属性是"是否可见"，这是布尔类型的属性；还有一条属性是"输出到"，可填写一个变量名，这个变量名用来指代打开的 Excel 工作簿。

打开 Excel 工作簿之后，开始读取 Sheet1 工作表中单元格的内容。插入一条"读取单元格"命令，就可以看到该命令的属性，如图 12.13 所示。

读取单元格的工作簿对象和打开 Excel 命令的输出到属性内容一致。工作表和单元格的属性都采用字符串的形式，按照 Excel 文档的习惯来填写。在"输出到"属性中需要填写一个变量名，用来存储读取到的单元格内容。

在实际的 Excel 操作中，可能会读取多个单元格的内容。如果每次只读取一个，那么只能存储一个值，这样操作低效又麻烦。UiBot 提供了"读取区域"的命令，可以一次读取一个区域内单元格的内容。插入"读取区域"命令，其属性如图 12.14 所示。

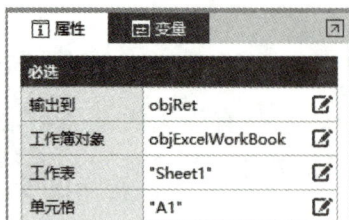

图 12.13　读取单元格

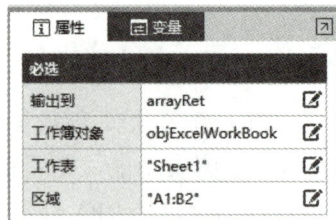

图 12.14　读取区域的属性

从图 12.12 和图 12.13 可以看出，"读取区域"与"读取单元格"命令相关，两者的属性几乎相同。读取区域命令所读取的单元格较多，其值存储在变量名 arrayRet 中。UiBot 不但有读取 Excel 文件内容的命令，还有写入 Excel 文件内容的命令。可以根据需要在命令库中找到相应的命令来写入单个单元格或者写入多个单元格。

## ▶▶▶ 12.4.2　Word 自动化

UiBot 可以对 Excel 文件进行读写操作，同样也能操作 Word 文档。利用 UiBot 对 Word 文档进行操作时，需要先打开 Word 文档，然后对其进行各种操作。操作完毕之后，再关闭已经打开的文档。

在 UiBot Creator 的命令库中，选中"软件自动化"并展开，然后单击"Word"，选择"打开文档"命令。利用这个命令，可以打开一个 Word 文档，其命令和属性如图 12.15 和图 12.16 所示。

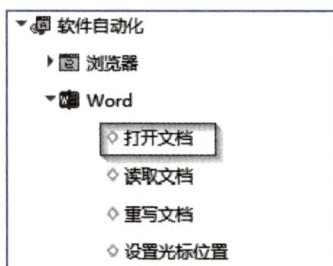

图 12.15　打开文档

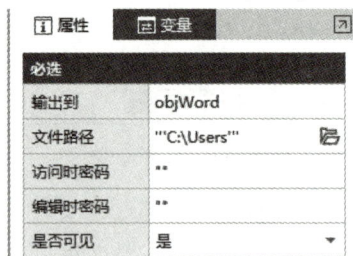

图 12.16　打开文档属性

这个命令有五个属性，文件路径需要指定一个 Word 文档的路径，文件格式可以是 doc、docx 等，其他与之前 Excel 文档的设置一致。访问时密码和编辑时密码的属性是用来访问和编辑带密码的 Word 文档。如果处理的 Word 文档没有密码，则可以空置。

属性中的输出到指的是打开 Word 文档。后续对 Word 进行读取、写入等操作时，需要把变量名称填入相应命令的"文档对象"属性中。在打开 Word 文档之后，对这个文档进行读取。插入"读取文档"命令，命令属性如图 12.17 所示。

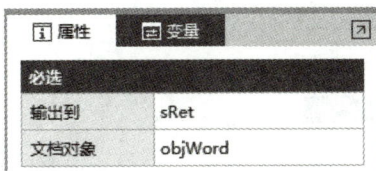

图 12.17　读取 Word 文档

"文档对象"的属性和"打开文档"的"输出到"属性一致，都是 objWord，表示从之前打开的文档中读取文件内容。"输出到"的属性填写 sRet，表示把读取到的 Word 内容写入该变量中。再添加一条"输出调试"命令，将 sRet 的内容显示出来，运行后，可以看到如图 12.18 所示的结果。

[17:34:38]流程块1.task 第10行："这是一个范例 这是一个范例 这是一张图 / "

[17:34:38]流程块1.task 运行已结束

图 12.18　将读取 Word 文档的内容显示出来

打开原始文档查看，原始 Word 文档中包含文字与图片，而且是不同格式的文字。但是"读取命令"只是把文档中的文字内容显示出来，图片信息没有读取出来。图 12.19 为该 Word 文档实际内容。

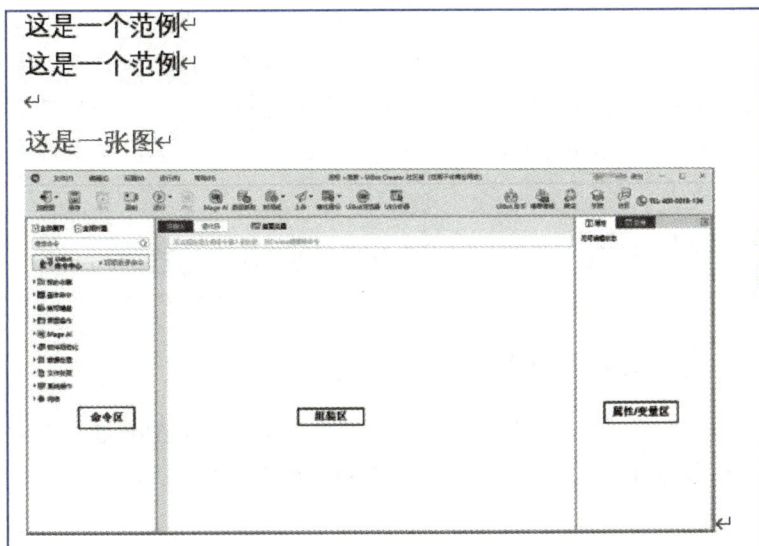

图 12.19　原始 Word 文档中的实际内容

UiBot 对文档的基本命令操作还包括"重写文档""保存文档""关闭文档"等。

### ▶▶▶ 12.4.3　浏览器自动化

浏览器的自动化操作也是软件流程自动化的一个重要部分。通过浏览器流程自动化，可以从网站上自动抓取所需的信息，降低人工重复操作步骤。

首先可以通过"启动新的浏览器"命令来打开浏览器。如果此时已经打开一个浏览器，只需要使用"绑定浏览器"命令来绑定该浏览器，效果与"启动新的浏览器"命令相同。

两个命令的属性如图 12.20、图 12.21 所示。

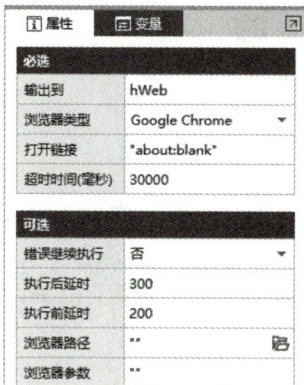

图 12.20　启动新的浏览器

图 12.21　绑定浏览器

启动新的浏览器与绑定浏览器的属性中的浏览器类型有四个可选项，分别为 IE 浏览器、Chrome 浏览器、火狐浏览器以及 UiBot 浏览器。用户可以根据实际需求选择相应的浏览器进行配置。

打开链接表示浏览器打开时，会自动打开哪个网站。如果留空，可以在之后进行设置，使用"打开网页"命令单独打开网站。"超时时间 ( 毫秒 )"属性是指如果出现异常情况，UiBot 会反复进行尝试，直到到指定的时间，就是"超时时间"。

启动浏览器之后，可以针对浏览器进行一系列的操作。这些操作都是利用"有目标命令"完成的，其抓取的信息可以通过"数据处理"命令进行处理，完成数据抓取、数据分析等功能。其具体的功能受篇幅限制就不再具体讲解，读者可以自己去探索发现。

## 12.5　办公自动化实践

### ▶▶▶ 12.5.1　用 UiBot 发送邮件与读取邮件

在现代办公中，邮件的自动发送与读取显得特别重要，UiBot 通过 SMTP 和 POP3 协议可以实现自动发送邮件与读取邮件。在利用 SMTP 和 POP3 协议收发邮件之前，需要先登录邮箱进行设置。

**1. 发送邮件**

(1) 以常用的 QQ 邮箱为例，在浏览器上登录 QQ 邮箱，单击"设置"按钮，再单击"账户"选项卡，找到"POP3/IMAP/SMTP/Exchange/CardDAV/CalDAV 服务"，然后开启子选项"POP3/SMTP 服务"，如图 12.22 所示。在开启这项服务时，系统会生成一串授权码，这串授权码将作为邮件发送和读取的密码，而不使用原邮箱的密码。

图 12.22　QQ 邮箱开启 POP/SMTP 服务

(2) 单击图 12.21 中的"如何使用 Foxmail 等软件收发邮件？"，进入一篇帮助文档。在帮助文档中，有 QQ 邮箱的关键设置信息，其具体信息如图 12.23 所示。图中的信息在后续的 UiBot 邮件设置中将会用到。

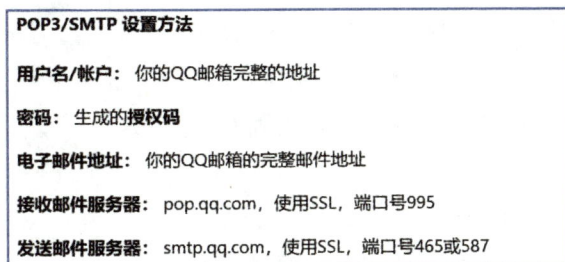

**POP3/SMTP 设置方法**

**用户名/帐户：** 你的QQ邮箱完整的地址

**密码：** 生成的**授权码**

**电子邮件地址：** 你的QQ邮箱的完整邮件地址

**接收邮件服务器：** pop.qq.com，使用SSL，端口号995

**发送邮件服务器：** smtp.qq.com，使用SSL，端口号465或587

图 10.23　邮箱设置信息

(3) 回到 UiBot 中，开始创建流程，在流程块的设置中添加命令。在命令中心"网络"的"SMTP/POP"目录下，插入一条"发送邮件"的命令，如图 12.24 所示。

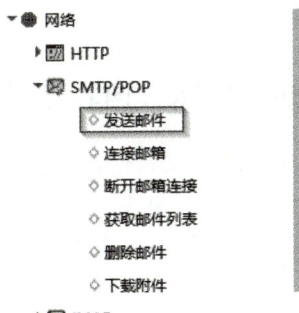

图 12.24　发送邮件

(4) 在"发送邮件"的属性中填入相关信息。配置 SMTP 服务器信息，填入端口号；填入 QQ 邮箱号，并在登录密码处填入之前得到的授权码，再填入收件人的邮箱地址；最后写入邮件标题、正文以及附件相关信息，如图 12.25 所示。

(5) 设置完成之后，单击 UiBot 的运行按键，实现邮件的自动发送。

图 12.25　发送邮件属性设置

**2. 读取邮件**

UiBot 不但可以自动发送邮件，还可以设定自动读取邮件信息。

(1) 在命令库中添加"连接邮箱"命令，然后再对其属性是进行设置，如图 12.26 所示。属性中的登录密码为之前获取的授权码。注意：必须要填入正确的服务器地址与使用协议。

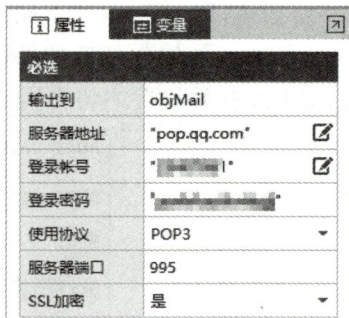

图 12.26　连接邮箱命令的属性

(2) 添加一条"获取邮件列表"命令，自行指定需要读取的邮件列表数量，然后再添加一条"输出调试信息"命令，其输出内容的属性值为"获取邮件列表"命令中"输出到"的值，如图 12.26 所示。

(3) 单击 UiBot 的运行按钮，即可以得到邮件信息内容。在读取邮件时，应该关闭浏览器的 QQ 邮箱网页。

#### ▶▶▶ 12.5.2　用 UiBot 自动读取 Excel 内容并写入 TXT

利用 UiBot 自动读取 Excel 文件内容，然后写入 TXT 文件中。

(1) 创建一个有实际内容的 Excel 表格，再建立一个空白的 TXT 文档。

(2) 在 UiBot Creator 中创建流程，并在流程图的流程块中单击编辑，使界面跳转到可视化模式。

(3) 插入"打开 Excel 工作簿"命令，在命令的文件路径中选择要打开的 Excel 文档，如图 12.27 所示。

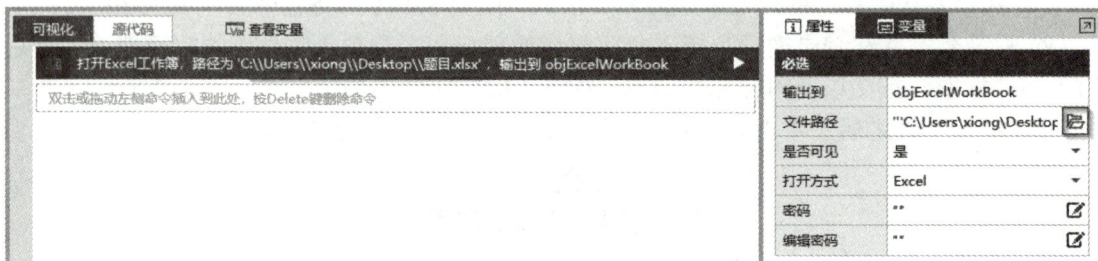

图 12.27　打开工作簿

(4) 插入"读取区域"命令，在命令属性中填写需要读取的区域以及工作表，把读取的值输出到 arrayRet 中，如图 12.28 所示。

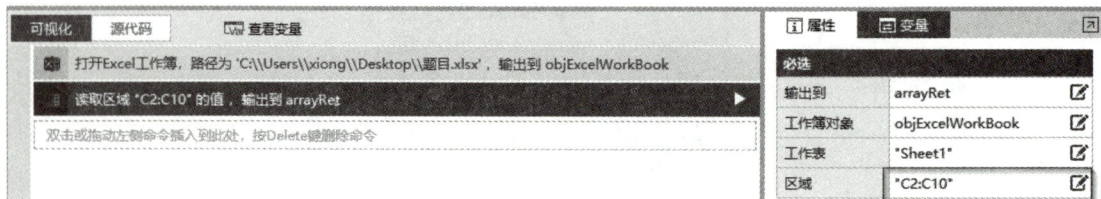

图 12.28　读取区域设置

(5) 添加"关闭 Excel 工作簿"命令，关闭已经打开的 Excel 文档，然后插入"打开文件或网址"命令，在文件属性中打开要写入的 TXT 文档地址，如图 12.29 所示。

图 12.29　打开文件

(6) 插入"在目标输入"命令，如图 12.30 所示，单击图中的查找目标，电脑界面自动切换，此时在 TXT 文档的空白处单击，软件会自动抓取 TXT 的空白区域，如图 12.30 所示。

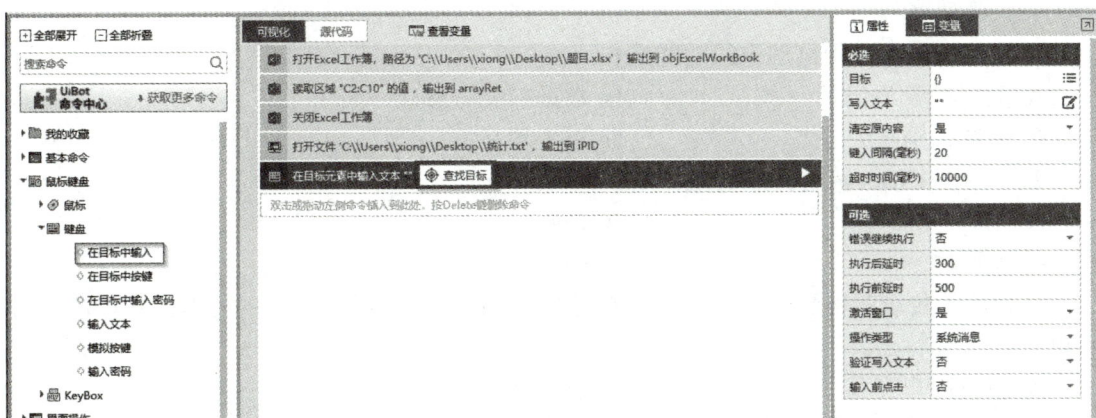

图 12.30　在目标中输入

(7) 带十字靶心的查找目标找到空白 TXT 文档成功之后，该区域会变成空白色，在属性写入文本，填写读取区域的输出值 arrayRet，完成设置，如图 12.31 所示。

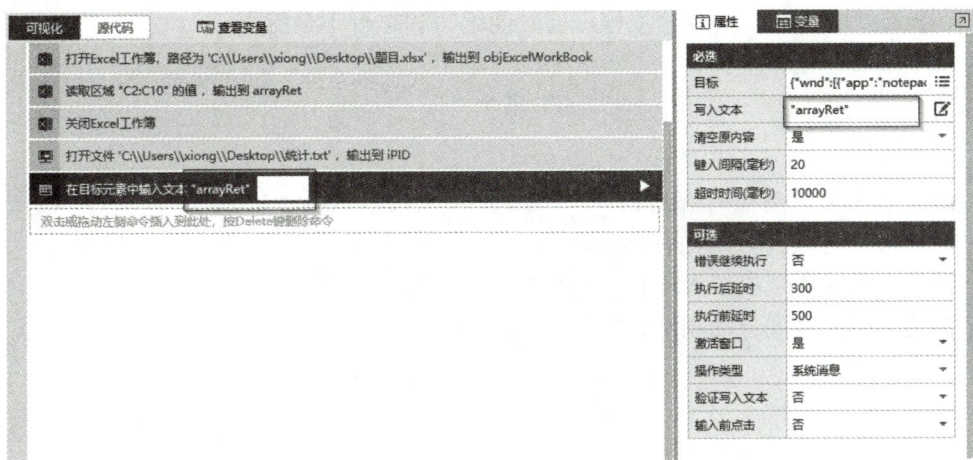

图 12.31　完成设置

(8) 单击 UiBot 的运行按钮，此时软件会自动读取 Excel 文档指定区域的内容，并自动写入 TXT 文档中。

# 本 章 习 题

## 一、填空题

1. RPA 平台的关键指标有 _____、_____、_____ 三个方面。

2. UiBot 的四个基本概念是 _____、_____、_____、_____。

3. 流程图按结构分类一般可分为 _____、_____、_____ 三种模式。

4. UiBot 的流程块和流程图中用 _____ 来存储数据。

5. UiBot 在流程块编辑图中有三个区域，分别为 _____、_____ 和 _____。

## 二、选择题

1. 属于机器人流程自动化的功能是 (　　)。

A. 数据检索与记录          B. 数据存储与整理

C. 图像识别与处理          D. 以上均是

2. 不属于 UiBot 流程图中的组件是 (　　)。

A. 判断                  B. 开始

C. 流程块              D. 循环

3. 相比于传统的信息软件处理业务流程方式，RPA 对于业务流程的处理方式特征呈现有以下 (　　) 特点。

A. 模拟用户交互            B. 非侵入式模式

C. 基于明确的业务规则      D. 以上均是

4. UiBot 流程图中有 (　　) 结束组件。

A. 1 个                B. 多个

C. 2 个                D. 1 个或多个

5. UiBot 可以建立 (　　) 个流程，同时能编写和执行 1 个流程。

A. 1 个                B. 2 个

C. 3 个                D. 多个

## 三、简答题

1. RPA 的无侵入特点有哪些？

2. 简述常见的软件自动化有哪些。

3. 简述 UiBot 实现机器人流程自动化的三个步骤。

4. 简述 UiBot 实现自动收发邮件的主要流程。

# 参 考 文 献

[1] 眭碧霞．信息技术基础 (WPS Office)[M]．2 版．北京：高等教育出版社，2021.

[2] 杨顺韬，陈正振，等．信息技术 (WPS Office)[M]．北京：高等教育出版社，2023.

[3] JONATHAN SCHWABISH．Excel 数据可视化实操指南 [M]．易炜译．北京：电子工业出版社，2024.

[4] 詹青龙，肖爱华．数字媒体技术导论 [M]．2 版．北京：清华大学出版社，2023.

[5] 郭亚军，郭奕旻．信息安全原理与技术 [M]．4 版．北京：清华大学出版社，2024.

[6] 朱建明，杨力，等．信息安全导论 [M]．2 版．北京：清华大学出版社，2024.

[7] 马克·斯坦普．信息安全原理与实践 [M]．3 版．冯娟译．北京：清华大学出版社，2023.

[8] 林康平，王磊．云计算技术 [M]．北京：人民邮电出版社，2021.

[9] 刘鹏．云计算 [M]．北京：电子工业出版社，2024.

[10] 褚瑞．机器人流程自动化 [M]．北京：电子工业出版社，2020.

[11] 数字力量．RPA 落地指南 [M]．北京：人民邮电出版社，2023.

[12] 郏东耀．大数据与人工智能 [M]．北京：清华大学出版社，2022.

[13] 李联宁．大数据技术及应用教程 [M]．北京：清华大学出版社，2023.

[14] 严明．数字媒体技术概论 [M]．北京：清华大学出版社，2023.

[15] 丁向民．数字媒体技术导论 [M]．3 版．北京：清华大学出版社，2021.

[16] 赵罡，刘亚醉．虚拟现实与增强现实技术 [M]．北京：清华大学出版社，2022.

[17] 李建，王芳．虚拟现实技术基础与应用 [M]．2 版．北京：机械工业出版社，2022.

[18] 史蒂芬·卢奇，萨尔汗·穆萨，丹尼·科佩克．人工智能 [M]．3 版．王斌，王鹏鸣，王书鑫，译．北京：人民邮电出版社，2023.

[19] 蔡自兴，刘丽珏．人工智能及其应用 [M]．7 版．北京：清华大学出版社，2024.

[20] 刘云浩．物联网导论 [M]．4 版．北京：科学出版社，2022.

[21] 弗洛肖斯·齐阿齐斯，斯塔马蒂斯·卡尔诺斯科斯，杨·霍勒．物联网：架构、技术及应用 [M]．2 版．北京：机械工业出版社，2021.

[22] 华为区块链技术开发团队．区块链技术 [M]．北京：清华大学出版社，2021.

[23] 姚前，朱烨东．区块链蓝皮书：中国区块链发展报告 (2023)．北京：社会科学文献出版社，2023.

[24] 林豪慧．大学生信息素养 [M]．2 版．北京：电子工业出版社，2022.

[25] 熊璋．信息素养·信息社会责任 [M]．北京：人民教育出版社，2023.

[26] 全国人民代表大会常务委员会．中华人民共和国个人信息保护法 [Z]．2021-8-20.

[27] 全国人民代表大会常务委员会．中华人民共和国数据安全 [Z]．2021-9-1.

[28]　全国人民代表大会常务委员会．中华人民共和国网络安全法 [Z]．2017-6-1.

[29]　国务院．儿童个人信息网络保护规定 [Z]．2024-01-01.

[30]　中国网络社会组织．互联网行业从业人员职业道德准则 [Z]．2022-1-5.